Vocabulaire de géologie
Gîtologie – Métallogénie

Vocabulary of Geology
Gitology – Metallogeny

Bulletin de terminologie 228

Terminology Bulletin 228

Mariette Grandchamp-Tupula

Photo

Todd Davidson
La Banque d'Images du Canada

Todd Davidson
The Image Bank Canada

En vente au Canada chez

votre libraire local

ou par la poste, par l'entremise du

Groupe Communication Canada - Édition
Ottawa (Canada) K1A 0S9

N° de catalogue S52-2/228-1996
ISBN 0-660-59608-3

Available in Canada through

your local bookseller

or by mail from

Canada Communication Group - Publishing
Ottawa, Canada K1A 0S9

Catalogue No. S52-2/228-1996
ISBN 0-660-59608-3

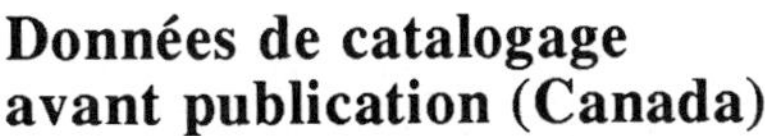

Données de catalogage avant publication (Canada)

Grandchamp-Tupula, Mariette

Vocabulaire de géologie : gîtologie-métallogénie = Vocabulary of geology: gitology-metallogeny

(Bulletin de terminologie = Terminology bulletin ; 228)
Texte en français et en anglais
Comprend des références bibliographiques.
ISBN 0-660-59608-3
Cat. no. S52-2/228-1996

1. Minéralogie — Dictionnaires. 2. Métallogénie — Dictionnaires. 3. Français (Langue) — Dictionnaires anglais. 4. Minéralogie — Dictionnaires anglais. 5. Métallogénie — Dictionnaires anglais. 6. Anglais (Langue) — Dictionnaires français. I. Canada. Travaux publics et Services gouvernementaux Canada. Direction de la terminologie et de la normalisation. II. Titre : Vocabulary of geology, gitology-metallogeny. III. Coll. : Bulletin de terminologie (Canada. Travaux publics et Services gouvernementaux Canada. Direction de la terminologie et de la normalisation) ; 228.

QE355.G72 1996 549.03
C96-980348-6F

Canadian Cataloguing in Publication Data

Grandchamp-Tupula, Mariette

Vocabulaire de géologie : gîtologie-métallogénie = Vocabulary of geology: gitology-metallogeny

(Bulletin de terminologie = Terminology bulletin ; 228)
Text in English and French.
Includes bibliographical references.
ISBN 0-660-59608-3
N° de cat. S52-2/228-1996

1. Mineralogy — Dictionaries — French. 2. Metallogeny — Dictionaries — French. 3. French language — Dictionaries — English. 4. Mineralogy — Dictionaries. 5. Metallogeny — Dictionaries. 6. English language — Dictionaries — French. I. Canada. Public Works and Government Services Canada. Terminology and Standardization Directorate. II. Title: Vocabulary of geology, gitology-metallogeny. III. Series: Bulletin de terminologie (Canada. Public Works and Government Services Canada. Terminology and Standardization Directorate) ; 228.

QE355.G72 1996 549.03
C96-980348-6E

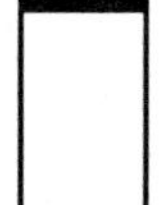

Table des matières

Table of Contents

Avant-propos

La gîtologie, étude de la formation des gîtes minéraux, et la métallogénie, étude de la formation des gîtes métallifères, sont au nombre des sciences de la Terre et constituent un domaine du génie minier. Bien implantées, elles sont maintenant considérées aussi importantes que la géologie, la géochimie, la géophysique, la pétrographie, la sédimentologie et la stratigraphie. Et comme elles ont pour objet la recherche des matériaux utiles de la planète et leur étude, ceux et celles qui les exercent ont un rôle de premier plan à jouer dans l'économie mondiale.

Pour les langagiers, ce domaine d'activité peut cacher des pièges terminologiques. Nous espérons que le présent *Vocabulaire de géologie : gîtologie — métallogénie* contribuera à dissiper certains malentendus et à jeter la lumière sur plusieurs points obscurs.

Conscient de l'importance de son rôle dans la promotion des langues officielles et dans la normalisation de la terminologie, le Bureau de la traduction est fier de présenter ce vocabulaire qui, l'espère-t-il, favorisera la communication entre les deux principaux groupes

Foreword

Gitology, the study of mineral deposit formation, and metallogeny, the study of metalliferous deposits, are Earth sciences and together constitute a field of mining engineering. They are well-established and now considered to be as important as geology, geochemistry, geophysics, petrography, sedimentology and stratigraphy. And because their objective is the study of and search for the planet's valuable materials, all those involved have a key role to play in the world's economy.

For language professionals, this field of activity may contain terminological pitfalls. We hope that the *Vocabulary of Geology: Gitology — Metallogeny* will help to resolve some misunderstandings and also throw light on many obscure points.

Aware of the importance of its role in the promotion of official languages and in terminology standardization, the Translation Bureau takes pride in presenting this vocabulary and hopes that it will prove valuable both in increasing communication between

linguistiques du pays et contribuera à promouvoir le caractère bilingue du Canada.

the country's two main language groups and in helping to promote the bilingual nature of Canada.

La présidente-directrice générale
(Bureau de la traduction),

Diana Monnet

Chief Executive Officer
(Translation Bureau)

Introduction

Par suite d'une demande de dépouillement terminologique de la Commission géologique du Canada sur la formation des gîtes minéraux, nous avons entrepris de dresser une liste de termes dans les domaines de la gîtologie et de la métallogénie. Les premiers documents consultés nous ont permis d'établir une liste provisoire de quelque 350 termes que nous avons ensuite considérablement élargie, une recherche plus poussée nous ayant donné une meilleure compréhension du domaine.

Le *Vocabulaire de géologie : gîtologie — métallogénie* compte quelque 2 300 entrées dont le plus grand nombre comporte une définition, un contexte ou une note explicative. Quant aux entrées non définies et sans annotations, elles tirent souvent leur éclairage des notions voisines. Les termes retenus sont pour la plupart extraits de sources originales, en français ou en anglais.

Il était hors de propos d'établir une nomenclature systématique des minéraux (ce qui constituerait un sujet d'étude en soi) ou des roches (les termes propres à la pétrographie ne sont relevés que lorsqu'ils concernent la mise en place d'un gisement).

Introduction

Following a request from the Geological Survey of Canada for terminology research on the formation of mineral deposits, a project was undertaken to produce a list of terms relating to gitology and metallogeny. A number of documents dealing with these subjects were consulted and terminology data extracted to produce approximately 350 terms. Later, this base list was expanded considerably as more extensive research was completed to establish a greater understanding of the field.

The *Vocabulary of Geology: Gitology — Metallogeny* contains some 2,300 entries, most of which are accompanied by a definition, context or explanatory note. In the case of entries without definitions or notes, the user is often referred to related concepts. The terms chosen were taken mainly from original French or English sources.

Our intention was not to draw up a systematic list of minerals (a subject of study in itself) or of rocks (terms from petrography were included only if they concerned the emplacement of a deposit).

Les termes retenus se rapportent plus particulièrement aux aspects suivants :

- les types de gisements ou gîtes (polymétallique, monométallique, placérien, etc.);
- leur morphologie (filonnet, filon, stockwerk, etc.);
- leurs éléments constitutifs (apophyse, étranglement, etc.);
- leur cadre gîtologique (éponte, mur, toit, etc.);
- leur mode de formation ou leur genèse (métasomatose, météorisation, etc.);
- les lithologies favorables ou encaissantes (roche-hôtesse, calcaire encaissant, etc.);
- la géochimie des gîtes, qui joue un rôle tant dans la mise en place des minerais que dans la prospection (sédiment chimique, halo géochimique, etc.);
- les divers modes de prospection et les guides, qui sont autant de signes naturels pouvant servir d'indices à un oeil averti (guide de recherche, prospection géophysique, etc.).

Un lexique français-anglais facilite la consultation de l'ouvrage.

Le vocabulaire est assorti d'une bibliographie regroupant une quarantaine de titres. Ce sont les articles ou ouvrages de base sur lesquels la recherche s'est appuyée. Nous avons

The terms in the vocabulary focus on the following aspects:

- the types of deposits (polymetallic, monometallic, placer, etc.);
- their morphology (veinlet, vein, stockwork, etc.);
- their main components (spur, pinch, etc.);
- their deposit setting (vein wall, foot wall, hanging wall, etc.);
- the way they were formed or their origin (metasomatism, weathering, etc.);
- favourable or host lithologies (host rock, host limestone, etc.);
- the geochemistry of deposits, which plays a role both in mineral emplacement and prospecting (chemical sediment, geochemical halo, etc.);
- the various prospecting modes and guides – many natural signs that an alert eye will notice (exploration guide, geophysical prospecting, etc.).

A French-English glossary is included in the vocabulary in order to facilitate consultation.

A bibliography of about forty titles lists the articles and basic reference works on which our research was based. We deliberately excluded general dictionaries in both languages.

délibérément fait abstraction des dictionnaires généraux dans l'une et l'autre langue. TERMIUM®, la banque de données linguistiques du gouvernement du Canada, a servi d'appoint.

Nous espérons que cet ouvrage de référence sera utile aux traducteurs, aux terminologues et aux rédacteurs, de même qu'à tous ceux qui s'intéressent au génie minier et aux sciences de la Terre.

Le lecteur est invité à faire parvenir ses observations à l'adresse suivante :

Direction de la terminologie
et de la normalisation
Bureau de la traduction
Travaux publics et Services
gouvernementaux Canada
Ottawa (Ontario)
CANADA
K1A 0S5

Téléphone : (819) 997-6843
Télécopieur : (819) 953-8443
Internet :
termium@piper.tpsgc.gc.ca

TERMIUM®, the Government of Canada Linguistic Data Bank, was an additional source of information.

We hope that translators, terminologists and writers, as well as anyone interested in mining and the Earth sciences, will find this reference work useful.

Comments should be sent to the following address:

Terminology and Standardization
Directorate
Translation Bureau
Public Works and Government
Services Canada
Ottawa, Ontario
CANADA
K1A 0S5

Telephone : (819) 997-6843
Fax: (819) 953-8443
Internet:
termium@piper.pwgsc.gc.ca

Guide d'utilisation

Pour alléger la présentation du vocabulaire et en faciliter la consultation, nous avons établi les règles suivantes :

Au niveau des entrées, l'ordre alphabétique strict a été adopté.

Un point-virgule sépare les synonymes et les abréviations.

La nature grammaticale, le genre et le nombre ne sont indiqués que dans les cas pouvant porter à confusion.

Les chiffres placés en exposants indiquent qu'un même terme recouvre des notions différentes qui ne sauraient être interchangeables.

Les parenthèses signalent un élément facultatif : *gîte de ségrégation (magmatique)*; une variante orthographique : *roche(-)hôte*; la nature grammaticale, le genre et le nombre d'un terme : *calcrète (n.f.)*; elles permettent parfois de situer un terme.

La virgule signale une inversion dans les formes verbales pronominales : *anastomoser, s'*, ou dans les locutions adjectivales : *lamelles, en*, ou adverbiales : *amont-pendage, à l'*.

User's Guide

To streamline the vocabulary and facilitate its use, the following rules have been observed:

With reference to entries, strict alphabetical order has been followed.

A semicolon has been used to separate synonyms and abbreviations.

The part of speech, gender and number are indicated only in cases where confusion could arise.

Superscripts are used to indicate the different meanings of a term. Such meanings are not interchangeable.

Parentheses are used to indicate optional elements: *U-Pb (age) method*; an alternate spelling: *wall(-)rock alteration*; or the part of speech: *updip (n.)*, gender and number of a term: *deads (n.pl.)*; they are also used to provide information on the context of a term.

When a French term or phrase is presented in inverted form, a comma is used, e.g. *anastomoser, s'*.

Abréviations et symboles

(adj.)	adjectif
(gén.)	générique ou terme ayant plus d'extension que son équivalent de l'autre langue
(inv.)	invariable
(n.é.)	nom épicène
(néol.)	néologisme
(n.f.)	nom féminin
(n.m.)	nom masculin
NOTA	remarque sur le sens ou l'emploi d'un terme
(plur.)	pluriel
(rare)	employé exceptionnellement
(spéc.)	spécifique ou terme ayant moins d'extension que son équivalent de l'autre langue

Abbreviations and Symbols

(adj.)	adjective
(adv.)	adverb
[AUS]	Australia
cf.	refers to a concept which is related but distinct
e.g.	for example
esp.	especially
(fig.)	figurative
[GBR]	Great Britain
(gen.)	generic term having a broader meaning than its corresponding term in the other language
i.e.	that is
(n.)	noun
NOTE	a comment made on the meaning or use of a term
(obs.)	obsolete
(pl.)	plural
SEE	indicates the entry under which the concept is defined or dealt with
(spec.)	specific term having a narrower meaning than its corresponding term in the other language
[USA]	United States
(v.)	verb

accessory mineral

One of those mineral constituents of a rock that occur in such small percentages that they are disregarded in its classification and definition.

NOTE As opposed to "essential mineral."

minéral accessoire

Minéral qui ne se trouve que d'une façon accidentelle et en faible pourcentage dans une roche et qui n'intervient pas dans sa définition.

NOTA Par opposition à « minéral essentiel ».

accretion

The process by which an inorganic body increases in size by the external adhesion of particles.

accrétion

Accroissement de volume d'un corps par adjonction de matière extérieure. Certaines pépites, présentant une structure concrétionnée et zonée, se seraient développées par accrétion, surtout dans les filons hydrothermaux.

accumulative rock
SEE **cumulate**

acicular; needlelike; needle-shaped

Said of a mineral whose crystals have the form of needles.

aciculaire; en aiguille(s)

En minéralogie, se dit de cristaux en forme d'aiguilles extrêmement fines.

acidic water; acid water

eau acide

acid lava

NOTE As opposed to "basic lava."

lave acide

acid water; acidic water

eau acide

adcumulate

A cumulate formed by adcumulus growth, with intercumulus material comprising less than five percent of the rock.

cf. cumulate, orthocumulate rock

adcumulat

advanced argillic alteration

One of the more intense forms of alteration, often present as an inner zone adjoining many base metal vein or pipe deposits. This alteration – which is characterized by dickite, kaolinite, pyrophyllite and quartz – involves extreme leaching of bases from all aluminous phases such as feldspars and micas.

cf. argillic alteration

altération argileuse intensive

aeolian placer
SEE **eolian placer**

agent of erosion

An agent, such as running water, wind, moving ice, and gravitational creep, that attacks the minerals of which the rocks are made, thus contributing to create ore deposits.

agent d'érosion

Élément naturel (eau, glace, vent, variations thermiques) dont l'action concourt à la décomposition des roches; celle-ci et la sédimentation qui en résulte peuvent conduire à d'importants gîtes minéraux.

agpaitic

Applied to a process of mineral formation distinguished from an ordinary granitic process by an excess of alkali, as a result of which the amount of alumina is insufficient for the formation of aluminum silicates.

agpaïtique

Qualifie un mode de cristallisation inverse par rapport à l'ordre habituel. Ainsi, les amphiboles et pyroxènes alcalins cristallisent après les minéraux leucocrates dans certaines des roches de cette famille.

Ag sulphosalt; silver sulphosalt

sulfosel d'argent

air bubble

libelle (n.f.)

Bulle gazeuse qui flotte à l'intérieur de la plupart des inclusions liquides contenues dans les cristaux comme le quartz.

albitisation [GBR]
SEE **albitization**

albitised [GBR]
SEE **albitized**

albitization; albitisation [GBR]

Introduction of, or replacement by, albite, usually replacing a more calcic plagioclase. It may result from the introduction of sodium or from removal of calcium from plagioclase-bearing rocks.

albitisation

Processus qui, dans une roche magmatique ou métamorphique, conduit à la formation d'albite qui devient le seul feldspath.

albitized; albitised [GBR]

Said of a rock in which there has been introduction of, or replacement by, albite.

albitisé

Transformé en albite, en parlant des feldspaths de roches magmatiques ou métamorphiques.

Algoma iron formation
SEE **Algoma-type banded iron formation**

Algoman (adj.); **Algoma-type**

algomien; du type Algoma

Algoman iron formation
SEE **Algoma-type banded iron formation**

Algoma-type; Algoman (adj.)

algomien; du type Algoma

Algoma-type banded iron formation; Algoma-type BIF; Algoma-type iron formation; Algoma iron formation; Algoman iron formation

Chemically precipitated iron formation composed of thinly banded chert and iron minerals with associated volcanic rocks

formation ferrifère (rubanée) du type Algoma

Formation caractéristique des zones volcano-sédimentaires dont l'épaisseur peut varier de quelques centimètres à plus de cent mètres.

Algoma-type banded iron formation (cont'd)

and graywackes. It is found along volcanic arcs, chiefly Archean in age.

Les parties les plus riches de ces formations peuvent constituer des massifs de minerai de fer.

alkalic intrusion

intrusion alcaline

alkali metasomatism

métasomatose alcaline

Type d'altération observable à proximité de la plupart des filons et qui se caractérise par un enrichissement de la roche encaissante en sodium, calcium et potassium.

allitization; allitisation [GBR]

cf. siallitization, ferrallitization

allitisation; alitisation

Processus de libération de l'alumine de l'édifice cristallin des silicates qui, en climat tropical, s'inscrit dans le stade ultime de la kaolinisation. Il ne subsiste qu'un oxyde (ou hydroxyde) d'aluminium.

NOTA Comme le plus souvent, le produit d'altération contient une certaine quantité de fer, on parle de « ferrallitisation » ou de « latéritisation ».

allochthonous
SEE **allogenic**

allochthonous deposit

A deposit that was formed or produced elsewhere than in its present place.

NOTE As opposed to "autochthonous deposit."

gîte allochtone; dépôt allochtone

Gîte qui ne s'est pas formé sur place.

allochthonous rock
SEE **allogene**[2]

allogene[1]; allothigene; allothogene

A mineral that has been moved to the site of deposition.

cf. allogenic

minéral allogène; minéral allothigène; minéral allochtone

allogene[2]; allothigene; allothogene; allochthonous rock

A rock that has been moved to the site of deposition.

roche allogène; roche allothigène; roche allochtone

allogenic; allothigenic; allothogenic; allothigenous; allothigenetic; allochthonous

Said of minerals that were derived from preexisting rocks and transported to their present depositional site.

NOTE As opposed to "authigenic" or "autochthonous."

allothigène; allogène; allochtone

Se dit de minéraux qui, par rapport à leur lieu de dépôt, sont d'origine lointaine.

NOTA Par opposition à « authigène ».

allothigene
SEE **allogene[1]**

allothigene
SEE **allogene[2]**

allothigenetic
SEE **allogenic**

allothigenic
SEE **allogenic**

allothigenous
SEE **allogenic**

allothogene
SEE **allogene[1]**

allothogene
SEE **allogene[2]**

allothogenic
SEE **allogenic**

alluvial (n.)
SEE **alluvium**

alluvial blanket; alluvial sheet

nappe alluviale

Formation alluviale mince qui est plus ou moins en relation avec les eaux d'un cours d'eau. Dans certains pays, la découverte de nappes alluviales anciennes, le long d'anciens cours d'eau abandonnés à la suite de captures, a considérablement augmenté les réserves probables d'or et de diamant.

alluvial deposit
SEE **alluvium**

alluvial fan

The outspread sloping deposit of boulders, gravel, and sand left by a stream where it leaves a gorge to enter upon a plain or an open valley bottom.

cône alluvial

Accumulation en éventail de matériaux alluviaux à l'arrivée dans une vallée importante. Le sommet du cône se trouve au débouché du canal d'écoulement.

alluvial gold; stream gold

Water-worn gold, or gold found in alluvial deposit.

or alluvionnaire; or alluvial

alluvial gold deposit

dépôt d'or alluvial; gîte d'or alluvionnaire

alluvial nugget

pépite alluvionnaire; pépite d'alluvions

alluvial ore deposit

gisement alluvionnaire métallifère

An ore deposit in which the valuable mineral particles have been transported and deposited by a stream.

alluvial placer; stream placer

A placer formed by the action of running water, as in a stream channel or alluvial fan. Stream placers include some of the famous gold placers of the world, as well as deposits of many other minerals.

placer alluvionnaire; placer alluvial

Placer formé par le courant des cours d'eau. Les placers de ce type comprennent de célèbres gisements aurifères, ainsi que des dépôts de pierres et de métaux précieux.

alluvial prospecting

prospection alluvionnaire; prospection alluviale

Mode de prospection dans laquelle le géologue prospecteur procède à un travail systématique de lavage à la batée des alluvions récoltées, afin d'en extraire les minéraux denses et utiles.

alluvial sheet
SEE **alluvial blanket**

alluvium; alluvion; alluvial (n.); **alluvial deposit**

Unconsolidated detrital material deposited during recent geologic time by a stream or other body of running water, or a sorted or semisorted sediment in the bed of the stream or on its floodplain or delta, as a cone or fan at the base of a mountain slope.

cf. eluvial deposit, illuvial deposit

gisement alluvionnaire; gisement alluvial; gîte alluvionnaire; gîte alluvial; dépôt alluvionnaire; dépôt alluvial; alluvion (n.f.)

Sédiments des cours d'eau provenant des roches en place, mais ayant subi des modifications plus ou moins importantes du fait de leur transport par les eaux courantes.

NOTA Le terme « alluvion » s'emploie généralement au pluriel.

Contrairement aux alluvions, les éluvions et les illuvions sont des sédiments demeurés en place.

alterable

Said of rocks and minerals capable of being altered.

altérable

Susceptible d'être altéré, en parlant d'une roche ou d'un minéral. Une roche n'est altérable que si elle renferme des minéraux qui le sont.

alteration

Any change in the mineralogical composition of a rock brought about by physical or chemical means, esp. by the actions of hydrothermal solutions, but also by hypogene or supergene, syngenetic or epigenic, deuteric, pneumatolytic or groundwater solutions.

cf. weathering

altération

Modification des propriétés physico-chimiques des minéraux, et par conséquent des roches, par les agents atmosphériques, par les eaux souterraines et les eaux thermales (altération hydrothermale).

alteration assemblage; alteration mineral assemblage

association de minéraux d'altération

alteration aureole
SEE **alteration halo**

alteration deposit

An ore deposit which results from an alteration event.

gîte d'altération; gisement d'altération

Concentration minérale dont la teneur en élément utile, le mode de présentation et la cote économique sont déterminés par un phénomène d'altération.

alteration envelope
SEE **alteration halo**

alteration event; alteration phenomenon

phénomène d'altération

alteration facies

faciès d'altération

alteration halo; alteration aureole; alteration envelope

The combination of different types of alteration to form zoned alteration patterns. The zoning, mineralogy and dimensions of these haloes vary according to the composition of the host lithology or result from the changing nature of the hydrothermal solution as it passes through the wall rocks.

halo d'altération; auréole d'altération

Regroupement de différents types d'altération en zones concentriques autour d'une masse minéralisée et qui peut servir de guide géologique en indiquant la présence de corps métallifères qui ne sont pas toujours visibles à la surface du sol.

alteration mineral

minéral d'altération

Nouveau composé minéral obtenu par suite de la réaction de solutions avec les minéraux de la roche encaissante d'un gîte. Les minéraux d'altération les plus communs sont le mica blanc, la chlorite, le quartz, la calcite et la pyrite.

alteration mineral assemblage; alteration assemblage

association de minéraux d'altération

alteration mineralogy

minéralogie d'altération

alteration phenomenon; alteration event

phénomène d'altération

alteration pipe

Wall rock alteration is usually confined to the footwall rocks. Chloritization and seritization are the two commonest forms. The alteration zone is pipe-shaped and contains within it and towards the center the chalcopyrite-bearing stockwork. The diameter of the alteration pipe increases upward until it is often coincident with that of the massive ore.

cheminée d'altération

Zone d'altération ayant la forme d'une cheminée. Dans certains gisements, les lentilles de pyrite se localiseraient au-dessus d'une cheminée d'altération.

alteration process

processus d'altération

Ensemble des modifications qui influent sur le mode de présentation des minerais. Ce sont les sulfures métalliques qui subissent les modifications les plus intenses : remplacement par des minerais oxydés, départ du soufre, libération ou concentration des métaux contenus dans les sulfures.

alteration product

A mineral product obtained after another rock or mineral subjected

produit d'altération; produit de décomposition

Produit issu de processus physiques, chimiques et

alteration product (cont'd)

to alteration, e.g. pyrite appears to be a supergene alteration product after pyrrhotite, and the secondary uranium minerals are alteration products after pitchblende.

biologiques à partir d'une roche saine. La magnésite est un produit d'altération des serpentines.

alteration profile

Succession of layers in unconsolidated surface material produced by prolonged alteration; it usually consists of surface soil, chemically decomposed layer, oxidized layer, and unaltered material.

cf. weathering profile

profil d'altération

alteration zone; zone of alteration

zone d'altération

alteration zoning

zonalité des processus de l'altération; zonalité d'altération; zonalité de l'altération

Halos successifs, de composition minéralogique et chimique différentes, disposés autour d'un même dépôt. Ces halos d'altération peuvent constituer d'excellents guides vers la minéralisation.

altered mineral

A mineral that has undergone more or less chemical changes under geological processes.

minéral altéré

altered rock

A rock that has undergone changes in its chemical and mineralogical structure since its original deposition.

NOTE As opposed to "fresh rock."

roche altérée

Roche qui a subi des modifications dans ses structures chimique et minéralogique depuis son dépôt originel.

altered wallrock; altered wall rock

cf. wallrock alteration

roche encaissante altérée

alterite

A general term for altered unrecognizable grains of heavy minerals.

altérite (n.f.)

Produit plus ou moins friable de l'altération d'une roche en place.

alunitization

Introduction of, or replacement by, alunite. It may be of either hypogene or supergene origin.

alunitisation

amorphous mineral

A mineral having no definite crystalline structure, or whose internal arrangement is so irregular that there is no characteristic external form.

minéral amorphe

Minéral qui n'est pas cristallin, c'est-à-dire dont les atomes constitutifs ne sont pas disposés selon un réseau régulier.

ampelite (obs.)
SEE **black shale**

amygdule; amygdale

A spheroidal, ellipsoidal or almond-shaped cavity or vesicle in an igneous rock which is filled with secondary minerals.

NOTE The term "amygdale" is preferred in British usage; in which case "amygdule" is applied only to small amygdales.

amygdale (n.f.)

Vacuole remplie de cristallisations secondaires et dont l'aspect en amande donne aux laves une texture amygdalaire. Les basaltes et les andésites renferment du cuivre, qui peut s'exprimer dans des amygdales de la lave sous l'effet de solutions hydrothermales.

anastomose (v.)

To divide, subdivide, and reunite repeatedly.

cf. branch

s'anastomoser; être anastomosé

En parlant d'un filon, se diviser et se réunir fréquemment de façon à former un réseau complexe.

anastomosing network

A network of branching and rejoining fault surfaces or surface

enchevêtrement; réseau de filons anastomosés

anastomosing network (cont'd)

traces. The mineralized shear zones may occur individually, as parallel sets, or may form anastomosing, conjugate, or more complex networks.

anastomosing veins; linked veins

A pattern of ore deposit in which adjacent, more or less parallel veins are linked by diagonal or cross veinlets. A typical deposit of silver-cobalt consists of a few short anastomosing veins of variable thickness from a few centimeters to two or three decimeters.

filons anastomosés

Réseau de filons isolés, plus ou moins parallèles, reliés par des filonnets sécants.

anatectic melt

cf. melt

liquide d'anatexie

anchimetamorphism

Changes in mineral content of rocks under temperature and pressure conditions prevailing in the region between the Earth's surface and the zone of true metamorphism.

anchimétamorphisme

Métamorphisme général de très faible intensité, formant transition entre la diagenèse et le métamorphisme au sens strict.

anhydrous mineral

A mineral that contains no water in chemical combination. With the steady development of crystallization, anhydrous minerals are forming and the liquid magma becomes richer in volatiles.

minéral anhydre

Minéral qui ne contient pas d'eau. La zone inférieure du métamorphisme voit la température prendre le pas sur la pression, pourtant plus élevée, et ce sont des minéraux anhydres qui prennent naissance : pyroxènes, olivine, grenats, feldspaths.

anion metasomatism

Carbonatization of silicate rocks involves anion metasomatism.

NOTE As opposed to "cation metasomatism."

métasomatose anionique

anorthosite intrusion; anorthositic intrusion

A stratiform intrusion of anorthosite. Large ilmenite and titaniferous magnetite deposits related to anorthosite and gabbroic anorthosite metallogenes, occur as irregular masses and disseminations in layered or massive anorthositic and gabbroic intrusions.

intrusion d'anorthosite; intrusion anorthositique

Dans le Bouclier canadien, le titane est associé aux grandes intrusions anorthositiques et gabbroïques.

anorthositization

Introduction of, or replacement by, anorthosite.

anorthositisation

anoxic environment

milieu anoxique

Milieu caractérisé par une diminution de la saturation en oxygène.

anticline; anticlinal fold

Arc-shaped fold in rocks, closing upwards, with the oldest rocks in the core. Oil and gas deposits concentrate in structural traps like anticlines and salt domes.

anticlinal (n.m.); **pli anticlinal**

Pli dont le coeur est occupé par les couches sédimentaires les plus anciennes.

antistress mineral; anti-stress mineral

A mineral whose formation in metamorphosed rocks is favored by thermal action and inhibited by stress.

NOTE As opposed to "stress mineral."

minéral antistress; minéral anti-stress

Minéral métamorphique formé à forte température et faible pression.

NOTA Par opposition à « minéral stress ».

apex

The highest limit of a vein relative to the surface, whether it crops out or not.

NOTE The concept is used in mining law.

apex; tête; partie apicale; zone apicale

Limite supérieure d'un filon qui peut affleurer (mais pas nécessairement) à la surface.

apomagmatic deposit

A hydrothermal mineral deposit formed at an intermediate distance from its magmatic source.

gîte apomagmatique

Gîte formé en dehors de la roche mère ignée, mais à proximité et en relation évidente avec cette roche.

apophysis
SEE **tongue**

aquatolysis

The chemical and physicochemical processes that occur in a freshwater environment during transportation, weathering, and preburial diagenesis of sediments.

aquatolyse

Transformation ou décomposition que peuvent subir les minéraux ou les roches lors de leur transport par les fleuves.

aqueous fluid dispersion

A process responsible for deposition of most mineral deposits, while the fluids are moving through channelways in rock. The fluids are subjected to constant chemical changes, with consequent reactions between the fluid and the wall rock to maintain chemical equilibria.

circulation aqueuse; circulation de solutions aqueuses

Il naît des circulations aqueuses d'autant plus susceptibles de déplacer des minéralisations qu'elles contiendront des substances favorisant la dissolution de ces minéralisations. Toute minéralisation est susceptible d'être remise en mouvement par des circulations de solutions aqueuses n'ayant pas une origine magmatique.

aqueous inclusion

inclusion aqueuse

arborescent
SEE **dendritic**

argentiferous; argentian; silver-bearing

Said of an ore that contains or yields silver.

argentifère

Se dit d'un minerai qui renferme de l'argent.

argillic alteration

A type of alteration in which certain minerals of a rock are converted to minerals of the clay group.

altération argileuse

Processus d'altération sélective qui aboutit à la formation de minéraux argileux.

argillization — **argilisation; argilification**

The replacement or alteration of feldspars to form clay minerals, esp. in wall rocks adjacent to mineral veins.

Processus d'altération qui aboutit au développement d'une fraction argileuse importante.

argillized; clay-altered — **argilisé; argilifié**

arsenate; arseniate — **arséniate** (n.m.)

A salt or ester of an arsenic acid.

Sel dérivant d'un acide arsénique.

arsenide — **arséniure** (n.m.)

A compound in which arsenic is the negative element.

Combinaison de l'arsenic avec un corps simple.

asbestiform; fibrous — **fibreux; d'aspect fibreux; de texture fibreuse**

Said of a mineral like asbestos that occurs in fine thread-like strands which may be either parallel or radiating.

ascending flow; uprising flow — **courant ascendant**

The upward motion of fluids along faults and fracture zones.

ascending fluid — **fluide ascendant; fluide montant**

ascending magma; uprising magma — **magma ascendant**

ascending solution; uprising solution — **solution ascendante**

A mineral-bearing solution rising through fissures from magmatic sources in the Earth's interior.

Solution minéralisée émanant des profondeurs de la Terre et dont la migration s'effectue vers le haut, à la faveur de fissures.

ascension theory — **ascensionnisme**

A theory of hypogene mineral-deposit formation involving mineral-bearing solutions rising through fissures from magmatic sources in the Earth's interior.

Théorie voulant que le matériel d'une caisse filonienne ait été mis en place par des solutions venant de l'intérieur de la Terre.

assay (v.); **grade** (v.)

To be shown by analysis to contain a specified proportion of some component, e.g. an ore that assays 3.4% copper.

NOTE These terms are restricted to materials containing precious metals and certain base metals.

titrer; avoir une teneur de

Contenir une proportion (généralement exprimée en pourcent) d'un élément. La plupart des minerais exploités titrent moins de 0,8 % Cu.

assemblage; association

cf. mineral assemblage

association; assemblage

assimilation; magmatic assimilation; magmatic digestion; magmatic dissolution

The processes of melting and solution by which wall rock is incorporated into magma. Assimilation causing changes in composition of the original magma may lead to contaminated or hybrid rocks.

assimilation; assimilation magmatique; digestion

Processus par lequel un magma incorpore des matériaux de la roche située à son contact, d'où les modifications de sa composition chimique.

associated intrusion

Metamorphic studies indicate that the previously crystallized calc-silicate gangue in pyrometasomatic deposits formed at temperatures approaching those of the associated magmatic intrusion.

intrusion associée

associated mineralization

minéralisation associée; minéralisation affiliée

NOTA On peut distinguer des minéralisations associées aux roches basiques et ultrabasiques et d'autres associées aux roches acides.

associated minerals

In general, minerals tend to occur with allied types. They are termed "associated minerals." For

minéraux associés

associated minerals (cont'd)

example, lead and zinc minerals are closely linked with occurrences of barytes and native silver.

association; assemblage

cf. mineral assemblage

association; assemblage

Au district
SEE **goldfield**

augen structure; augenlike structure; augen texture; eyed structure; eyed texture

In some gneissic and schistose metamorphic rocks, a structure consisting of minerals that have been squeezed into elliptical or lens-shaped forms resembling eyes (augen), which are commonly enveloped by essentially parallel layers of contrasting constituents.

texture oeillée; structure oeillée

Texture de certains gneiss dans lesquels certains minéraux ou groupements de minéraux forment des nodules alignés se présentant comme des yeux plus ou moins allongés, pouvant atteindre 1 à 3 cm de diamètre.

NOTA Si les nodules s'allongent en amande, on obtient une texture amygdalaire ou glanduleuse.

aureole; envelope[3]; halo

cf. alteration halo

auréole; halo

auriferous; gold-bearing

Said of a substance that contains gold, esp. said of gold-bearing mineral deposits.

aurifère

Qui contient ou qui fournit de l'or.

auriferous deposit
SEE **gold deposit**

auriferous district
SEE **goldfield**

auriferous quartz vein; gold-bearing quartz vein

filon de quartz aurifère; veine de quartz aurifère

Type de gisement d'or lié à des plutons granitiques. Il est fréquent surtout dans les schistes métamorphiques et les gneiss.

auriferous sediment; gold-bearing sediment

sédiment aurifère

Sédiment renfermant de l'or. Au cours du Protérozoïque, les deltas alluvionnaires se chargèrent de sédiments aurifères (l'or se concentre dans les rivières parce qu'il est plus dense que les autres minéraux).

auriferous vein; gold-bearing vein; gold vein

filon aurifère; veine aurifère

authigene (n.)
SEE **authigenic mineral**

authigenesis

The process involving growth of new minerals in situ. The term describes the origin of any mineral that is formed subsequent to the origin of its matrix or surroundings but is not a product of transformation or recrystallization.

authigenèse

Formation de minéraux sur place.

authigenic; authigenous; authigenetic; autochthonous

Applied to minerals that formed in the rock of which they are a part during, or soon after, its deposition.

NOTE As opposed to "allogenic."

authigène; autochtone

Se dit des constituants d'une roche qui se sont formés sur place.

NOTA Par opposition à « allothigène ».

authigenic mineral; authigene (n.)

A mineral which has not been transported but has been formed in place.

minéral authigène; minéral autochtone

Minéral né sur place, dans la roche où il se trouve.

authigenous
SEE **authigenic**

autochthonous
SEE **authigenic**

autochthonous bauxite

NOTE As opposed to "transported bauxite."

bauxite autochtone; bauxite primaire

Bauxite restée en place (ou presque) sur la roche mère dont elle dérive par altération pédologique.

NOTA Par opposition à « bauxite allochtone » ou « bauxite transportée ».

autochthonous deposit; *in situ* deposit

A deposit which forms within the environment in which it is deposited.

NOTE As opposed to "allochthonous deposit."

dépôt autochtone; gîte autochtone; gîte en place; gisement en place

Gîte qui s'est formé par altération sur place de la roche encaissante.

autochthony

autochtonie

Formation sur place d'une roche ou d'un minéral.

autohydratation

The development of new minerals in an igneous rock by the action of its own magmatic water on already existing magmatic minerals.

autohydratation

Genèse de minéraux hydroxylés par action de fluides hydrothermaux, provenant du magma lui-même, sur les minéraux déjà cristallisés; c'est la phase ultime de l'évolution d'un magma et de sa consolidation.

autolith; cognate xenolith; cognate inclusion; endogenous inclusion

An inclusion in an igneous rock to which it is genetically related.

enclave syngénétique

autometamorphism

A process of recrystallization of an igneous mineral assemblage under conditions of falling temperature, attributed to the action of its own volatiles, e.g. serpentinization of peridotite or spilitization of basalt.

autométamorphisme

Processus de transformation des roches magmatiques qui se refroidissent sous l'action de leurs propres fluides, ces derniers entraînant l'évolution de certains minéraux vers des formes plus hydratées.

autometasomatic deposit — **gisement autométasomatique; gîte autométasomatique**

A deposit which results from the replacement of early-formed minerals in an igneous rock by later minerals through the action of its own mineralizing agents.

autometasomatism — **autométasomatose**

Alteration of a recently crystallized igneous rock by its own last water-rich liquid fraction, trapped within the rock, generally by an impermeable shilled border.

average grade (of ore) — **teneur moyenne** (du minerai)

background — **fond géochimique**

The abundance of an element in an area in which the concentration is not anomalous.

cf. geochemical anomaly

Teneur représentative d'une formation étudiée pour certains éléments et établie par des méthodes statistiques.

bacterial action — **action bactérienne**

Les calcaires d'origine chimique résultent de la précipitation du $CaCO_3$, sous l'influence de facteurs physiques (salinité, pH) et biochimiques (actions bactériennes).

bacterial microfossil — **microfossile bactérien**

A type of iron-oxidizing micro-organism; it played a key role in concentrating and precipitating iron.

baked (spec.)

Said of a rock or material hardened by the influence of magma or lava.

induré (gén.)

Devenu dur et compact, en parlant d'un sédiment, d'un sol, d'un matériau originellement meuble.

band; ribbon

An individual stripe in a banded or ribbon structure; its thickness should be measurable.

NOTE Where a band is extremely thin, the term lamination is more appropriate.

bande[1]; ruban

Dans la structure rubanée, les minéraux se répartissent en bandes ou rubans dont la couleur varie, depuis les épontes jusqu'à l'axe du corps minéralisé.

banded deposit

A deposit having alternating layers of ore that differ in color or texture and that may differ in mineral composition.

dépôt rubané; gisement rubané; gîte rubané

Dépôt composé d'alternances de couches de couleurs différentes.

banded iron formation; BIF; bif

Finely-layered, siliceous, hematitic deposits found in Precambrian rocks, forming stratigraphical units hundreds of metres thick and hundreds or even thousands of kilometres in lateral extent. BIFs include the world's most important sources of iron ore.

formation de fer rubanée; formation ferrifère rubanée

Dépôt sédimentaire de grande envergure, très riche en oxyde de fer (principalement en hématite), dont la formation remonte au Précambrien.

banded ironstone

cf. ironstone

roche ferrugineuse rubanée

banded ore; ribbon ore

Ore composed of bands that may be composed of the same minerals differing in proportions, or they may be composed of different minerals.

minerai rubané

Minerai formé par une alternance de couches horizontales de plusieurs minéraux ou d'un même minéral présentant des teneurs variables.

banded structure; ribbon structure

The result of alternation of layers, stripes, flat lenses, or streaks differing in mineral composition and/or texture.

texture rubanée; structure rubanée

Texture représentée dans les gisements filoniens, stratiformes et volcano-sédimentaires; les minerais et leurs gangues sont déposés en bandes généralement parallèles aux épontes et aux joints de stratification, symétriquement ou non par rapport au plan du filon.

NOTA Les termes « texture » et « structure » sont utilisés en concurrence, quoique certains auteurs admettent plus aisément l'expression « texture rubanée ».

banded vein; ribbon vein

A crustified vein composed of layers of different minerals, parallel to the walls.

filon rubané; filon à texture rubanée

Filon constitué de couches de différents minéraux parallèles aux épontes.

banding

The appearance of banded structure as a result of layering.

rubanement; aspect rubané

Aspect de la tranche d'une roche ou d'un minerai composée d'alternances de couches de couleurs différentes.

bar (n.)

A hard ridge of rock or gravel crossing the bed of a stream, on the upper side of which gold is likely to be deposited.

barre; seuil; saillie

Relief fluvial, de tracé linéaire, produit par le courant. L'or a tendance à s'accumuler à la base de barres rocheuses, graveleuses ou sablonneuses dans le milieu d'un chenal fluvial.

barren ground
SEE **dead ground**

barren lode
SEE **barren vein**

barren rock
SEE **dead ground**

barren vein; barren lode; hungry lode

A lode that is barren of ore minerals or of geologic indications of ore or that contains very-low grade ore.

NOTE As opposed to "ore vein" or "productive vein."

filon stérile

Filon ne renfermant pas de minerai exploitable.

NOTA Par opposition au « filon minéralisé », qui contient du minerai, ou au « filon productif ».

basalt cap

Uranium deposits are hosted in both coarse and fine facies beneath and adjacent to basalt caps in the uppermost tributary paleovalleys.

chapeau de basalte

base exchange
SEE **cation exchange**

base metal

Any of the more common and more chemically active metals, generally applied to the commercial metals such as copper, lead, etc.

NOTE As opposed to "noble metal."

métal commun; métal usuel

NOTA Par opposition à « métal noble ».

base metal sulfide; base metal sulphide

sulfure de métal usuel; sulfure de métal commun

base-metal sulfide ore; base-metal sulphide ore

minerai sulfuré de métal usuel; minerai sulfuré de métal commun

basic front; mafic front

A zone enriched in basic constituents which are expelled from country rocks undergoing granitization.

NOTE Some petrologists prefer the term "mafic front" to its synonym "basic front."

front basique

Zone dans laquelle sont expulsés les éléments chimiques que la roche granitique n'accepte pas.

basic lava

A lava poor in silica.

NOTE As opposed to "acid lava."

lave basique

Lave pauvre en silice et riche en éléments ferromagnésiens. Le cuivre se rencontre dans des laves basiques précambriennes, avec des teneurs moyennes (1 à 2 %).

basic magma

A magma rich in iron, magnesium and calcium. Ultrabasic and basic magmas are rich in iron and in trace amounts of copper, nickel and platinoid elements.

magma basique

Les gisements de pyrite sont le plus souvent des produits de ségrégations périphériques des magmas basiques.

basic volcanic rock

The formation of some copper concentrations was probably dependent on a supply of copper from the erosion of neighbouring basic volcanic rocks.

NOTE "Basic" is one of four subdivisions of a widely used system for classifying igneous rocks based on their silica content: acidic, intermediate, basic, and ultrabasic.

roche volcanique basique; volcanite basique; vulcanite basique

basification

Enrichment of a rock in elements such as calcium, magnesium, iron and manganese.

alcalinisation; altération alcaline

Processus chimique qui donne à un milieu une réaction alcaline ou qui accentue cette réaction.

basinal brine

For most fields, lead isotopic studies suggest a deep source for the metals but in some cases basinal brines may have played an important role.

saumure de bassin(s)

basin of deposition

bassin de dépôt; bassin de sédimentation; bassin sédimentaire

Dépression ovale ou circulaire qui est ou qui a été un lieu de sédimentation.

batholith; bathylith

A large, generally discordant plutonic mass that has more than 100 km^2 of surface exposure.

cf. stock

batholite; batholithe

Intrusion de grande dimension (de l'ordre de 100 km^2), en général discordante avec les structures des roches encaissantes.

baueritization

Natural or artificial bleaching of biotite.

baueritisation; bauéritisation

Altération superficielle du mica noir (biotite) qui, de sombre devient d'abord jaune or (mordorisation), puis gris blanc.

NOTA Étymologie : de Max Bauer, minéralogiste allemand.

bauxitization

Weathering of aluminum-bearing rocks under good surface drainage.

bauxitisation

Altération particulière de roches riches en aluminium qui conduit à la formation de bauxite.

beach deposit

An alluvial concentration of mineral formed by the grinding action of natural forces (wind, wave, or frost) and the selective transporting action of tides and winds.

dépôt de plage

Concentration minérale due à l'intervention des agents naturels suivants : mouvements eustatiques, variations paléoclimatiques (y compris direction des vents), direction des courants, etc.

beach placer; seabeach placer

A placer deposit of heavy minerals on a contemporary or ancient beach or along a coastline. The most important minerals of beach placers are: cassiterite, diamond, gold, monazite, rutile, ilmenite, xenotime and zircon.

placer de plage

Placer qui naît de l'action des vagues sur un placer préexistant ou sur un massif rocheux qui est détruit sur place avec concentration des métaux lourds. Les placers de plage sont les seuls gisements connus de rutile, ilménite, zircons et monazite.

bed

A sheet-like unit which represents a single episode of sedimentation. It is bordered top and bottom by a bedding plane. A single bed may show laminations, similar to bedding, but smaller in scale.

cf. stratum

lit

Couche ou niveau de faible épaisseur (quelques centimètres à quelques décimètres).

bedded deposit

A deposit formed, or arranged in layers or beds.

gisement lité; gisement en couches

bedded structure; bedded texture

texture litée

Si les cristaux sont disposés en lits, on a une texture litée.

bedded vein
SEE **sill**

bedding

Layering of sheet-like units, called beds, a bed being the smallest distinguishable division within the classification of stratified sedimentary rocks.

litage

Alternance de lits de nature minéralogique différente.

bedding plane; bed plane

A well-defined planar surface that visibly separates one bed from another in sedimentary rock.

plan de litage

bedrock; bed rock; ledge rock [USA]

The solid rock that underlies soil or other unconsolidated, superficial material.

substratum rocheux; roche du substratum; substrat rocheux; sous-sol rocheux; soubassement rocheux; roche sous-jacente; roche en place; fond rocheux

Masse rocheuse non altérée qui se trouve sous les sols meubles de recouvrement. C'est au contact de cette roche de fond que se situent de préférence les fortes concentrations de minéraux lourds.

bed vein
SEE **sill**

belt of cementation
SEE **cementation zone**

bench placer; terrace placer; river-bar placer — **placer en terrasse**

A terrace of gravel, containing tin or gold, that is mined as a placer.

beneficiated ore
SEE **enriched ore**

beneficiation
SEE **enrichment**[1]

BIF
SEE **banded iron formation**

BIF-hosted deposit — **gîte inclus dans une formation de fer rubanée; dépôt inclus dans une formation ferrifère rubanée**

cf. banded iron formation

biochemical deposit — **gisement biochimique; gîte biochimique**

A precipitated deposit resulting directly or indirectly from vital activities of an organism, e.g. bacterial iron ores.

biofacies — **biofaciès**

cf. facies

biogenetic deposit
SEE **biogenic deposit**

biogenetic mineral
SEE **biogenic mineral**

biogenic deposit; biogenetic deposit; biogenous deposit — **dépôt biogénétique; dépôt biogène; dépôt organogène**

A deposit formed as the result of the activities of living organisms.

biogenic mineral; biogenetic mineral; biogenous mineral

A mineral formed from or by living organisms, e.g. coal, chalk, etc.

minéral biogénétique; minéral biogène; minéral organogène

Minéral qui tire son origine d'êtres vivants.

biogenous deposit
SEE **biogenic deposit**

biogenous mineral
SEE **biogenic mineral**

biorhexistasy

A theory of sediment production related to changes in the vegetational cover of the land and characterized by stable subtropical weathering conditions resulting in soil lateritization.

bio-rhexistasie

Théorie de H. Erhart qui met en évidence le rôle des processus d'altération météorique dans la mobilisation des éléments chimiques. Cette altération entraîne la formation de zones d'oxydation et de cémentation (avec lessivage ou enrichissement en métaux) dans les gîtes minéraux.

biorhexistatic

bio-rhexistasique

Qui a trait à la bio-rhexistasie. Les phénomènes bio-rhexistasiques sont en grande partie responsables des variations dans la composition des eaux de mer et, par conséquent, des variations dans la nature des milieux gîtologiques.

biostatic deposit

gîte biostasique

bisiallitization

NOTE As opposed to "monosiallitization."

bisiallitisation

Type d'édification phylliteuse dans laquelle la silice n'est pas entièrement éliminée; les minéraux de néoformation appartiennent aux phyllosilicates à deux feuillets liés par des bases. C'est le domaine des illites, vermiculites et montmorillonites.

bitumenization
SEE **coalification**

bituminization

A process for transforming natural substances into bitumen.

bituminisation

Transformation de substances organiques (végétaux microscopiques, plancton, cadavres d'animaux) en bitume.

black carbonaceous shale

Superior BIF is stratigraphically closely associated with black carbonaceous shale. Minette ironstones are usually interbedded with black carbonaceous shale.

schiste noir charbonneux

black mud

A mud whose dark color is due to hydrogen sulfide, developed under anaerobic conditions.

boues noires; vases noires

Milieu euxinique particulièrement favorable à l'apparition de certaines concentrations minérales; ainsi, dans certains fjords norvégiens, la teneur en uranium des boues noires atteint 600 p.p.m.

NOTA Ces termes sont habituellement au pluriel en contexte.

black sand

An alluvial or beach sand consisting predominantly of grains of heavy dark minerals (such as magnetite, ilmenite, rutile, monazite, etc.) and sometimes yielding valuable minerals (such as gold and platinum) concentrated chiefly by wave, current, or surf action.

sable noir

La monazite ne peut être exploitée que dans les concentrations alluvionnaires de sables noirs. L'or se trouve aussi souvent associé à un sable noir formé de magnétite et d'ilménite.

black sand bed

lit de sables noirs

La plupart des minéraux accessoires du granite (sphène, apatite, grenat, monazite, etc.) se retrouvent sous forme de minéraux lourds concentrés en des lits de sables noirs dans les sédiments dérivés du remaniement des arènes.

black shale; ampelite (obs.)

A dark, thinly laminated carbonaceous shale, exceptionally rich in organic matter (5% or more carbon content) and sulfide (usually pyrite). It forms important hydrocarbon source rocks.

ampélite; schiste ampéliteux; schiste ampélitique; schiste noir

Roche schisteuse, noirâtre, dérivée d'argiles riches en matières organiques (comme le charbon) et en pyrite.

black smoker

Vent on the seafloor emitting hydrothermal fluids at elevated temperatures. As these mix with cold water, metal oxides and sulphides precipitate rapidly to give black plumes. This provide a rare opportunity to study ore deposits forming.

fumeur noir

Bouche hydrothermale crachant une eau rendue opaque par les particules de sulfures, à des températures de l'ordre de 350 °C.

blade

A flat and elongate shape of a mineral.

lamelle

bladed

Descriptive of some minerals which are elongated and flattened.

en lamelles; en cristaux lamellaires

blanket-like deposit; blanket deposit; sheet deposit

A flat ore deposit of which the length and breadth are relatively great as compared with the thickness.

NOTE About the same as the "manto deposit" of Spanish countries.

gîte formant manteau; gîte formant couverture

bleaching

A type of alteration due in many cases to the reduction of hematite.

blanchiment

Décoloration par départ du fer dans une roche en voie d'altération.

blind apex
SEE **suboutcrop**

blind deposit

A mineral deposit that does not crop out.

NOTE As opposed to "outcropping deposit."

gîte non affleurant; gîte aveugle; gisement non affleurant; gisement aveugle

Gisement qui n'affleure pas à la surface du sol.

blind vein; blind lode

A vein or lode which is not exposed at the surface.

filon non affleurant; filon sans affleurement; filon aveugle

blocked out ore
SEE **measured ore**

bloom (n.); **efflorescence**

A whitish, mealy or crystalline powder produced as a surface incrustation on a rock, in an arid country, by evaporation or loss of water. It may consist of one or several soluble salts such as gypsum, calcite, halite, and natron.

efflorescence

Dépôt aux formes délicates, semblables à des fleurs, sur les parois des roches calcaires, par suite de l'évaporation des eaux d'exsudation. Les sulfures, quand ils sont hydratés ou oxydés, libèrent le soufre qui forme alors des efflorescences.

bloom (v.); **effloresce**

To change on the surface to a whitish, mealy, or crystalline powder from the loss of water of crystallization on exposure to the air.

former des efflorescences

NOTA En parlant des sels.

boehmitic bauxite

Bauxite containing a major proportion of boehmite.

bauxite à bœhmite

NOTA Les bauxites sont de deux types : à bœhmite ou à gibbsite. Les premières reposent le plus souvent sur des roches carbonatées et les dernières se forment essentiellement sur des roches éruptives ou métamorphiques.

bog deposit — **dépôt de marais; dépôt en milieu marécageux**

A stratified accumulation of metallic mineral substances, probably formed as a result of bacterial action in swampy conditions.

bog iron ore; limnite — **minerai de fer des marais; limnite** (n.f.)

Iron hydroxide deposited in swamps, stagnant pools and lakes, probably by bacterial action. Such deposits may have a low content of phosphorus and sulphur and can yield very pure iron.

Dépôt de fer impur, d'origine organogène, se formant dans les tourbières et les marais sous l'action de ferrobactéries et de diatomées dans les eaux peu profondes ayant dissous des oxydes de fer.

bog manganese — **manganèse des marais**

A bog ore consisting chiefly of hydrous manganese oxide.

boiling off of volatiles
SEE **devolatilization**

bonanza — **bonanza** (n.m.)

An exceptionally rich shoot or pocket of ore.

NOTE The term is used particularly with reference to gold and silver.

Colonne, poche ou amas de minerai très riche. On rencontre en général les bonanzas à proximité du niveau hydrostatique dont l'influence a enrichi le minerai.

NOTA Terme emprunté à l'espagnol et habituellement réservé à l'or et à l'argent.

bone phosphate of lime; BPL — **phosphate de chaux osseux**

Tricalcium phosphate. The phosphate content of phosphorite may be expressed as percentage of bone phosphate of lime.

Phosphate tricalcique associé à la présence d'os ou de fragments d'os, et qu'on retrouve fréquemment dans les formations littorales qui ont été le siège d'hécatombes d'organismes marins.

boring (adj.)

Said of many species of algae, fungi, sponges, sea worms, etc., that penetrate the hard surface of an organism or calcareous rock, excavating holes by mechanical rasping or chemical dissolution. The commonest is the boring sponge Cliona, which saws out tiny chips of calcium carbonate from coral skeletons.

perforant

Se dit d'algues et d'éponges qui perforent la surface dure de roches calcaires et d'organismes, permettant ainsi la libération de carbonate de calcium.

botryoidal

Said of a mineral deposit having the form of a bunch of grapes, often as a result of concentric growth patterns during its formation.

botryoïde; botryoïdal; en grappes

En forme de grappe de raisin.

boulder prospecting

The use of boulders and boulder trains from outcrops of mineral deposit as a guide to ore.

cf. mineralized boulder

prospection par boulders minéralisés; recherche de boulders minéralisés

Mode de prospection utilisé dans les pays nordiques et qui consiste à déterminer les directions de déplacement des alluvions glaciaires, la fréquence des blocs glaciaires minéralisés, la distance possible du déplacement.

boulder tracing

repérage de blocs minéralisés; repérage de boulders conducteurs; détection de blocs minéralisés; détection de boulders

BPL
SEE **bone phosphate of lime**

branch (v.)

NOTE For a vein, manto or pipe. The word suggests a less intricate arrangement than "anastomose."

se ramifier; être ramifié

En parlant d'un filon, d'un manto ou d'une cheminée minéralisée, se séparer, être séparé en plusieurs branches qui peuvent se partager à leur tour.

branching vein; branch vein

A main vein having extensions or branches either into the hanging wall or the footwall.

filon branchu; filon ramifié

breakdown[1]; decomposition

cf. chemical breakdown

décomposition

Résolution d'un corps simple ou composé en substances plus simples. La décomposition des roches métamorphiques joue un rôle important dans la formation des gîtes métallifères.

breakdown[2]

cf. mechanical weathering

désagrégation; désintégration

breccia; rubblerock

A coarse, clastic, sedimentary rock with angular constituent clasts; it differs from conglomerate in that the fragments have sharp edges and unworn corners.

NOTE The plural form of breccia is breccie.

brèche

Roche consolidée à fragments anguleux d'assez grande taille réunis par un ciment.

breccia filling

remplissage bréchiforme; remplissage de brèche; remplissage bréchoïde

Remplissage filonien logé entre les lèvres d'une faille et qui englobe les fragments plus ou moins anguleux (ou la brèche) qui s'y trouvent.

breccia ore; brecciated ore

A type of ore which is developed along fault zones and is composed of broken bedded ore fragments less than a centimetre to several metres in size cemented by sandy material. It contains vugs filled with colloform secondary iron and manganese oxide minerals or quartz.

minerai bréchique; minerai bréchoïde; minerai bréchiforme

Minerai ayant des caractères de brèche ou se présentant comme une brèche.

breccia pipe

A pipe that is filled with volcanic breccia and is often mineralized. Some deposits consist mainly of mineralized breccia pipes.

cheminée bréchique; pipe (n.é.) **bréchique; pipe** (n.é.) **de brèche**

Cheminée cylindrique verticale remplie de brèches volcaniques et souvent minéralisée.

brecciated
SEE **brecciform**

brecciated ore
SEE **breccia ore**

brecciated structure; brecciated texture

A rock or vein structure marked by an accumulation of angular fragments. It is often a sign of favorable ore conditions.

texture bréchoïde; structure bréchoïde; texture bréchiforme; structure bréchiforme; texture bréchique; structure bréchique

Texture d'une roche ou d'un filon caractérisée par l'agglomération de fragments anguleux et ménageant de nombreux espaces vides propices aux cristallisations.

brecciated vein; breccia vein

A fissure filled with angular fragments of country rock, in the interstices of which later vein matter is deposited.

filon bréchoïde; filon bréchique; filon bréchiforme

Fracture remplie de fragments anguleux (éboulis de faille) qui ont été cimentés par la minéralisation. Les minéraux sont disposés en zones successives autour des blocs.

brecciation

Formation of a breccia, as by crushing a rock into angular fragments. Epigenetic ores, developed in dilatant zones along faults, often show signs of brecciation due to fault movements during and after mineralization.

bréchification; formation de brèches

Transformation d'une roche en brèche par un processus physique (écrasement, par exemple).

breccia vein
SEE **brecciated vein**

brecciform; breccioid; brecciated

bréchiforme; bréchoïde

In the form of a breccia, or resembling a breccia.

Qui ressemble à une brèche.

brine; natural brine; hypersaline water

saumure; eau hypersaline

A concentrated solution of NaCl and other inorganic salts. The most likely ore fluids are brines derived from evaporites.

cf. metalliferous brine

brine-filled basin

bassin rempli de saumure; bassin sursalé

Trendall (1973), Button (1976) and Garrels (1987) suggested that iron formations formed as evaporite in restricted brine-filled basins.

brine lake
SEE **salt lake**

brine migration

migration de saumure; migration d'eau hypersaline

Some form of basinal brine migration out of sedimentary basins, through aquifers, to the basin periphery is the most widely accepted general mode of formation of Mississippi Valley-Type (MVT) ores.

brine solution

solution de saumure; solution hypersaline; solution salée

A solution containing up to 30% sodium chloride. In the formation of low temperature lead-zinc ores in limestones, the metals are supplied by a hot brine solution.

bulk sample

échantillon global; échantillon industriel

A large sample consisting of tons or hundreds of tons of ore, which is taken at regular though widely spaced intervals, which is then milled and the grade computed from the results.

bulk sampling

échantillonnage massif

Prélèvement d'échantillons volumineux, de quelques centaines de kilogrammes à plus d'une tonne, qui permet de déterminer les teneurs représentatives des formations étudiées pour certains éléments.

bull quartz; dead quartz

quartz stérile

A prospector's term for a white, coarse-grained, barren quartz.

Quartz ne contenant pas de minéraux de qualité.

bunch (of ore)
SEE **ore pocket**

burial diagenesis

diagenèse d'enfouissement

burial metamorphism

métamorphisme d'enfouissement; métamorphisme statique

A type of regional metamorphic recrystallization affecting sediments and interlayered volcanic rock without any influence of orogenesis or magmatic intrusion. Original rock fabrics are largely preserved but mineralogical compositions are generally changed.

Métamorphisme peu marqué et sans déformation qui s'effectue à température relativement basse (400 °C) et qui affecte la base des séries sédimentaires soumise à une pression lithostatique due au poids des roches surincombantes s'étendant sur plusieurs kilomètres.

buried placer

placer enfoui

An alluvial deposit concealed by surficial sediments; it may carry valuable minerals.

cf. placer

Placer caché sous une couche de sédiments superficiels.

by-product; byproduct

In mining, subsidiary material worked from ore deposits in which other materials are dominant, e.g. gold from porphyry copper deposits and silver from lead-zinc ores.

sous-produit; produit de récupération

Substance utile associée dans le minerai au produit recherché par l'exploitation. Ainsi l'or est souvent dissous dans les pyrites et pyrrhotites, les blendes et galènes, etc.

by-product gold; byproduct gold

or récupéré comme sous-produit; or comme sous-produit

calc-alkaline magma

There is a close temporal relationship between porphyry copper deposits and calc-alkaline magma.

magma calco-alcalin; magma calcoalcalin

Magma contenant des proportions voisines de sodium-potassium et de calcium. Il prend naissance à plus de 150 km de profondeur et est générateur de roches calco-alcalines.

calcareous crust; calc-crust

Indurated horizon cemented with calcium carbonate.

croûte calcaire

Horizon induré, cimenté par du calcaire, et dont l'épaisseur varie de 1 à 10 cm.

calcareous gangue; calcareous matrix

A gangue that contains calcium carbonate.

gangue calcaire

Gangue qui contient du carbonate de calcium. Dans les roches phosphatées, le minéral se concentre sous forme de granulations ou nodules dans une gangue calcaire, argileuse ou sableuse.

calcareous nodule

A small roundish lump of calcium carbonate.

cf. nodule

nodule calcaire

Nodule dont le principal constituant est le carbonate de calcium.

calc-crust
SEE **calcareous crust**

calcic gangue; calcic matrix

A gangue containing a relatively high proportion of calcium.

gangue calcique

Le minerai de fer de Lorraine se présente sous forme d'oolithes ferrugineuses unies par une gangue phylliteuse, calcique et phosphatée.

calcic hornfels

cf. hornfels

cornéenne calcique

calcic matrix
SEE **calcic gangue**

calcic mineral

A mineral containing a relatively high proportion of calcium; the proportion required depends on circumstances.

minéral calcique

calcicrete
SEE **calcrete**

calcic water

eau calcique

Eau qui renferme du calcium.

calcification

Process of redeposition of secondary calcium carbonate from parts of the soil profile which, if sufficiently concentrated, may develop into a calcrete or caliche horizon. Calcification involves limited upward and lateral movement of calcium salts in solution, and downward movement in drier periods.

calcification

calcitization

The act or process of forming calcite, as by alteration of aragonite.

calcitisation; altération calcitique

Altération en calcite, en particulier de l'aragonite.

calcrete; calcicrete

A conglomerate consisting of surficial sand and gravel cemented into a hard mass by calcium carbonate precipitated from solution and redeposited through the agency of infiltrating waters, or deposited by the escape of carbon dioxide from vadose water.

NOTE Etymology: calcareous + concrete.

calcrète (n.f.); **calcrete** (n.f.)

Conglomérat cimenté par du calcaire sous l'influence des eaux d'infiltration. La précipitation du calcaire, notamment par évaporation, provoque la formation de croûtes sur des sédiments non calcaires.

NOTA Ne pas confondre avec le caliche, qui est formé sur sédiments calcaires.

calcsilicate; calc-silicate

A group of minerals consisting of calcium silicates and commonly formed by the metamorphism of limestones and dolomites. Common calcsilicates include wollastonite, grossularite, and diopside.

silicate calcique

Les skarns sont des roches à grain grossier souvent à géodes, formées habituellement de silicates calciques (pyroxènes, grenats).

calc-silicate gangue

Calc-silicate gangue in pyrometasomatic deposits formed at temperatures approaching those of the associated magmatic intrusion.

gangue à silicates calciques

calc-silicate hornfels

A fine-grained metamorphic rock (limestone or dolomite) which has been recrystallized. The bulk of it is in the form of various calcium- and/or magnesium-containing silicates.

cf. hornfels

cornéenne à silicates calciques

calc-silicate mineral

minéral du groupe des silicates calciques

Calc-silicate minerals such as diopside, wollastonite, andradite garnet, actinolite, etc.

calc-silicate skarn

skarn (n.m.) **à silicates calciques**

cf. skarn, calcsilicate

caliche; soil caliche

caliche

A calcareous material of secondary accumulation, commonly found in layers on or near the surface of stony soils of arid and semiarid regions. The cementing material is essentially calcium carbonate.

Croûte calcaire ou dolomitique, d'origine chimique (précipitation), se formant par évaporation en surface des sédiments calcaires, dans les régions arides ou semi-arides.

NOTA Nom épicène, plus fréquemment masculin.

Ne pas confondre avec la calcrète, qui est formée sur sédiments non calcaires.

camp; mining town; mining camp

coron; village minier; camp minier; campement; baraquements

A town usually new and often temporary sprung up esp. in an isolated mining region. Typical examples are the well-known gold camps of Canada.

Groupe d'habitations ouvrières en pays minier.

canga

brèche ferrugineuse

A well-consolidated and unstratified, iron-rich rock composed of varying amounts of fragments derived from ferruginous material, and cemented by limonite. It occurs as a near-surface or surficial deposit.

NOTE A Brazilian term.

capping
SEE **gossan**

cap rock

In a salt dome, an impervious body of anhydrite, gypsum, and calcite, that overlies the salt body.

chapeau (de dôme de sel)

Amas composé de calcite, d'anhydrite et parfois de gypse, localisé au toit des gîtes de sels potassiques.

carbonaceous inclusion

NOTE Not to be confused with "carbon inclusion."

inclusion carbonée

Inclusion de matières carbonées.

carbonaceous rock; carbonolite

A sedimentary rock characterized by its abundance of carbon.

roche carbonée

Roche particulièrement riche en carbone et ayant la propriété d'être combustible (tourbe, lignite, houille, anthracite, bitume, pétrole, ambre, etc.).

carbonaceous sediment

A sediment that is rich in carbon.

sédiment carboné

Sédiment principalement formé de carbone amorphe.

carbonaceous shale; coaly shale

schiste charbonneux; schiste houiller

A dark shale, commonly associated with coal seams, with a significant content of carbon in the form of small disseminated particles or flakes.

carbonate alteration
SEE **carbonation**

carbonate banded iron formation
SEE **carbonate-facies iron formation**

carbonate-bearing bed

couche carbonatée

carbonate-bearing hydrothermal solution

solution hydrothermale carbonatée

carbonate BIF
SEE **carbonate-facies iron formation**

carbonated water

eau carboniquée (néol.); **eau riche en CO_2; eau chargée de gaz carbonique**

Water containing carbon dioxide gas.

Eau particulièrement riche en gaz carbonique dissous et dont la présence dans le sol permet notamment la serpentinisation des péridots.

carbonate-facies iron formation; carbonate banded iron formation; carbonate BIF

formation ferrifère à faciès carbonaté

An iron formation characterized by interbanded chert and siderite in about equal proportions.

NOTE James (1954) identified four important facies of banded iron formation (BIF): (a) Oxide facies; (b) Carbonate facies; (c) Silicate facies; and (d) Sulphide facies.

L'un des quatre principaux types de formations ferrifères résultant d'une précipitation chimique.

carbonate gangue
SEE **carbonate matrix**

carbonate-hosted deposit

gisement sur roches carbonatées; gîte sur roches carbonatées; gisement inclus dans la roche carbonatée; gîte inclus dans la roche carbonatée

cf. hosted by

carbonate matrix; carbonate gangue

gangue carbonatée

The uranium minerals are commonly accompanied by quartz and/or carbonate gangue.

Les filons mésothermaux forment un système de veines complexes. La gangue, quartzeuse ou carbonatée, renferme des minéraux de basse température comme le kaolin.

carbonate ore

minerai carbonaté

carbonate-pelite host rock

roche hôte carbonato-pélitique

carbonate rock

A rock composed chiefly of carbonate minerals such as limestone, dolomite, or carbonatite.

roche carbonatée

Roche formée pour l'essentiel de carbonate de chaux sous forme de calcite, d'aragonite ou de dolomite.

carbonate sediment

A sediment composed essentially of calcium carbonate provided by the accumulation of the calcareous skeletons of organisms, and/or the direct chemical precipitation of this material from water (usually sea water).

sédiment carbonaté

Sédiment qui résulte de l'accumulation de restes d'organismes calcaires ou de leur activité édificatrice, ou encore de la précipitation de carbonate de calcium.

carbonation; carbonatization; carbonate alteration

Chemical weathering process by which minerals that contain basic oxides are converted to carbonates by the action of carbonic acid in water or air. Zones of carbonate alteration around individual veins and structures commonly coalesce to envelope the entire orebody.

carbonatation; altération carbonatée

Processus chimique d'altération qui, par l'action de l'acide carbonique de l'eau ou de l'air, change en carbonates les minéraux qui contiennent des oxydes basiques.

carbonatite

A carbonate rock of apparent magmatic origin, generally found in association with alkali-rich igneous rocks. The most important products of carbonatites are phosphorus, niobium, and rare-earth elements.

carbonatite

Roche magmatique composée essentiellement de carbonates et associée aux syénites néphéliniques. Les carbonatites constituent souvent des gisements de terres rares. Véritable musée minéralogique, elles recèlent en fait plus de cinquante minéraux.

carbonatite complex

Intrusive magmatic carbonates and their associated igneous rocks.

complexe de carbonatites

carbonatite-hosted deposit

gîte inclus dans les carbonatites

carbonatite magma

Magma from which carbonatites are derived.

magma à l'origine des carbonatites; magma générateur de carbonatites

Magma spécial enrichi en gaz carbonique et en calcium, non miscible avec le magma environnant, qui est responsable de la formation des carbonatites.

carbonatization
SEE **carbonation**

carbonatized

Said of a rock that has undergone carbonation.

carbonaté

Transformé ou altéré en carbonate.

carboniferous; coal-bearing

Said of a rock that produces or contains carbon or coal.

carbonifère; houiller

Qui contient du charbon.

carbonification
SEE **coalification**

carbon inclusion

Chiastolite contains carbon inclusions.

NOTE Not to be confused with "carbonaceous inclusion."

inclusion charbonneuse

Inclusion, due à la ségrégation de la matière organique, qu'on observe notamment dans la chiastolite.

carbonolite
SEE **carbonaceous rock**

carrier of mineralization
SEE **ore carrier**

catamorphism; katamorphism

Destructive metamorphism, at or near the Earth's surface, in which complex minerals are broken down and altered through oxidation, hydration, solution, etc., to produce simpler and less dense minerals.

catamorphisme; katamorphisme

cation exchange; base exchange

The process in which cations in solution are exchanged with cations held on the exchange sites of mineral and organic matter.

échange cationique; échange de base

Très schématiquement, on peut ramener les interactions fluides-minéraux à deux types de phénomènes : les échanges cationiques solides-fluides et les dissolutions congruentes.

cation metasomatism

Dolomitization of limestone involves cation metasomatism. In this case, the mineralizing solutions must have carried abundant magnesium.

NOTE As opposed to "anion metasomatism."

métasomatose cationique

cementation

The process by which individual sedimentary rock particles are cemented together by a secondarily developed material. This may either be a substance introduced by groundwater percolating through the pores of the rock, or be derived from solution of part of the mineral matter of the rock followed by redeposition.

cimentation; cémentation

Processus de transport et de dépôt de la matière minérale qui précipite sous forme de liant entre les grains d'une roche ou à leur surface. Le ciment parvient le plus souvent de la roche elle-même.

NOTA On parle de « cémentation » lorsqu'il s'agit de gîtes sulfurés.

cementation deposit

gîte de cémentation; gisement de cémentation

Gîte exploitable grâce à l'existence d'une zone de cémentation.

cementation zone; zone of cementation; belt of cementation

The layer of the Earth's crust below the zone of weathering, in which percolating waters cement unconsolidated deposits by the deposition of dissolved minerals from above.

zone de cémentation

Zone, située immédiatement en dessous de la zone d'oxydation, où s'effectuent des précipitations de sulfures qui enrichissent le minerai originel. L'épaisseur de cette couche varie de quelques

cementation zone (cont'd)

décimètres à plusieurs centaines de mètres. C'est la partie la plus riche du gisement, son exploitation étant plus rentable que celle du minerai normal sous-jacent.

chalcophile element

élément chalcophile; chalcophile (n.m.); **élément thiophile; thiophile** (n.m.)

An element having a strong affinity for sulphur and characterized by the sulphuric ore minerals. Typical chalcophile elements are copper, zinc, lead, arsenic, and antimony.

cf. lithophile element, siderophile element

Élément chimique qui se combine aisément au soufre, comme le cuivre, le zinc, le cadmium, le mercure, le plomb, le fer, l'arsenic, etc.

chalk decalcification clay

argile de décalcification; argile de décarbonatation

Argile provenant de la dissolution de calcaires.

chambered vein; chambered lode

filon en forme de chambres

A vein or lode of irregular, brecciated texture, as a stockwork.

Filon dont les épontes sont irrégulières et bréchiques au toit.

channel
SEE **feeder**[1]

channelway
SEE **feeder**[1]

chemical alteration

altération chimique; transformation chimique

Any change in the mineralogical composition of a rock brought about by chemical means.

NOTE Not to be confused with "chemical weathering."

Modification des propriétés d'une roche ou d'un minéral sous l'effet d'agents chimiques. L'altération chimique des minéraux qui composent les roches métamorphiques joue un grand rôle dans leur désagrégation mécanique.

chemical breakdown — **décomposition chimique**

An oxidizing atmosphere allows the chemical breakdown of copper sulphides during weathering and transportation.

chemical change — **variation de composition chimique; variation chimique**

Il s'agit d'échange d'éléments, du remplacement d'une molécule, d'un atome ou d'un ion par un autre. Ces variations, notables à l'intérieur des roches superficielles, s'estompent au fur et à mesure que l'on s'enfonce, alors que l'on constate une homogénéisation des faciès.

chemical complexation — **complexation chimique; formation d'un complexe chimique**

chemical control — **contrôle chimique**

The fact that some lithologies are a favourable host to a particular type of vein.

chemical diffusion — **diffusion chimique**

chemical dissolution — **dissolution chimique**

The climate under which weathering took place controls which type of rock is most resistant to chemical dissolution, and consequently whether or not particular type of deposits are developed.

chemical grade (of chromite) — **qualité chimique** (de chromite)

chemically controlled process

processus contrôlé par la composition chimique; processus déterminé par des facteurs chimiques

The sulphide-rich BIF in non-stratiform deposits is a product of structurally and chemically controlled alteration processes related to metamorphism and accompanying deformation.

chemically precipitated sediment

sédiment formé par précipitation chimique

There is general agreement that Superior BIFs are chemically precipitated sediments but there is no agreement on the source of the iron.

La glauconite est formée de grains de glauconie, vert foncé, mesurant 1 mm environ. C'est un sédiment marin, formé par précipitation chimique.

chemical origin (of nuggets)

origine chimique (des pépites)

chemical precipitation

précipitation chimique; précipitation de substances chimiques

It was generally believed that the iron and silica in iron-formations were derived from deeply weathered rocks and deposited in restricted basins where chemical precipitation was predominant over clastic sedimentation.

Les oolithes sont engendrées par la précipitation chimique directe et par l'addition d'hématite autour d'un noyau formé de grains clastiques.

chemical reduction

réduction chimique

chemical rock

roche chimique; roche d'origine chimique

A sedimentary rock composed primarily of material formed directly by precipitation from solution or colloidal suspension or by the deposition of insoluble precipitates.

chemical sediment

A sediment that formed directly by precipitation from solution or occasionally by the formation of insoluble precipitates on mixing solution of two soluble salts.

sédiment chimique

Sédiment résultant de la précipitation de substances dissoutes (calcaire, gypse, etc.).

chemical sedimentation

Some components of the gold-bearing BIF were deposited during chemical sedimentation.

sédimentation chimique

Formation d'un dépôt par précipitation de substances en solution dans l'eau.

chemical solution

solution chimique

chemical transport

Not fully understood is the role of chemical transport in the formation of placers and the proportion of gold that it contributes.

migration chimique

Une certaine aptitude de l'or à la migration chimique semble bien avoir été prouvée dans les placers.

chemical weathering

The process of weathering by which chemical reactions transform rocks and minerals into new chemical combinations that are stable under conditions prevailing at or near Earth's surface.

cf. weathering, chemical alteration

altération chimique météorique; météorisation chimique

chemism

Chemical actions, activities, or properties collectively.

chimisme

Mécanisme d'une réaction.

chert

A fine-grained rock consisting of beds of cryptocrystalline silica, usually of biogenic, volcanogenic, or diagenetic origin.

chert (n.m.)

chertification

A type of silicification, esp. by chalcedony or by fine-grained quartz, used mainly in the description of the Mississippi Valley lead-zinc deposits.

chertification

cherty

Containing chert or like chert.

cherteux

De la nature du chert ou contenant du chert.

chimney; pipe; ore chimney; ore pipe; neck

A vertically elongated orebody, with roughly circular or oval-shaped cross section, often filled with breccia.

NOTE An orebody similar to a chimney but of greater irregularity is termed a "stock."

cheminée (minéralisée); pipe (n.é.)

Gîte métallifère allongé verticalement, de section circulaire ou ovale, souvent empli par des brèches.

chimney deposit; pipe deposit

cf. chimney

gisement en pipe(s); gîte en pipe(s); gîte en cheminée; gîte en forme de pipe; gîte en forme de cheminée

chloride water

eau chlorurée

chloritic alteration
SEE **chloritization**

chloritisation [GBR]
SEE **chloritization**

chloritised [GBR]
SEE **chloritized**

chloritization; chloritisation [GBR]; **chloritic alteration**

Introduction of, or replacement by, chlorite.

chloritisation

Transformation ou altération des minéraux en chlorite.

chloritized; chloritised [GBR]

chloritisé

Transformé ou altéré en chlorite.

chute
SEE **ore shoot**

circulating brine; migrating brine

cf. brine

saumure en migration; saumure circulante

circulating meteoric water

eau météorique en migration; eau météorique circulante

clarke; crustal abundance

The average abundance of an element in the Earth's crust. For the formation of an orebody the element or elements concerned must be enriched to a considerably higher level than their normal crustal abundance.

NOTE Named in honor of F.W. Clarke, an American geochemist.

clarke (n.m.)

Teneur moyenne d'un élément chimique dans la croûte terrestre. S'exprime en grammes/tonne (g/t), en parties par million (p.p.m.) ou en %.

clarke of concentration

The concentration of an element in a mineral or rock relative to its crustal abundance.

clarke de concentration

Degré de concentration d'un élément donné dans un gîte, un minerai ou un minéral : il s'agit du rapport teneur/clarke. On extrait le plus souvent le magnésium de l'eau de mer, malgré le faible clarke de concentration, inférieur à 1.

clast

An individual constituent or fragment of a broken-down rock, produced by the mechanical weathering of a larger rock mass followed by deposition in a new setting.

claste (n.m.)

Fragment d'origine minérale ou organique entrant dans la composition d'une roche sédimentaire. Désigne en particulier les fragments de cristaux des roches métamorphiques ayant subi un certain broyage et s'oppose alors à « blaste ».

clastic deposit
SEE **fragmental deposit**

clastic dike; clastic dyke

A tabular body of clastic material transecting the bedding of a sedimentary formation, representing extraneous material that has invaded the hosting formation along a crack, either from below or from above.

filon clastique

Filon sédimentaire qui correspond à l'injection de matériel sableux gorgé d'eau, à partir de couches interstratifiées dans des séries argilo-pélitiques, le long de fractures de distension ouvertes. Cette injection peut se faire vers le haut ou vers le bas, et serait due à un tassement plus important des sédiments argilo-pélitiques que des sédiments sableux.

clastic ore; fragmental ore

minerai clastique

clastic sediment; mechanical sediment

A sediment composed of fragments derived from preexisting rocks or minerals and transported as separate particles to their places of deposition by mechanical agents such as water, wind, ice, gravity, etc.

sédiment clastique

clay-altered; argillized

argilisé; argilifié

clayey gangue; clay matrix; clay gangue; clayey matrix

gangue argileuse

clay gouge

A thin seam of clay separating ore from country rock.

cf. gouge

salbande argileuse

Couche argileuse plus ou moins minéralisée où s'est exercée la métasomatose, et qui tapisse intérieurement les épontes.

clay ironstone

A clayey rock charged with iron oxide; commonly in concretionary form.

minerai de fer argileux

clay matrix; clay gangue; clayey matrix; clayey gangue

gangue argileuse

clay minerals

A group of hydrous aluminum silicates which have a layered structure and generally occur as minute, platy, more rarely fibrous, crystals.

minéraux argileux; minéraux des argiles; minéraux de l'argile

Minéraux phylliteux se présentant en très petits cristaux, en plaquettes hexagonales ou parfois en fibres.

Clinton ironstone

Red, fossiliferous iron ore from the Middle Silurian Clinton Formation of east central USA. It often occurs in lenses and may be oolitic in texture. The ore mineral is usually hematite.

formation ferrifère du type Clinton

coal-bearing
SEE **carboniferous**

coal bed
SEE **coal seam**

coalification; carbonification; incarbonization; incoalation; bitumenization

The alteration or metamorphism of plant material into coal. The process results in the production of coal of different ranks, from peat, through the bituminous coals and lignite, to anthracite. Each rank marks a reduction in the percentage of volatiles and moisture, and an increase in the percentage of carbon.

houillification; carbonification; carbonisation

Transformation des débris végétaux fossiles en houille. Le matériel végétal se transforme graduellement en lignite, puis en charbons de plus en plus pauvres en matières volatiles.

coalified

Said of vegetal matter (like wood fragments) changed into coal.

houillifié; carbonifié; carbonisé

coal seam; coal bed; coalbed

A stratum or bed of coal.

NOTE Coal seam is more commonly used in the United States and Canada.

couche de charbon

coaly shale
SEE **carbonaceous shale**

coarse; coarse-grained

Said of a rock in which the individual minerals are relatively large. Tungsten skarns are typically coarse-grained assemblages of ore and calc-silicate gangue minerals.

NOTE As opposed to "fine-grained."

grossier; à grain(s) grossier(s); à gros grain

Les roches du faciès granulite à hornblende sont des gneiss faiblement rubanés à grains grossiers.

cobalt-bearing ore; cobalt ore; cobaltiferous ore

minerai cobaltifère; minerai de cobalt

Minerai renfermant du cobalt.

cobalt crust

croûte cobaltifère; encroûtement cobaltifère

Type de concrétions sous-marines qui se caractérisent par des teneurs intéressantes en cobalt (1 à 2 %).

cobaltiferous ore
SEE **cobalt-bearing ore**

cobalt ore
SEE **cobalt-bearing ore**

cockade ore; cocarde ore; ring ore; sphere ore

A metallic ore in which the ore and gangue minerals are deposited in successive crusts around rock fragments in a vein.

minerai en cocarde

Minerai filonien formé par le dépôt de croûtes minérales successives autour de fragments bréchiques.

cockade structure

Applied to successive crusts of unlike minerals deposited upon breccia fragments in a vein.

structure en cocarde(s); texture en cocarde(s)

Texture rubanée qui se superpose à une texture bréchiforme et enveloppe les fragments dans des zones successives de dépôts.

cogenetic; co-genetic

Said of an ore deposit that occurred at the same time as the host rock.

cogénique; cogénétique

Se dit d'un phénomène apparu en même temps qu'un autre.

cognate inclusion
SEE **autolith**

cognate xenolith
SEE **autolith**

colloform banding

A texture found in some mineral deposits, where crystals have grown in a radiating and concentric manner which may reflect underlying geochemical controls.

rubanement colloforme

colloform deposit

dépôt colloforme

Dépôt se présentant en zones d'accroissement concentriques et souvent avec fissures radiales témoignant de la rétraction du gel.

colloidal

Designating matter of very small particle size, usually in the range of 10^{-5} to 10^{-7} centimeter in diameter.

colloïdal

Relatif à l'état des particules qui constituent un colloïde.

colloidal mineral

minéral colloïdal

colloidal particle

particule colloïdale

colluvial

Applied to weathered rock debris that has moved down a hillslope either by creep or by surface wash.

colluvial

colluvial alteration

altération colluviale

colluvial deposit; colluvium

A loose and incoherent deposit, usually at the foot of a slope and brought there chiefly by gravity.

dépôt colluvial; colluvion (n.f.)

Dépôt de bas de pente, relativement fin et dont les éléments ont subi un faible transport à la différence des alluvions.

colluvial placer

A deposit formed by a combination of diluvial and alluvial processes.

placer colluvial

Gîte formé par une combinaison de processus alluviaux et diluviaux.

colluvium
SEE **colluvial deposit**

colorados
SEE **gossan**

columnar structure; prismatic structure

The structure of a mineral which is composed of slender crystals of prismatic cross section.

structure columnaire; structure prismatique; structure prismée

comagmatic; consanguineous

Applied to igneous rocks that have a common set of chemical, mineralogical, and textural features, and thus are regarded as having been derived from a common parent magma.

comagmatique

Se dit de roches ignées issues d'un magma paternel commun.

comagmatic intrusion

intrusion comagmatique

comb structure; combed structure

A structure which consists of a fissure lined with crystals on each side, having their bases on the walls and their apexes directed toward the center, like the teeth of a comb.

structure à épontes jointives; structure en dents de peigne

comminution; pulverization; trituration

The liberation of valuable minerals from their ores by crushing and grinding the ore to a particular grain size so that the residue is a mix of relatively clean particles of ore minerals and waste.

comminution

compaction

A physical process that reflects the increase in pressures brought upon sediments as a result of deeper and deeper burial.

compaction

Création d'un état compact par l'action naturelle du tassement des roches au cours du temps.

competency (of a rock)

compétence (d'une roche)

competent layer; competent bed

A bed that has physical characteristics such that it responds to tectonic forces by folding and faulting rather than by crushing and flowing.

NOTE A competent bed is relatively strong; an incompetent bed, relatively weak.

couche compétente; lit compétent

Couche rigide qui se déforme sans étirement dans son plan.

complexing

complexion

complex of veins
SEE **vein network**

complex ore

An ore that yields several metals or several minerals of economic value, usually implying difficult metallurgy to extract them.

cf. polymetallic ore

minerai complexe

composite vein; composite lode

A large fracture zone consisting of several parallel ore-filled fissures and converging diagonals, the

filon complexe

composite vein (cont'd)

walls of which and the intervening country rock have undergone some replacement.

compositional zoning; compositional layering; phase layering

The formation of subparallel layers of various origins that are mineralogically distinct from the host rocks.

zonation complexe; zonalité complexe; zonalité composite; zonation composite

concealed deposit

A mineral deposit that is not detectable from the surface.

cf. buried placer

gîte caché; gisement caché

Gîte non apparent, soit qu'il est recouvert par des formations étrangères à la minéralisation (gîte enfoui), que le minerai se trouve sous une forme peu visible ou que l'explorateur ne sait pas reconnaître un contexte favorable.

concordant deposit; conformable deposit

A deposit that has been emplaced parallel with the structure of the country rock.

dépôt concordant; gisement concordant

NOTA sur sa roche encaissante

concordant mineralization

minéralisation concordante (avec la stratification)

concretion

A mineral accumulation that forms around a nucleus or axis of deposition after a sedimentary deposit has been laid down. Cementation consolidates the deposit as a whole. The enclosing rock is less firmly cemented than the concretion. Concretions are generally monomineralic.

cf. nodule

concrétion

Accumulation de matière autour d'un noyau ou sur une surface d'origine chimique ou biochimique. On trouve, disséminées dans certains sédiments, des concrétions de phosphate, de silice, d'oxydes de fer et de manganèse, etc.

concretionary structure — **structure concrétionnée**

A nodular or irregular concentration of siliceous, calcareous, or other materials formed by localized deposition from solution in sedimentary rocks.

conductive horizon — **horizon conducteur**

cone-in-cone structure — **structure imbriquée; structure en cônes imbriqués; structure à cônes emboîtés; structure en écailles**

A structure observed in calcareous layers of some shales and in the outer parts of some large concretions, resembling a set of concentric, right circular cone fitting one into another in inverted positions, and commonly separated by clay films.

Structure concrétionnée, caractéristique de certains grès argileux, charbons ou minerais de fer, et se présentant comme une succession de cônes imbriqués les uns dans les autres.

conformable deposit
SEE **concordant deposit**

conformably overlay — **reposer en concordance sur**

To be deposited in an apparently continuous succession.

conglomerate deposit
SEE **conglomeratic deposit**

conglomerate ore — **minerai conglomératique**

NOTE Usually refers to uranium ores.

conglomeratic deposit; conglomerate deposit — **dépôt conglomératique**

A deposit which is composed or has the properties of a conglomerate.

consanguineous
SEE **comagmatic**

contact aureole
SEE **contact metamorphic aureole**

contact deposit

A mineral deposit between two unlike rocks, usually applied to an orebody at the contact between an igneous rock and a sedimentary rock.

gîte de contact; gisement de contact

Gisement situé au contact d'une roche éruptive et d'une roche sédimentaire.

contact metamorphic aureole; contact aureole

A region in which country rocks surrounding an igneous intrusion have been recrystallized in response to the heat supplied by the intrusion. Zn-Pb-Ag skarns form commonly in the thermal metamorphic aureole at the contact between granitoid intrusive and calcareous sedimentary rocks.

auréole de métamorphisme de contact; auréole de contact

Zone métamorphisée qu'on retrouve autour d'un massif intrusif, à la périphérie de la roche ignée formée par le refroidissement du magma. Les roches sont surtout modifiées aux surfaces de contact, car la température y est la plus élevée.

contact-metamorphic deposit

An orebody that formed along the contact of a mass of igneous, country, or invaded rock, the ore having been derived wholly, or in part, from the intrusive mass.

gîte de métamorphisme de contact; gîte métamorphique de contact

NOTA Dans les gîtes de métamorphisme de contact, la cristallisation des magmas ne se fait pas avec apport de matériau dans la zone de contact avec la roche encaissante, contrairement aux gîtes métasomatiques de contact.

contact metamorphism

Metamorphism related to the intrusion of magmas and taking place in rocks or near their contact with a body of igneous rock.

métamorphisme de contact

Métamorphisme localisé autour d'une intrusion magmatique et qui affecte la roche encaissante.

contact metasomatic deposit

A deposit that has originated through the process of metasomatism.

cf. pyrometasomatic deposit

gîte métasomatique de contact; gisement métasomatique de contact

NOTA Dans les gîtes métasomatiques de contact, il y a apport de matériau par les magmas intrusifs, contrairement aux gîtes métamorphiques de contact. Dans le cas où le dépôt se situe assez loin du contact, ce qui arrive fréquemment, il est préférable de parler de « gîte pyrométasomatique », terme qui évoque une température élevée sans proximité de lieu.

contact metasomatism

A change in the composition of rocks in contact with an invading magma from which fluid constituents are carried out to combine with some of the invaded country-rock constituents to form a new suite of minerals.

cf. pyrometasomatism

métasomatose de contact

Modification chimique d'une roche envahie par une intrusion magmatique.

contact mineral

A mineral formed by contact metamorphism.

minéral métamorphique de contact; minéral de contact

contact skarn

skarn (n.m.) **de contact**

contact vein

A variety of fissure vein, between different kinds of rock occupying a typical fracture from faulting, or it may be a replacement vein formed by mineralized solutions percolating along the contact where the rock is more permeable.

filon de contact

continental deposit	**dépôt continental; gîte continental**
A sedimentary deposit laid down within a general land area in lakes or streams or by the wind, as contrasted with marine deposits, laid down in the sea.	Dépôt sédimentaire dans une tourbière, un lac ou un marais.
control (n.)	**contrôle**
cf. chemical control, geochemical control, geologic(al) control, lithologic(al) control, ore control, stratigraphic control, paleogeographical control	
copper-bearing; cupriferous	**cuprifère**
Yielding copper.	Qui contient du cuivre.
copper-bearing fluid; cupriferous fluid	**fluide cuprifère**
copper-bearing mineral; cupriferous mineral; copper mineral	**minéral cuprifère**
copper-bearing solution; cupriferous solution	**solution cuprifère**
copper deposit	**gîte de cuivre; gisement de cuivre; gîte cuprifère; gisement cuprifère; dépôt de cuivre; dépôt cuprifère**
copper mineral; copper-bearing mineral; cupriferous mineral	**minéral cuprifère**
copper-nickel deposit; Cu-Ni deposit; nickel-copper deposit; Ni-Cu deposit	**gisement de nickel-cuivre; gîte de nickel-cuivre; gisement de Cu-Ni; gîte cupro-nickélifère; gisement de cupronickel**
copper ore	**minerai cuprifère**
A rock carrying copper mineral or minerals.	

copper porphyry — **porphyre cuprifère; porphyre de cuivre**

copper sulfide; copper sulphide — **sulfure de cuivre**

copper-tin ore — **minerai cupro-stannifère**

copper-tin zone — **zone cupro-stannifère**

copper-zinc-lead ore — **minerai cupro-plombo-zincifère**

co-product; coproduct — **co-produit; coproduit**

Many ore deposits are worked for more than one element. Where those elements are of almost equal economic significance, they are called "co-products."

cf. by-product

co-product uranium — **uranium comme co-produit**

core
SEE **nucleus**[1]

core zone — **zone centrale; centre; noyau**[1]

The innermost area of a zonal mineral sequence.

Correspond au point central d'une série de zones concentriques minéralisées.

corrosive fluid — **fluide corrosif**

A fluid that is capable of dissolving calcium carbonate.

cotectic crystallization — **cristallisation cotectique**

A type of crystallization under which two or more solid phases crystallize simultaneously and without resorption from a single liquid over a finite range of falling temperature.

countervein; counterlode; counter lode; cross vein; cross lode; cross course

A vein or lode which intersects, at an angle, the general direction of productive metalliferous veins in an area.

filon croiseur; croiseur (n.m.)

Filon de moindre importance recoupant le filon principal.
Un filon est rarement unique. Généralement, plusieurs fractures, parallèles ou rayonnantes, sont injectées de substances minéralisantes, avec des fractures obliques recoupant les premières et appelées filons croiseurs.

NOTA Par opposition à « filon croisé ».

country rock; country; surrounding rock

The mass of rock adjacent to an orebody, as distinguished from the vein or ore deposit itself.

cf. wall rock

roche encaissante[1]

Roche dans laquelle a pris place un massif intrusif ou un filon.

cover rock

Chiefly stratified rocks overlying the basement, which deform by folding under the proper conditions.

roche de couverture; roche-couverture; roche supérieure; chapeau

cratonic environment; cratonal environment

milieu cratonique

Milieu stable tectoniquement, constitué de boucliers anciens.

crescentic deposit
SEE **roll-type deposit**

crop out (v.); **outcrop** (v.)

To be exposed at the surface of the ground.

affleurer

Être visible à la surface de la terre, en parlant d'un gisement.

crossbed; cross-bed

A single bed, inclined at an angle to the main planes of stratification. The term should be restricted to a bed that is more than 1 cm in thickness.

couche oblique; lit oblique

crossbedding; cross-bedding; diagonal bedding; oblique bedding; false bedding (obs.)

Cross strata formed by the migration of large-scale forms such as dunes, sand waves, or bars.

cf. cross-stratification

faux litage

Fait, pour une couche sédimentaire, d'être composée de lits élémentaires disposés obliquement par rapport aux limites de la couche.

cross course
SEE **countervein**

cross-cutting vein; crossvein

A vein which crosses the bedding planes of strata.

filon transverse; veine transversale

Filon qui recoupe obliquement les plans de stratification.

cross fault

A fault that strikes diagonally or perpendicularly to the strike of the faulted strata.

faille oblique; faille transversale

cross fiber; cross fibre [GBR]

A fiber which is at right angles to the walls of the vein.

NOTE Applied mainly to asbestos veins.

fibre transversale

cross-lamination; diagonal lamination; oblique lamination

Cross-stratification formed by the migration of ripples. Crossbeds are less than 1 cm in thickness.

cf. cross-stratification, lamination

feuilletage oblique; lamination entrecroisée

cross lode
SEE **countervein**

cross-stratification; diagonal stratification

The diagonal arrangement of minor layers placed obliquely to the general planes of stratification.

NOTE Many authors have used "cross-bedding" and "cross-lamination" as synonymous with "cross-stratification," but it is proposed to restrict the terms "cross-bedding" and "cross-lamination" to a quantitative meaning depending on the thickness of the individual layers.

Cross-stratification is considered to be the general term, and to have two subdivisions: cross-bedding, in which the cross-strata are thicker than 1 cm, and cross-lamination, in which they are thinner than 1 cm.

stratification oblique; stratification entrecroisée

Fait pour une couche, ou pour une formation sédimentaire détritique, d'être composée de lits élémentaires disposés obliquement par rapport aux limites de la couche ou de la formation.

cross vein
SEE **countervein**

crossvein
SEE **cross-cutting vein**

crude ore

The unconcentrated ore as it leaves the mine.

minerai brut; tout-venant (n.m.inv.)

Matériau extrait de la mine avant tout traitement.

crustal abundance
SEE **clarke**

crustal contamination

contamination crustale

Contamination de la croûte terrestre.

crustal material

matériel crustal

Il semblerait qu'à une certaine période (après la formation de la croûte anorthosique), il y ait eu

crustal material (cont'd)

une refonte partielle du matériel crustal anorthosique pour donner une lave de type norite.

crustification

Those deposits of ores and minerals that are in layers or crusts and that, therefore, have been distinctively deposited from solution.

crustification

crustified banding
SEE **crustiform banding**

crustified vein; healed vein

A vein in which the mineral filling is deposited in layers on the wall rock.

filon crustifié

crustiform banding; crustified banding

A structure of certain vein fillings resulting from a succession and rhythmic deposition of crusts of unlike minerals upon the walls of the open space.

rubanement crustiforme

crustiform texture

texture crustiforme

crust soil

cf. calcareous crust

sol à croûte

Sol où l'horizon d'accumulation est constitué par une croûte calcaire, saline ou ferrugineuse. Celle-ci est due à des précipitations soit à partir des eaux courantes, soit à partir des eaux remontant par capillarité.

cryptocrystalline mineral

A mineral in which the individual crystals are too fine to be distinguished even under a petrological microscope.

minéral cryptocristallin

Minéral formé de cristaux très petits, difficilement visibles au microscope.

cryptomagmatic deposit
SEE **kryptomagmatic deposit**

crystal fractionation
SEE **fractional crystallization**

crystal lattice — **réseau cristallin**

The regular and repeated three-dimensional arrangement of atoms that distinguishes crystalline solids from all other states of matter.

crystalline mineral — **minéral cristallin; minéral à structure cristalline**

A mineral that has the internal structure of a crystal.

crystallization — **cristallisation**

The formation of mineral crystals during the cooling of a magma or by precipitation from a solution.

Formation de cristaux soit par solidification lente d'un liquide ayant la composition chimique d'un ou de plusieurs minéraux, soit par déplacement d'éléments au sein d'un solide, ou encore par précipitation à partir des éléments contenus dans des fluides.

crystallized mineral — **minéral cristallisé**

A mineral converted from an amorphous or molten state to a crystalline form.

crystalloblast — **cristalloblaste** (n.m.)

A crystal of a mineral produced entirely by metamorphic processes.

crystalloblastic texture — **structure cristalloblastique**

The metamorphic texture produced by the simultaneous recrystallization of several minerals. A characteristic feature of the texture thus produced is that any of the minerals involved may be found as inclusions in any of the other minerals.

Structure des roches métamorphiques acquise par recristallisation des minéraux ou par bourgeonnement des cristaux en milieu solide.

crystal zoning

zonation des cristaux; zonation cristalline

A texture developed in solid-solution minerals and characterized optically by changes in the colour or extinction angle of the mineral from the core to the rim. This optical zoning is a reflexion of chemical zoning in the mineral.

C-shaped deposit
SEE **roll-type deposit**

cumulate; accumulative rock

cumulat

An igneous intrusive rock formed by the accumulation of crystals as a result of gravity settling.

Roche magmatique grenue, formée de l'accumulation et de la cimentation de cristaux denses automorphes au sein d'un magma, lors de la cristallisation fractionnée.

cumulus

cumulus

The accumulation of crystals that precipitated from a magma without having been modified by later crystallization.

Assemblage de sédiments magmatiques, constitués de couches stratifiées où se trouvent des grains-minéraux provenant d'une chute gravitative dans le magma. Les cumulus forment le squelette de la roche.

Cu-Ni deposit; nickel-copper deposit; Ni-Cu deposit; copper-nickel deposit

gisement de nickel-cuivre; gîte de nickel-cuivre; gisement de Cu-Ni; gîte cupro-nickélifère; gisement de cupronickel

cupriferous
SEE **copper-bearing**

cupriferous fluid; copper-bearing fluid

fluide cuprifère

cupriferous mineral; copper mineral; copper-bearing mineral

minéral cuprifère

cupriferous solution; copper-bearing solution

solution cuprifère

cut-off grade; cutoff grade

teneur de coupure; teneur(-)limite (d'exploitabilité)

The lowest grade or assay value of ore in a deposit that will recover mining costs. The cut-off grade determines the workable tonnage of an ore.

cf. economic grade

Valeur particulière de la teneur, choisie pour sélectionner le minerai et qui constitue, à un stade précis, la limite de rentabilité de l'exploitation du minerai.

NOTA La teneur limite est habituellement exprimée en grammes par mètre cube d'excavé. On peut aussi, comme la plupart des Anglo-Saxons, l'exprimer en dollars et cents.

cymoid curve
SEE **cymoid structure**

cymoid lens

lentille cymoïde

The structure obtained when the two branches of a vein diverge to enclose a lenticular mass of wallrock.

cymoid loop

boucle cymoïde

The shape obtained when cymoid curves occur in pairs.

Variété souple de parallélogramme résultant de la conjonction d'une double cymoïde.

cymoid structure; cymoid curve

cymoïde (n.f.); **structure cymoïde**

The structure of certain veins that swerve from their course and then swing back again along a path parallel to their former direction but above or below it.

Forme très commune de filon évoquant un S couché plus ou moins aplati.

damouritization

The process by which the feldspars and other aluminous silicates of a rock are altered into damourite (a variety of muscovite).

NOTE Ordinarily referred to as "sericitization."

cf. sericitic alteration

damouritisation

Premier stade d'altération des feldspaths qui conduit à la formation d'hydromicas (damourite et séricite).

dark mineral; dark-colored mineral

Any one of a group of rock-forming minerals that are dark-colored even in thin section.

NOTE As opposed to "light mineral[1]."

minéral foncé; minéral noir; mélanosome

Minéral lithogénétique caractérisé par sa couleur sombre.

NOTA Par opposition à « minéral clair ».

daughter; daughter product; decay product; radioactive decay product

A nuclide formed by the radioactive decay of an unstable parent isotope. This new product is a more stable isotope. The parent-daughter relationships are of major interest for dating rocks and ores.

produit de filiation; descendant radioactif; produit fils

Nucléide provenant de la désintégration spontanée d'un nucléide radioactif.

daughter(-)element

An element produced by the radioactive decay of a pre-existing element.

NOTE As opposed to "parent element."

élément de filiation; élément fils; élément fille

daughter isotopic product

produit isotopique fils

daughter product
SEE **daughter**

dead ground; barren ground; barren rock; waste rock; waste; deads (n.pl.)

Ground or rock devoid of valuable mineral, ore, or coal.

stérile (n.m.); **roche stérile**

Roche ou terrain dont les concentrations en substances utiles sont jugées non valorisables.

dead quartz
SEE **bull quartz**

deads (n.pl.)
SEE **dead ground**

decalcification

Loss or removal of calcium or calcium compounds from a calcified material.

décalcification; décalcitisation

Processus d'entraînement des ions calcium du sol, essentiellement par lessivage. La décalcification suit généralement la décarbonatation du sol.

decarbonatation

décarbonatation

Processus d'entraînement du calcaire d'un sol, par dissolution dans les eaux de percolation.

decarbonated

décarbonaté

decay; radioactive decay

The breaking up of a radioactive atom with the emission of radioactive particles or gamma-rays.

désintégration (radioactive)

Transformation spontanée du noyau d'un atome qui donne naissance à un rayonnement ionisant.

decay product
SEE **daughter**

decomposition
SEE **breakdown**[1]

dedolomitization; dedolomitisation [GBR]

A process whereby part or all of the magnesium in a dolomite or dolomitic limestone is used for the formation of magnesium oxides, hydroxides and silicates resulting in the enrichment in calcite.

NOTE The term was originally used for the replacement of dolomite by calcite during diagenesis or chemical weathering.

dédolomitisation

Processus inverse de la dolomitisation : les cristaux de dolomite sont rongés et épigénisés par la calcite.

deep-sea red clay

argile rouge des grands fonds; boue rouge des grands fonds

Sédiment de couleur rouge brun composé de minéraux de l'argile (85 %), de granules cosmiques, de poussières volcaniques et de micro-nodules. L'essentiel de l'argile rouge est constitué de minéraux néoformés (oxydes et hydroxydes de fer et de manganèse, smectites ferrifères, etc.).

deep weathering

Evidence from microspores show that deep weathering processes were active in the late Precambrian.

altération météorique profonde; météorisation profonde

degassing

Removing gases from liquids or solids.

dégazage; dégagement gazeux; dégagement des gaz

degassing/granulitization model

modèle de dégazage/granulitisation

dehydration

Removal of water, esp. from a chemical compound by heat, sometimes in the presence of a

déshydratation

dehydration (cont'd)

catalyst or dehydrating agent. In metamorphism, prograde metamorphic reactions commonly involve dehydration of hydrous minerals.

deltaic environment

A geologic setting for ore deposition, that is represented by a river delta.

milieu deltaïque

dendrite; dendrolite

A mineral or an inclusion that has crystallized in a branching pattern, or the branching figure itself.

dendrite (n.f.)

Figure arborescente constituée par des suites ramifiées de petits cristaux indiscernables à l'oeil nu.

dendritic; arborescent; tree-like; treelike

Applied to the shape or habit of a crystal that is deposited or precipitated in tree-like, slender branches, often along narrow joint planes.

dendritique; arborescent; arborisé

Se dit d'un minéral dont la forme rappelle celle d'un arbre.

dendrolite
SEE **dendrite**

densofacies
SEE **metamorphic facies**

depleted
SEE **mined out**

depleted uranium

Uranium having a lower content of uranium 235 than the 0.72 percent found in natural uranium.

uranium appauvri

Uranium dans lequel la proportion de l'isotope 235 est inférieure à celle de l'uranium naturel soit 0,72 %.

depletion (of reserves)

épuisement (des réserves)

deposit

An accumulation of ore or other valuable earth material that is precipitated by chemical or other agencies.

cf. metal deposit, metalliferous deposit, mineral deposit, ore deposit

gîte; gisement; dépôt[1]

Accumulation naturelle de substances minérales exploitables dont la forme et le volume peuvent être très variables, depuis la simple inclusion jusqu'aux amas de plusieurs centaines de mètres cubes.

NOTA L'usage a imposé aux termes « gisement » et « gîte » la notion d'exploitabilité, alors que leur racine gésir (latin *jacere* : être étendu) ne la contient pas. Quant au terme dépôt, il s'applique à tout matériau mis en place après transport.

deposition

The laying, placing, or throwing down of any material into beds, veins, or irregular masses of any kind of loose rock material by any natural agent.

cf. sediment deposition

dépôt[2]

Mise en place d'un matériau à la fin de son transport.

depositional environment; environment of deposition

The conditions under which a series of rock strata were laid down.

milieu sédimentaire; milieu de sédimentation; milieu du dépôt

depositional site; site of deposition

NOTE As opposed to "generative site."

lieu de dépôt; site de dépôt

Point où un minéral se met finalement en place après qu'il y ait eu transport ou migration à partir du lieu d'origine.

deposit scale

cf. district scale

échelle du dépôt; échelle du gisement

Lorsque le travail du géologue arrivera à l'échelle du dépôt minéralisé, il devra souvent lever lui-même une petite carte topographique.

deposit setting

cadre gîtologique; cadre du dépôt

deposit type

type gîtologique; type de gisement

descending solution; downward-moving solution

cf. downward movement

solution descendante; solution *per descensum*; solution *per descendum*

Solution qui migre du haut vers le bas à l'intérieur des couches.

descension theory

The theory that the material in veins was introduced in mineral-bearing solutions from above.

NOTE As opposed to "ascension theory."

descensionnisme

desilication; desilification

The removing of silica from soils by the percolation of large amounts of rainwater, resulting in a soil rich in hydroxides of iron, aluminum, and manganese, i.e. an Oxisol. This alteration process is characteristic of a warm, humid climate.

désilicification; désilification

Processus d'altération caractéristique des pays tropicaux.

detrital deposit

A deposit containing detrital minerals.

cf. deposit

gisement détritique; gîte détritique; dépôt détritique

detrital mineral

A mineral that has been released by weathering and later has been transported, sorted and collected by natural agencies into valuable deposits. In shallow water, the major minerals of interest are those of detrital origin (gold, diamonds, platinum, etc.).

minéral détritique

Minéral qui provient de la désagrégation d'une roche préexistante.

detrital ore	**minerai détritique**
detrital origin	**origine détritique** Les pépites d'or ont été transportées mécaniquement et sont d'origine détritique.
deuteric alteration Textural and mineralogical changes occurring within an igneous rock during the consolidation of the magma. It usually occurs at well above room temperature.	**altération deutérique** Processus de nature hydrothermale limité à la roche mère elle-même et aux phases tardives de la cristallisation magmatique.
deuteric effect	**effet deutérique**
developed ore SEE **measured ore**	
devolatilization; boiling off of volatiles The loss of volatiles by a substance undergoing coalification.	**dégagement des matières volatiles; extraction des matières volatiles**
dewatering	**départ d'eau; exhaure; épuisement des eaux**
diablastic texture; diablastic structure A metamorphic rock structure that consists of intricately intergrown and interpenetrating minerals with usually rodlike shapes.	**structure diablastique; texture diablastique** Structure des roches métamorphiques montrant des minéraux, le plus souvent allongés, qui s'enchevêtrent étroitement.
diadochic replacement; diadochy Replacement or ability to be replaced of one atom or ion by another in a crystal lattice.	**substitution diadochique; diadochie** Substitution mutuelle de deux ions dans les solides. Les éléments en traces en substitution diadochique sont utilisés comme thermomètre géologique.

diagenesis

Processes that alter the structure, texture, and mineralogy of a sediment during its deposition, lithification and burial. High-temperature and high-pressure modifications attributed to metamorphism are excluded. With increasing temperature and pressure, diagenesis grades into metamorphism.

diagenèse

Ensemble des mécanismes débutant pendant le dépôt même du sédiment et faisant intervenir des modifications de structure, de texture et de composition minéralogique qui s'accentuent au fur et à mesure de l'enfouissement du sédiment pour conduire finalement à une roche dure et cohérente.

diagenetic; postdepositional

Pertaining to or caused by diagenesis. Diagenetic processes such as compaction, dissolution, cementation, replacement, and recrystallization are the means by which an unconsolidated, loose sediment is turned into a sedimentary rock.

diagénétique

Qui a trait à la diagenèse.

diagenetic alteration; diagenetic change

altération diagénétique; transformation diagénétique; modification diagénétique

diagenetic crystallization

cristallisation diagénétique

diagenetic deposit

A deposit consisting dominantly of minerals crystallized out of sea water, such as manganese nodules.

gisement diagénétique; gîte diagénétique

Dépôt métallifère créé par diagenèse.

diagenetic mineral

minéral diagénétique; minéral de diagenèse

diagenetic process

processus diagénétique

diagnostic mineral; symptomatic mineral

A mineral whose presence in an igneous rock indicates whether the rock is undersaturated or oversaturated.

minéral symptomatique

diagnostic mineralogy — **minéralogie symptomatique**

Each subtype of epithermal gold has a diagnostic mineralogy.

diagonal bedding
SEE **crossbedding**

diagonal lamination
SEE **cross-lamination**

diagonal stratification
SEE **cross-stratification**

diamantiferous kimberlite; diamond-bearing kimberlite; diamondiferous kimberlite — **kimberlite** (n.f.) **diamantifère**

cf. kimberlite

Roche qui forme la matière principale de la brèche qui remplit les célèbres cheminées diamantifères du Cap.

diamantiferous rock; diamond-bearing rock; diamondiferous rock — **roche diamantifère**

diamond-bearing kimberlite
SEE **diamantiferous kimberlite**

diamond-bearing kimberlite pipe
SEE **diamond pipe**

diamond-bearing rock; diamondiferous rock; diamantiferous rock — **roche diamantifère**

diamondiferous kimberlite
SEE **diamantiferous kimberlite**

diamondiferous rock; diamantiferous rock; diamond-bearing rock — **roche diamantifère**

diamond pipe; diamond-bearing kimberlite pipe — **cheminée diamantifère; pipe** (n.é.) **de kimberlite diamantifère**

An occurrence of kimberlite in a volcanic pipe large enough and

diamond pipe (cont'd)

sufficiently diamondiferous to be minable.

diamond placer

placer de diamant; placer diamantifère

diaphthoresis
SEE **retrograde metamorphism**

diatreme

A breccia-filled volcanic chimney that was formed by gaseous explosion. The diamond-bearing kimberlite pipes of South Africa are diatremes.

diatrème (n.m.)

Cheminée volcanique remplie de brèches volcaniques dues à des explosions. La kimberlite remplit des diatrèmes.

differential weathering; selective weathering

Weathering that occurs at different rates, depending on variations in composition and resistance of a rock or differences in intensity of weathering.

altération météorique sélective; altération météorique différentielle; météorisation sélective; météorisation différentielle

differentiation; magma differentiation; magmatic differentiation; magmatic fractionation

The process by which different parts of a single parent magma assume different compositions and textures as it solidifies.

différenciation (magmatique)

Processus par lequel un magma originel se scinde en portions chimiquement et minéralogiquement différentes, avec une richesse décroissante en tel ou tel élément.

dike; dyke [GBR]

A tabular igneous intrusion that cuts across the bedding of the overlying country rock.

dyke (n.m.); **filon rocheux intrusif**

Lame de roche magmatique dont l'épaisseur varie de quelques dizaines à quelques centaines de mètres et qui recoupe les structures de l'encaissant.

dike swarm; dyke swarm [GBR]

essaim de dykes; groupe de dykes; essaim de filons de roches

A collection of many subvertical radial dykes around a central intrusion.

dike wall
SEE **dyke wall**

diluvial deposit; diluvium

dépôt diluvial

A deposit that is produced by a flood.

Dépôt accumulé par des crues.

dip (n.)

pendage

The downward inclination of a vein.

Inclinaison d'un filon par rapport à l'horizontale.

dip (v.)

s'incliner; s'enfoncer; plonger

directional structure

structure directionnelle

Any sedimentary structure that indicates the direction of the current that produced it.

Terme utilisé en particulier pour les failles et les filons et s'appliquant à une structure parallèle ou subparallèle à la direction générale des couches.

disaggregation
SEE **mechanical weathering**

discoloration; discolouration [GBR]

cf. bleaching

décoloration (des roches encaissantes d'un gîte)

discordant vein

filon discordant

A vein that shows a lack of parallelism with the bedding planes of country rock.

disintegration
SEE **mechanical weathering**

dispersed element	**élément dispersé; élément disséminé; élément diffus**
An element that is generally too unconcentrated to become an essential constituent of a mineral.	
dispersed mineralization; disseminated mineralization	**minéralisation diffuse; minéralisation disséminée**
A type of mineralization in which ore minerals are scattered through the host rock like seeds through raspberry jam.	
dispersion halo	**auréole de dispersion; auréole de dissémination; halo de dispersion**
In magnetic and geochemical surveys, a region surrounding an ore deposit in which the ore-metal concentration is intermediate between that of the ore and that of the country rock.	
disseminated deposit	**gîte disséminé; gisement disséminé; dépôt disséminé**
A deposit in which usually fine-grained ore minerals are scattered throughout the rock. Large, disseminated deposits form important sources of ore. NOTE As opposed to "massive deposit."	
disseminated impregnation	**imprégnation diffuse**
disseminated mineralization SEE **dispersed mineralization**	
disseminated ore	**minerai disséminé; minerai à l'état diffus**
A scattered distribution of fine-grained ore minerals throughout a rock body, or vein. NOTE As opposed to "massive ore."	NOTA Par opposition à « minerai massif ».

disseminated placer

placer diffus; placer disséminé

disseminated sulphide; disseminated sulfide

NOTE As opposed to "massive sulphide."

sulfure disséminé

NOTA Par opposition à « sulfure massif ».

dissemination

For an ore mineral, the fact to be dispersed through the enclosing rock.

dissémination; éparpillement

Pour une minéralisation donnée, fait de se trouver à faible teneur dans un grand volume de roche.

dissolution

A chemical weathering process by which mineral and rock material passes into solution.

dissolution

La plupart des minéraux essentiels des roches sédimentaires communs aux roches métamorphiques passent en dissolution dans l'eau naturelle, acide ou basique.

distal precipitation

A precipitation developed farthest from the source area.

NOTE As opposed to "proximal precipitation."

précipitation distale

Précipitation éloignée des sources d'apports métalliques.

NOTA Par opposition à « précipitation proximale ».

district

cf. mining district

district

Groupe de gisements présentant un ou plusieurs caractères communs importants.

district scale

échelle du district (minier)

La prospection géologique intervient à l'échelle de la province, du district, de la mine, de l'affleurement, de la roche, de la préparation microscopique.

district-wide zonation; district zoning; district-wide zoning

zonalité à l'échelle du district

dolomitisation [GBR]
SEE **dolomitization**

dolomitised [GBR]
SEE **dolomitized**

dolomitization; dolomitisation [GBR]; **dolomization**

The alteration process by which limestone is wholly or partly converted to dolomite rock or dolomitic limestone by the replacement of the original calcium carbonate (calcite) by magnesium carbonate (mineral dolomite), usually through the action of magnesium-bearing water.

dolomitisation

Altération qui, sous l'effet de l'eau de mer ou de solutions riches en magnésium, se traduit par l'enrichissement d'une roche calcaire en dolomie par départ de carbonate de calcium et apport de carbonate de magnésium.

dolomitized; dolomitised [GBR]

Said of rocks which have been altered into dolomite.

dolomitisé

Se dit de roches, comme le calcaire, qui ont été transformées en dolomie.

dolomization
SEE **dolomitization**

dormant deposit

gîte inexploité; gisement inexploité

dormant resources (n.pl.)

ressources (n.f.plur.) **inexploitées**

down dip (adv.)

On the dip side of a strike fault. Petroleum is more likely to occur up dip than down dip.

NOTE As opposed to "up dip."

à l'aval-pendage; en aval-pendage

downdip (n.)

aval-pendage

Partie d'un gisement située au-dessous d'un niveau de référence.

downward movement

migration *per descendum*; migration descendante; mouvement *per descensum*; mouvement descendant

Describes the vertical descending motion of metal-bearing solutions.

Déplacement vertical vers le bas, en particulier des solutions métallifères.

downward-moving solution
SEE **descending solution**

dredging

dragage

Washing alluvial deposits on a large scale by means of dredgers. Used for such minerals as alluvial gold and tin.

drill-indicated ore

minerai mis à jour par les sondages

druse

druse (n.f.)

A cavity in an igneous rock or a mineral vein, having its inner walls lined with small projecting crystals usually of the same minerals as those of the enclosing rock.

NOTE The word is German, Druse meaning decayed or weathered ore.

cf. geode, vug

Masse creuse à parois tapissées de cristaux dont les sommets sont dirigés vers le centre.

NOTA Contrairement aux géodes qui ont une forme plus ou moins sphérique, les druses présentent une forme plane et allongée.

drusy mineral

minéral drusique; minéral de druse

dyke [GBR]
SEE **dike**

dyke swarm [GBR]
SEE **dike swarm**

dyke wall; dike wall

crête filonienne

Échine rocheuse longue et étroite issue du déchaussement d'un filon.

dynamothermal metamorphism

A common type of metamorphism, regional in character and involving the effects of direct pressures and shearing stress as well as a wide range of confining pressures and temperatures.

thermodynamométamorphisme

Type de métamorphisme général de caractère régional qui s'effectue à température relativement élevée (700 °C) par rapport au métamorphisme d'enfouissement (400 °C).

early diagenesis

Diagenesis that occurs immediately after deposition or immediately after burial.

NOTE As opposed to "late diagenesis."

cf. diagenesis

diagenèse précoce

NOTA Par opposition à « diagenèse tardive ».

early-formed mineral; early magmatic mineral

A mineral that is formed during the early stages of magmatic crystallization when the magma is still dominantly liquid and crystals can sink through it to accumulate at the base of the magma chamber.

NOTE As opposed to "late-formed mineral."

minéral précoce

Minéral qui cristallise précocement, pouvant alors développer sa forme propre.

NOTA Par opposition à « minéral tardif ».

early magmatic deposit

A deposit of magmatic origin formed during the early stages of magma solidification.

NOTE As opposed to "late magmatic deposit."

gîte magmatique précoce; gisement magmatique précoce; dépôt magmatique précoce

early magmatic mineral
SEE **early-formed mineral**

economic deposit

A deposit that can be worked on a profitable basis.

gisement rentable; gîte rentable

Gisement dont la teneur permet une exploitation rentable. On en trouve aussi bien dans les massifs anciens que dans les bassins sédimentaires.

economic geology

The study and analysis of geologic bodies and minerals in connection with their utility and possible profitable extraction; also, the application of geologic knowledge and theory to the search for and the understanding of mineral deposits.

géologie économique

economic grade

cf. cutoff grade, workable grade

teneur économique; teneur rentable

En économie minière, on distingue deux types de teneurs économiques : les teneurs d'exploitabilité et les teneurs de coupure.

economic mineral

A mineral having a commercial value. There are three classes of economic minerals: metallic minerals, mineral fuels, and industrial minerals. Only metallic minerals may be used as a source of one or more metals.

minéral commercial; minéral à valeur commerciale

economic mining; economic working; profitable exploitation

Mining on a profitable basis.

exploitation rentable; exploitation économique

Exploitation minière reposant habituellement sur des gisements riches et des rendements d'extraction élevés.

economic ore

minerai commercial; minerai économique

economic working
SEE **economic mining**

effloresce
SEE **bloom** (v.)

efflorescence
SEE **bloom** (n.)

Eh
SEE **oxidation-reduction potential**

electrical prospecting

Prospecting that makes use of three fundamental properties of rocks: the resistivity, the electrochemical activity with respect to electrolytes in the ground, and the dielectric constant. Electrical prospecting methods are more frequently used in searching for metals and minerals than in exploring for petroleum.

prospection électrique

Prospection qui utilise des courants introduits artificiellement dans le sol afin de relever des anomalies dans les propriétés électriques des roches, en particulier dans la conductivité. Les métaux étant bons conducteurs, les méthodes de prospection électrique permettent de déceler les gisements métallifères et d'en déterminer la profondeur.

electrical resistivity method
SEE **resistivity method**

electromagnetic prospecting

A geophysical exploration method that employs the generation of electromagnetic waves in the subsurface; when the waves penetrate the earth and impinge on a conducting formation or orebody, they induce currents in the conductors which are the source of new waves radiated from the conductors and detected by instruments at the surface.

prospection électromagnétique

electromagnetic survey; EM survey

A geophysical survey employing the use of electromagnetic radiations whose effects are measurable by a detecting device.

levé électromagnétique

electron microscopy
SEE **exoscopy**

elemental sulphur deposit; elemental sulfur deposit

A deposit in which sulphur is in the original elemental condition.

gîte de soufre élémentaire; gisement de soufre élémentaire; gisement de soufre-élément; gîte de soufre-élément

elephant (fig.)
SEE **giant** (n.)

elongated lentil
SEE **pod**

elongate orebody; elongated orebody

cf. pod

corps minéralisé allongé

eluvial deposit; eluvium

An incoherent ore deposit that occurs above the source rock and has experienced no transport. Gold, tin, and other high specific gravity minerals are sometimes found in eluvial deposits.

cf. alluvium, illuvial deposit

gîte éluvial; gîte d'éluvion; gîte éluvionnaire; éluvion (n.f.)

Gîte résiduel qui s'est formé sur pente par suite de la désagrégation de la roche mère sous l'action des eaux. Ce type de gîte est susceptible de contenir plusieurs substances utiles, dont l'étain.

NOTA Les termes « dépôt » et « gisement » s'emploient comme synonymes de « gîte ».

eluvial placer; eluvial placer deposit

Placer minerals concentrated near the decomposed outcrop of the source deposit by rain wash, not

placer éluvial

Minéraux placériens déplacés et parfois concentrés sur des pentes de talus en contrebas du gisement

eluvial placer (cont'd)

by stream action. This type of deposit is formed upon hill slopes.

primaire. Ils sont généralement associés à une altération profonde du roc par les eaux de pluie, l'action pluviale n'ayant rien à voir avec leur formation.

eluvium
SEE **eluvial deposit**

EM survey
SEE **electromagnetic survey**

enclave [GBR]
SEE **inclusion**[1]

enclosing
SEE **host** (adj.)

enclosing mineral
SEE **host mineral**

end(-)member

One of the two or more simple substances of which a solid-solution series is composed. For example, the two end members of the plagioclase feldspar series are albite and anorthite, whereas the apatite series has three end members: fluorapatite, chlorapatite, and hydroxyapatite.

pôle; terme extrême[1]

Les solutions solides peuvent former une série complète ou partielle entre les pôles ou termes extrêmes. Ainsi, l'anorthite constitue le pôle calcique de la série des plagioclases.

endogenetic; endogenic; endogenous

Said of ore deposits which owe their origin to processes originating within the Earth.

NOTE As opposed to "exogenetic."

endogène

Qualifie un gîte formé à l'intérieur de l'écorce, soit par des eaux thermales soit dans, ou au contact, d'un pluton.

NOTA Par opposition à « exogène ».

endogenous inclusion
SEE **autolith**

endomorphism; endometamorphism; endomorphic metamorphism

A form of contact metamorphism in which changes within an igneous rock are produced by the complete or partial assimilation of country-rock fragments or by reaction upon it by the country rock along the contact surfaces.

endomorphisme; endométamorphisme

Variation chimique d'un magma granitique à la suite de la fusion et de la digestion de matériaux pris en enclave.

endoskarn

Skarn formed by replacement of intrusive or other aluminous silicate rock.

NOTE As opposed to "exoskarn."

endoskarn (n.m.)

Skarn élaboré aux dépens de la frange granitique déjà constituée et qui se développe dans les districts où les fluides métasomatiques ont utilisé des calcaires argileux, des volcanites ou des dykes, très perméables de par leur fracturation.

NOTA Par opposition à « exoskarn ».

endothermic process

A process that occurs with an absorption of heat. Whilst the crystallization of solid phases is an exothermic one, bubble formation is an endothermic process.

processus endothermique

Processus qui s'accompagne d'absorption de chaleur.

end product

The final member, as of a radioactive disintegration series or a geologic evolution.

terme ultime; terme extrême[2]

en-echelon veins

An arrangement of veins in which the individuals are parallel and offset like the edges of shingles on a roof when viewed from the side.

filons se relayant en échelons; filons en échelons; veines en échelons; veines en tuiles de toit

energy minerals

minéraux énergétiques; minéraux à vocation énergétique; combustibles minéraux énergétiques

A group of minerals including coal, natural gas, oil, and uranium.

enriched ore; beneficiated ore

Usable ore that has been treated to improve either its physical or chemical characteristics.

minerai enrichi

Minerai dont la teneur a été accrue par concentration ou par d'autres procédés et par élimination d'une partie de la gangue.

enrichment[1]; beneficiation

The act of increasing the grade of ore. It also implies the elimination of waste material. This process reduces the ore bulk and leaves a high-grade concentrated product.

valorisation[1]; enrichissement[1]

Accroissement de la teneur d'un minerai par divers procédés (concentration, flottation, etc.), qui facilitent le traitement ultérieur, après élimination des parties stériles.

enrichment[2]

enrichissement[2]

The action of natural agencies which increases the metallic content of an ore.

entrapped constituent; trapped constituent

constituant piégé; constituant emprisonné

Élément chimique retenu dans les profondeurs de la Terre et appelé à jouer un rôle essentiel dans la genèse de certains minerais. Il arrive que ces éléments remontent vers la surface dans les magmas ascendants, après avoir séjourné des milliards d'années tout au fond.

envelope[1]

enveloppe[1]

In a mineral, an outer part separate in origin from (later than) an inner part.

envelope²

NOTE More or less synonym with "country rock", but includes the metamorphic aureole, which is the thermally metamorphosed part of the envelope.

enveloppe²

Contexte géologique à l'échelle du gisement (donc de dimension plus réduite que les ensembles géologiques à l'échelle continentale qui délimitent les provinces et les districts minéraux). L'enveloppe d'un gîte minéral peut se caractériser par des symétries, dissymétries, isotropies ou anisotropies qui ont une incidence sur la recherche des concentrations minérales.

envelope³; halo; aureole

cf. alteration halo

auréole; halo

environment of deposition
SEE **depositional environment**

eolian placer; aeolian placer

A placer accumulated by wind action.

cf. placer

placer éolien

Grains minéraux accumulés par le vent.

epibatholithic deposit

A mineral deposit occurring in or outside the outer rim of a batholith.

gîte épibatholitique; gisement épibatholitique

epidiagenesis

The final emergent phase of diagenesis, in which sediments are lithified during and after uplift but before erosion. It is a kind of late diagenesis.

épidiagenèse

Stade de la diagenèse au cours duquel la lithification se poursuit après que le sédiment ait été soustrait à l'action directe de l'eau de mer, sans qu'il atteigne cependant le stade métamorphique, et avant qu'il ne subisse l'altération météorique.

epidotization

The hydrothermal introduction of epidote into rocks or the alteration of rocks in which plagioclase feldspar is albitized, freeing the anorthite molecule for the formation of epidote and zoisite. These processes are generally associated with metamorphism.

épidotisation

epigenesis

The change in the mineral character of a rock due to outside influences, near the Earth's surface.

épigénie; épigénisation

Remplacement lent, au sein d'une roche, d'un minéral par un autre, molécule par molécule, avec éventuellement modification du volume. Les phénomènes d'épigénisation ont toujours lieu à petite échelle.

NOTA Ne pas confondre avec la métasomatose, qui peut revêtir une certaine ampleur et qui s'effectue sans changement de volume.

epigenetic concentration

Uranium vein deposits are epigenetic concentrations of uranium minerals (pitchblende, coffinite, brannerite) in fractures, shear zones, and stockworks.

concentration épigénétique; concentration épigénique

epigenetic deposit

A mineral deposit of later origin than that of the enclosing rocks.

NOTE As opposed to "syngenetic deposit."

gisement épigénétique; gisement épigénique; dépôt épigénétique; dépôt épigénique; gîte épigénétique; gîte épigénique

Gisement métallifère formé secondairement dans la roche encaissante.

NOTA Par opposition à « gisement syngénétique ».

epigenetic model; epigenetic pattern

A dispersion model formed by the introduction of metal from an outside source.

modèle épigénétique; modèle épigénique

episyenitization

épisyénitisation

epitaxic; epitaxial; epitactic

Said of the overgrowth of one crystal on another when the crystal structures of the two minerals are arranged in some specially related orientation.

épitaxial

Relatif à l'épitaxie.

epitaxy

The mutual orientation of crystals of different species, when a crystal that grows on another crystal is oriented by it and with respect to it.

épitaxie

Croissance orientée des cristaux d'une espèce minérale sur ceux d'une espèce différente.

epithermal

Applied to events that occur at low temperature and pressure, near the Earth's surface.

épithermal

Qualifie des phénomènes géologiques ou métallogéniques qui surviennent entre 50 et 200 °C, donc à proximité de la surface.

epithermal deposit

A hydrothermal mineral deposit formed at low temperature (50-200°C) and pressure (whithin about 1 km of the Earth's surface); it occurs mainly as veins.

NOTE This term is commonly reserved for deposits formed on land. However, volcanogenic massive sulphide (VMS) deposits are also epithermal deposits.

gîte épithermal; gisement épithermal; dépôt épithermal

Gîte formé à partir de solutions hydrothermales à une température variant entre 50 et 200 °C et à une profondeur allant de subaffleurante jusqu'à 1 500 mètres.

epithermal vein; epithermal lode	**filon épithermal; veine épithermale**
cf. epithermal deposit	NOTA Par ordre de température et de pression décroissantes, on classe les filons hydrothermaux en hypothermaux, mésothermaux et épithermaux.
epithermal vein deposit	**gîte filonien épithermal; gisement filonien épithermal; dépôt filonien épithermal**
A vein deposit formed within about 1,000 metres of the Earth's surface by low-temperature (50-200°C) ascending solution.	
epizonal	**épizonal**
	Qualifie les phénomènes reliés à l'épizone.
epizone	**épizone**
A zone of metamorphism characterized by low pressure-temperature conditions (low metamorphic grade).	Zone géologique de faible métamorphisme, avec des températures peu élevées et des pressions faibles.
eruptive ore	**minerai éruptif**
Ore found in lava, as orthose and leucite.	
essential mineral	**minéral essentiel**
A mineral component whose presence is necessary before the root name of the rock can be assigned.	Minéral dont la présence est nécessaire dans une roche pour en établir la définition et la nomenclature.
NOTE As opposed to "accessory mineral."	NOTA Un minéral peut être essentiel dans une roche et accessoire dans une autre.
estimated additional resources	**ressources supplémentaires estimées**
In economic geology, an approximate figure, based on experience, reflecting the portion	

estimated additional resources (cont'd)

of mineral resources that could be profitably worked.

eugeosynclinal environment

environnement eugéosynclinal; milieu eugéosynclinal

Milieu dans lequel prédominent les schistes, les ophiolites et les formations volcaniques, et auquel sont souvent associées des formations ferrifères.

eutectic temperature

The lowest melting temperature in a series of mixtures of at least two components.

cf. eutectoid temperature

température eutectique; température de l'eutectique

Température minimale que peut avoir la phase liquide issue d'un mélange de minéraux.

eutectic texture

A pattern of intergrowth of two minerals, formed as they coprecipitate during crystallization.

cf. eutectoid texture

texture eutectique

eutectoid temperature

The lowest melting temperature in a series of mixtures of at least three components.

cf. eutectic temperature

température eutectoïde

eutectoid texture

A pattern of intergrowth of more than two minerals, formed as they coprecipitate during crystallization.

cf. eutectic texture

texture eutectoïde

euxinic environment; restricted humid environment

An environment characterized by the presence of large volumes of stagnant water which is de-oxygenated, giving rise to reducing conditions. The resulting sediments are black carbonaceous pyritic muds. Such conditions may develop in swamps, barred basins, and stratified lakes.

milieu euxinique; milieu restreint humide

Milieu marin fermé dans lequel l'absence de circulation verticale entraîne un appauvrissement des couches profondes en oxygène et leur enrichissement en hydrogène sulfuré d'origine bactérienne. La matière organique s'accumule sur le fond en boue nauséabonde, qui est le siège de transformations minérales, de remplacements et d'épigénies.

evaporite; evaporate (n.); **saline residue**

A concentration of minerals produced from natural brines as a result of extensive or total evaporation of the solvent. Common types include limestone, potash, gypsum, anhydrite, and rock salt.

NOTE The term "evaporite" is more commonly used than "evaporate."

évaporite (n.f.)

Accumulation de certains minéraux (sulfates, chlorures, carbonates) lors de l'évaporation des eaux salines. Les évaporites jouent un rôle économique important, puisqu'elles fournissent le sel gemme, le plâtre et la potasse.

evaporite deposit

dépôt d'évaporites; dépôt évaporitique; dépôt (salin) d'évaporation; gisement d'évaporation

Gisement dont les minéraux (évaporites) sont constitués de sels solubles cristallisés par évaporation dans des bassins peu profonds.

evaporitic

évaporitique

Qui se rapporte aux évaporites et à leur processus de formation.

exhalative deposit; exhalation deposit; volcanic exhalative deposit

A deposit formed from hydrothermal mineralized solutions ascending from volcanic vents or fissures, principally onto the floor of the oceans or lakes.

gîte exhalatif; gîte volcanique exhalatif; gisement exhalatif; gisement volcanique exhalatif

Dépôt produit par l'émission de solutions hydrothermales à la faveur d'orifices ou de fissures volcaniques; il en résulte généralement des minéralisations stratiformes au fond de l'océan ou des lacs.

exhalative model

A genetic model that was favoured from the late 1960s through the early 1980s for many gold deposits hosted by banded iron formations; this model emphasized volcanogenic and hydrothermal effusive or exhalative processes.

modèle exhalatif

exhausted
SEE **mined out**

exogenetic; exogenic; exogenous

Said of ore deposits that owe their origin to processes originating at or near the surface of the Earth.

exogène

Qualifie un gisement formé selon des processus se manifestant à la surface ou près de la surface du globe.

exomorphism; exometamorphism; exomorphic metamorphism

A form of contact metamorphism in which changes in country rocks are produced by the intense heat and other properties of magma or lava in contact with them.

exomorphisme; exométamorphisme

NOTA Par opposition à « endomorphisme ».

exoscopy; electron microscopy

Determining and identifying the structure of substances by using the electron microscope.

exoscopie; analyse exoscopique

Étude de l'aspect extérieur et de l'état de surface des minéraux et grains détritiques, en particulier au microscope électronique, pour en déterminer les modes de transport, les types d'altérations, etc.

exoskarn

Skarn that is formed by replacement of limestone or dolomite. (Magnesium exoskarn forms in dolomites and calcic exoskarn forms in limestones.)

NOTE As opposed to "endoskarn."

cf. skarn

exoskarn (n.m.)

Skarn formé aux dépens des calcaires et dolomies.

NOTA Par opposition à « endoskarn ».

exothermic process

A process that occurs with a liberation of heat. Whilst bubble formation is an endothermic one, the crystallization of solid phases is an exothermic process.

processus exothermique

Processus qui s'accompagne d'un dégagement de chaleur.

exotic derivation (of materials)

NOTE As opposed to "local derivation."

provenance lointaine (des matériaux)

NOTA Par opposition à « provenance locale ».

exotic material

Material which has been moved from its place of origin by one or several processes.

matériau exotique; matériau de provenance lointaine

Matériau qui provient d'ailleurs.

exploitable ore
SEE **mineable ore**

exploration guide; mineral exploration guide	**guide de recherche; guide d'exploration; guide pour la recherche (minérale); guide dans la recherche**
One of the numerous useful hints which serve as guides in mineral exploration; they include geological, geochemical, geophysical, and prospecting guides.	Indice dont la présence (ou l'absence) peut conduire à la découverte de minerai neuf.
exploratory work; exploratory working; exploration work	**travaux d'exploration**
Mining operations to determine the size and position of a deposit, as well as the volume and grade of possible ore.	
exsolution; unmixing	**exsolution**
The process whereby an homogeneous solid solution separates into two or more distinct crystalline phases without change in the bulk composition. It generally occurs on cooling.	Passage d'un cristal homogène (solution solide) à un assemblage hétérogène bi- ou polyminéral. Ce processus suit souvent une baisse de température.
exsolution lamella; exsolved lamella; unmixing lamella	**lamelle d'exsolution; lamelle exsolvée**
A lamella produced by exsolution.	Lamelle obtenue par le processus d'exsolution.
exsolution temperature	**température d'exsolution**
	Température au-dessus de laquelle le minéral inclus repasse en solution solide dans le minéral englobant.
exsolution texture	**texture d'exsolution; structure d'exsolution**
In mineral deposits, the texture of any mineral aggregate or intergrowth formed by exsolution. It is generally fairly homogeneous.	

exsolved lamella
SEE **exsolution lamella**

extensional vein

filon d'extension

eyed structure
SEE **augen structure**

eyed texture
SEE **augen structure**

fabric; rock fabric

The special arrangement and orientation of particles and minerals in a rock, including its texture, structure, and preferred orientation.

fabrique (n.f.)

Ensemble des caractères structuraux d'une roche (texture, structure, orientation).

facies

The sum of all primary lithologic and paleontologic characteristics exhibited by a sedimentary rock and from which its origin and environment of formation may be inferred.

NOTE Facies which are particularly characterized by rock type are referred to as lithofacies, whereas those especially characterized by their fauna are called biofacies.

faciès[1]

Ensemble des caractères lithologiques (lithofaciès) et paléontologiques (biofaciès) d'un dépôt sédimentaire. Notion fondamentale qui constitue la « carte d'identité » du dépôt considéré.

fahlband

A term originally used by German miners for a band of sulphide impregnation in metamorphic rocks. The sulphides are too abundant to be classed as accessory minerals but too sparse

fahlbande (n.f.); **brande** (n.f.)

Amas de pyrites en gîtes d'imprégnations diffuses dans les schistes ou gneiss cristallophylliens et provenant d'un métamorphisme régional. Ce sont des formations intermédiaires

fahlband (cont'd)

to form an ore lens. In weathered conditions, fahlbands have a characteristic rusty-brown appearance.

entre les gîtes pyrométasomatiques et les gîtes hydrothermaux.

false bedding (obs.)
SEE **crossbedding**

false form
SEE **pseudomorph** (n.)

false gossan

faux chapeau de fer

The oxidized outcrop of a basic rock or of an iron ore that resembles a true gossan.

cf. gossan

fault; paraclase (obs.)

faille; paraclase (n.f.) (vieilli)

A fracture along which there has been displacement of the sides relative to one another parallel to the fracture. In many metalliferous fields, faults have formed channelways for the rise or migration of ore-bearing solutions.

Rupture accompagnée du déplacement de deux compartiments l'un par rapport à l'autre dans le sens vertical ou subvertical.

faultage; faulting

formation de faille(s); dislocation

The process which produces relative displacement of adjacent rock masses along a fracture. Mineable thicknesses of ore may consist of deposits where the ore beds are repeated by folding and faulting.

fault-bounded orebody

corps minéralisé limité par des failles; corps minéralisé entre failles bordières

fault-controlled mineralization

minéralisation contrôlée par des failles

faulted deposit

A deposit that is marked by faults.

gisement faillé

Gisement coupé par de nombreuses failles.

fault filling

The breccia or clayey material occupying the space between the walls or surfaces of an open fault.

remplissage de faille(s)

Dépôt accumulé entre les lèvres d'une faille. Un très grand nombre de filons minéralisés représentent des remplissages de failles.

faulting
SEE **faultage**

fault vein

An ore vein deposited in a fault fissure.

filon du type faille; filon faille

fault zone

A zone consisting of numerous interlacing small faults. A fault zone may be as wide as hundreds of meters.

zone de failles; zone faillée

favorable; favourable [GBR]

Said of rocks and structures that appear as if they might contain the mineral or minerals sought.

favorable

Qualifie une roche où les minéralisations se localisent exclusivement ou de préférence. Cette roche constitue un guide lithologique.

feeder[1]; feeding channel; channelway; channel

An opening or passage in a rock through which mineral-bearing solutions or gases may move. The precipitation of metals from hot solutions below rock surface in channels or pore spaces may involve bacterial action.

voie d'accès; chenal d'accès; voie de cheminement; voie de passage

Passage, dans la roche encaissante, emprunté par les solutions hydrothermales responsables de la mise en place des corps minéralisés.

feeder[2]; feeder vent; feeding vent

The conduit through which magma passes from the magma hearth to the localized intrusion.

cheminée nourricière

Ouverture qui assure le nourrissage par le bas des gîtes volcaniques exhalatifs.

feeder stockwork

rameau de cheminées nourricières

Réseau anastomosé de cheminées assurant le nourrissage des gîtes volcaniques exhalatifs.

feeder vent
SEE **feeder[2]**

feeding

cf. feeder[2]

nourrissage

Fonction assumée par les cheminées nourricières qui permettent la progression de substances métallifères vers des points éloignés.

feeding channel
SEE **feeder[1]**

feeding vent
SEE **feeder[2]**

feldspathization

Metamorphic alteration of other material into feldspar. This material may come from the country rock or be introduced by magmatic or other solutions.

feldspathisation; altération feldspathique

Formation de feldspaths par action métamorphique du magma éruptif sur les roches encaissantes.

felsic

Said of an igneous rock having abundant light-colored minerals; also applied to those minerals. The chief felsic minerals are quartz, feldspars, feldspathoids, and muscovite.

felsique

S'applique aux minéraux composés de feldspath et de silice.

felsic (cont'd)

NOTE Felsic is a mnemonic adjective derived from **fel**dspar + silica + **ic**. It is the complement of mafic.

femic mineral

A mineral that contains iron and magnesium.

NOTE Femic is a mnemonic adjective derived from **Fe** (for iron) + **m** (for magnesium) + **ic**.

minéral fémique

Minéral riche en fer et en magnésium.

fenitization

Widespread alkali metasomatism of quartzo-feldspathic country rocks in the environs of carbonatite complexes. This process is characterized by the development of nepheline, aegirine, sodic amphiboles and alkali feldspars in the aureoles of the carbonatite masses.

fénitisation; formation de fénites

Métamorphisme de contact particulier qui donne des roches à composition de syénite, avec orthose et anorthose, aegyrine et amphibole sodique, etc.

fenitized

fénitisé

Fe oxide
SEE **iron oxide**

ferralitic soil; ferralite; ferrallite

A tropical soil characterized by a large content of iron oxide.

sol ferrallitique; sol ferralitique

Sol de climat tropical dans lequel les oxydes de fer se concentrent en quantité élevée, formant des cuirasses très dures.

ferrallitization; ferrallization

An alteration process by which large amounts of iron and aluminum oxides accumulate in the B horizon of tropical soils.

ferrallitisation; ferralitisation; latéritisation (vieilli); **latérisation** (vieilli); **altération ferrallitique; altération latéritique** (vieilli)

Altération caractéristique des sols tropicaux et qui consiste en l'accumulation sur place d'hydrates d'alumine et de fer.

ferrallitization (cont'd)

La bauxite est ainsi le terme final de la ferrallitisation.

ferric/ferrous ratio

rapport composés ferriques/composés ferreux

Rapport qui témoigne de l'abondance relative des deux types de composés dans le sol.

ferric hydroxide; hydrated ferric oxide

The ferric hydroxide is left behind to form a residual deposit at the surface and this is known as a gossan or iron hat.

hydroxyde ferrique; oxyde ferrique hydraté

Composé chimique qui se forme à la partie supérieure d'un corps minéralisé, sous l'action des eaux chargées d'oxygène et de gaz carbonique.

ferric iron

Iron in the trivalent state.

fer ferrique; Fe^{+++}

Fer à l'état trivalent, moins abondant que le fer ferreux bivalent. Au contact de l'oxygène de l'air, le fer ferreux s'oxyde en fer ferrique.

ferric oxide

oxyde ferrique

ferricrust

The hard crust of an iron-bearing concretion.

croûte ferrugineuse

ferriferous; iron-bearing

Containing iron. Said esp. of a mineral containing iron or of a sedimentary rock that is richer in iron that is usually the case.

ferrifère

Se dit d'un minéral ou d'une roche sédimentaire renfermant du fer.

ferromagnesian

Containing iron and magnesium.

ferromagnésien; ferro-magnésien

Se dit d'une roche ou d'un minéral qui contient du fer et du magnésium.

ferromanganese concretion

concrétion ferromanganique; concrétion ferro-manganésée

Concrétion à base de fer et de manganèse qu'on trouve dans les sols des pays tropicaux humides.

ferromanganese deposit; iron-manganese deposit

dépôt ferromanganésifère; gisement mixte fer-manganèse

Dépôt dont les deux principaux éléments constituants sont le fer et le manganèse.

ferrous iron

Iron in the bivalent state.

fer ferreux; Fe^{++}

Fer à l'état bivalent, plus abondant que le fer ferrique trivalent. Au contact de l'oxygène de l'air, le fer ferreux s'oxyde en fer ferrique.

ferrous oxide

oxyde ferreux

ferruginated; ferruginized

Charged or stained with a compound of iron.

ferruginisé

Se dit d'un sol ou d'une formation enrichie en oxydes de fer.

ferrugination; ferruginization

An alteration process by which iron oxides adhere to sand grains and gravel, giving them a red color.

ferruginisation; altération ferrugineuse

Processus d'enrichissement en oxydes de fer d'un sol ou d'un horizon de sol.

ferruginized
SEE **ferruginated**

ferruginous concretion

A concretion composed mainly of iron oxide.

concrétion ferrugineuse

ferruginous deposit

A sedimentary rock containing enough iron to justify exploitation as iron ore.

dépôt ferrugineux

fibrous
SEE **asbestiform**

fibrous habit

The tendency of certain minerals to crystallize in needlelike grains or fibers.

faciès fibreux

Aspect que présentent certains minéraux constitués de rubans allongés, empilés en quinconce.

fibrous mineral

A mineral that occurs in fine, thread-like strands which may be either parallel or radiating.

minéral fibreux

Minéral formé de rubans se développant dans une seule direction et qui se présente en fibres au microscope électronique.

fibrous texture; fibrous structure

In mineral deposits, a pattern of finely needlelike, rodlike crystals, e.g. in amphibole asbestos.

structure fibreuse; texture fibreuse

filling vein

A vein filling preexisting cavities.

filon de remplissage

Veine qui résulte du remplissage d'une fissure.

filter pressing; filtration pressing; filtration differentiation

A process of magmatic differentiation involving the separation of crystals from a residual magma as a result of Earth compression, usually during a late stage of consolidation. This process would be responsible for the formation of some strictly magmatic ore deposits.

effet de filtre presse

fine gold; fine-grained gold

In placer mining, gold in exceedingly small particles.

or fin; or à grain(s) fin(s)

fine-grained

NOTE As opposed to "coarse-grained."

à grain(s) fin(s)

fine-grained gold
SEE **fine gold**

fissure

An extensive crack, break, or fracture in rock along which there is a distinct separation. It is often filled with mineral-bearing material.

cf. fracture, fault

fissure

Fracture n'entraînant pas le déplacement d'un bloc par rapport à l'autre (comme pour la faille).

NOTA Ne pas confondre avec une fracture, terme général désignant toute cassure, avec ou sans rejet de terrain. En d'autres termes, la fracture inclut la faille et la fissure.

fissure deposit; fissure-type deposit

gîte fissural

Gîte qui résulte du remplissage d'une fissure.

fissure filling

remplissage de fissure(s)

fissure ore

minerai fissural

fissure-type deposit
SEE **fissure deposit**

fissure-type mineralization

minéralisation de type fissural

fissure vein

A veinlike mineral deposit with clearly defined walls rather than extensive host-rock replacement.

NOTE As it is now recognized that simple filling has played an important role in the formation of most veins, the term fissure vein has lost much of its meaning.

filon de fissure; veine de fissure

Filon qui correspond au remplissage d'une fissure.

flat[1] (n.) **(of ore)**

A horizontal or subhorizontal body of ore which commonly branches out from a mineral vein and lies in carbonate host rocks beneath an impervious cover such as shale.

lentille aplatie; lentille plate; filon plat; flat

Extension latérale horizontale d'une veine.

flat[2] (n.)

A flat horizontal ore deposit.

gisement en plateure; plateure (n.f.); **plateur** (n.m.)

Gîte qui, après s'être enfoncé en terre, prend la direction horizontale.

floor
SEE **footwall**

flour gold

The finest alluvial gold, sometimes found as a coating on quartz pebbles in cement.

farine d'or; or fin farineux

fluid inclusion

A minute amount of liquid and/or gas trapped in a mineral during crystallization.

inclusion fluide

Fluide (gaz ou liquide) emprisonné dans une microcavité d'un minéral transparent lors de sa formation.

fluvial deposit; fluviatile deposit

A sedimentary deposit consisting of material transported by, suspended in, or laid down by a stream.

gîte fluviatile; gîte fluvial; dépôt fluviatile; dépôt fluvial

folded deposit

gîte plissé; dépôt plissé

Gîte déformé par un plissement.

folded stratiform body

corps stratiforme plissé

foliated mineral; foliaceous mineral

A mineral consisting of thin leaflike laminae.

minéral feuilleté; minéral folié

foliation

The laminated structure resulting from segregation of different minerals into layers parallel to the schistosity.

feuilletage; foliation

Dans une roche métamorphique cristallophyllienne, arrangement des minéraux en feuillets suivant les plans de schistosité.

footwall; foot wall; floor

The wall or rock under a vein.

NOTE It is more specifically called the "floor" in bedded deposits and the "footwall" under an inclined vein.

mur; éponte inférieure

Terrain situé au-dessous d'un filon.

NOTA Par opposition à « toit » ou « éponte supérieure ».

formation dewatering

assèchement de formation

fossil deposit

A deposit that has been discovered buried below ground.

gîte fossile; dépôt fossile

Dépôt renfermé depuis longtemps dans les roches par un processus d'enfouissement.

fossil placer

cf. placer

placer fossile

fractional crystallization; fractional crystallisation [GBR]; **fractionation; crystal fractionation**

One of the main processes of magmatic differentiation in which the early-formed crystals are removed from the original magma and prevented from further reaction with the residual melt. This remaining melt becomes depleted in some components and enriched in others, resulting in the precipitation of different minerals.

cristallisation fractionnée

Cristallisation de minéraux différents à des moments successifs dans un magma qui se refroidit.

fracture

A break in the continuity of a body of rock. The opening of a fracture affords the opportunity for entry of mineral-bearing solutions and induces ore deposition.

NOTE Fractures include faults, joints, and fissures.

fracture; cassure

Toute rupture de continuité (avec ou sans rejet) de roches, de minéraux ou de terrains. Les cassures constituent des voies d'accès pour les fluides minéralisés d'origine plus ou moins lointaine, servant ainsi de point de départ pour les phénomènes de substitution, si importants dans la formation de certains gisements.

fracture control — **contrôle par des fractures**

fracture-controlled — **contrôlé par des fractures**

fracture deposit — **gîte de fracture; gîte de cassure; gisement de fracture; gisement de cassure**

Gîte qui résulte du remplissage d'une fracture.

fracture filling — **remplissage de fracture(s); remplissage de cassure(s)**

Un très grand nombre de filons peuvent être considérés comme des remplissages de fractures.

fracture vein — **filon de fracture; filon de cassure; veine de fracture; veine de cassure**

Filon qui correspond au remplissage d'une fracture (diaclase, faille).

fragmental deposit; clastic deposit — **gîte clastique; gisement clastique; dépôt clastique**

A deposit characterized by fragments of rocks or minerals covering the whole range of grain size, and resulting from the normal disintegration of rocks.

fragmental ore; clastic ore — **minerai clastique**

framboidal — **framboïdal**

Said of spheroidal clusters resembling raspberry seeds.

Se dit de l'aspect ou de la texture que présentent des mononodules minéraux, grenus en surface, comme des framboises. Le minéral typique est la pyrite.

free wall — **éponte libre**

The wall of an ore vein in which the vein filling scales off cleanly from the gouge or wall rock.

Paroi d'un filon à laquelle le remplissage n'adhère pas. Il y a séparation franche entre ce dernier et la salbande ou la roche encaissante.

fresh rock; unaltered rock; unweathered rock

A rock that has not been subjected to or altered by surface weathering, such as a rock newly exposed by fracturing.

NOTE As opposed to "altered rock."

roche saine; roche non altérée; roche inaltérée; roche fraîche

Roche n'ayant subi aucune altération.

fumerole deposit; fumarole deposit

dépôt de fumerolles volcaniques

Dépôt de minéraux dans lequel les cristaux se forment à partir de vapeurs, par condensation.

fusiform
SEE **podiform**

fusiform lens
SEE **pod**

gabbro anorthosite; gabbroic anorthosite

anorthosite (n.f.) **gabbroïque**

Milieu pétrographique favorable à la formation des gisements de magnétite titanifère.

gabbro intrusion; gabbroic intrusion

Titaniferous magnetite deposits occur as irregular masses and disseminations in anorthositic and gabbroic intrusions.

intrusion de gabbro; intrusion gabbroïque

Dans le Bouclier canadien, le titane est associé aux grandes intrusions de gabbro et d'anorthose.

gangue; matrix

The worthless rocks or minerals with which ore minerals are usually intergrown. Care must be

gangue

Ensemble des roches ou des minéraux non utiles qui sont associés aux minerais.

gangue (cont'd)

used, for what is gangue in one place may be valuable elsewhere.

gangue mineral

A worthless metallic or nonmetallic mineral associated with ore minerals. Common gangue minerals include quartz, calcite, fluorite, siderite, and pyrite. It should be noted that the gangue minerals of one orebody may be the ore minerals of another.

NOTE As opposed to "ore mineral" or "valuable mineral."

minéral de gangue; minéral de la gangue

Minéral sans valeur, métallifère ou non, qui accompagne le minerai. Les minéraux de gangue les plus répandus sont le quartz, la calcite, la fluorine et la barytine. Cette dernière cependant constitue elle-même un véritable minerai de baryum pour l'industrie chimique.

NOTA Par opposition à « minéral valorisable » ou « minéral utile ».

Au pluriel, on rencontre concurremment les formes « minéraux de gangue », « minéraux de la gangue » et « minéraux des gangues ».

gangue rock

The rock with which ore minerals are associated.

roche de gangue; roche de la gangue

Roche sans intérêt pratique entourant le minerai dans son gisement.

garnetization

Introduction of, or replacement by, garnet. This process is commonly associated with contact metamorphism.

grenatisation

Processus d'altération caractérisé par la formation de grenat dans la roche.

gaseous inclusion
SEE **gas inclusion**

gash vein[1]

A comparatively shallow vein which represents a mineralized fissure extending only a short distance vertically.

fissure minéralisée à courte extension verticale

gash vein[2]

A nonpersistent vein that has a fair width above, and that soon terminates in a wedge shape within the formation it traverses.

filon terminé en biseau

Filon se terminant en coin vers la profondeur.

gas inclusion; gaseous inclusion

A gas bubble within a gemstone.

inclusion gazeuse

gem stone; gemstone

Any stone of any variety of a gem mineral, which is of sufficient beauty and durability for use as a personal ornament.

gemme (n.f.)

Minéral, assemblage de minéraux, dont la beauté et la rareté en font des objets de bijouterie.

generative site

NOTE As opposed to "depositional site."

lieu d'origine; lieu de départ; site d'origine; site de départ

Point d'où émane un minéral avant qu'il n'y ait transport ou migration vers un ultime lieu de dépôt.

genetic

Pertaining to relationships due to a common origin.

génétique (adj.)

Qui concerne la formation ou genèse d'un minéral ou d'une roche.

genetic classification

A classification based on the conditions of formation of ores or mineral deposits.

classification génétique

Classification qui rend compte de la genèse d'un minerai ou d'un gîte minéral.

genetic halo
SEE **primary dispersion halo**

genetic model

modèle génétique

gentle dip

pendage faible

gently inclined; gently dipping

Said of deposits with a dip of from 5° to 25°.

NOTE As opposed to "steeply dipping."

à faible pendage; faiblement incliné

geobotanical prospecting; geobotanical exploration

A method based on direct observations of plant morphology and the distribution of plant species as a guide to the presence of shallow ore deposits.

prospection géobotanique

geochemical anomaly

Abnormal concentration of elements in earth materials that is markedly higher than background levels.

anomalie géochimique

Variation significative d'un élément à l'intérieur de la croûte terrestre. La prospection géochimique permet d'en donner une interprétation convenable pouvant conduire à la découverte d'un gisement.

geochemical aureole
SEE **geochemical halo**

geochemical balance

bilan géochimique

Étude de la répartition d'un élément donné ou d'un minéral à l'échelle du globe.

geochemical behavio(u)r

comportement géochimique

geochemical classification

The division of chemical elements into associations as they are found in nature.

classification géochimique

geochemical control

contrôle géochimique

geochemical cycle

The sequence of stages in the migration of elements among major geochemical reservoirs (lithosphere, hydrosphere, and atmosphere).

cycle géochimique

geochemical data

données (n.f.plur.) **géochimiques**

geochemical environment

milieu géochimique

geochemical exploration
SEE **geochemical prospecting**

geochemical guide; pathfinder

In geochemical prospecting, an element found in close association with the element being sought and which can be more readily found or detected than the element which is the main object of search. A pathfinder serves to lead investigators to a deposit of a desired substance.

guide géochimique; indicateur géochimique; traceur géochimique

Élément associé d'ordinaire à un métal recherché, et qu'il est parfois plus facile de découvrir que ce métal lui-même.

geochemical halo; geochemical aureole

In geochemical prospecting, diffusion into surrounding rocks of a sufficiently high concentration of the sought mineral to aid in its location by chemical methods.

cf. alteration halo

halo géochimique; auréole géochimique

Auréole qui résulte de modifications dans le chimisme des roches encaissantes d'une minéralisation.

geochemical process

A process (such as Eh and pH changes, adsorption and complexing) which participates in deposition of the ore-forming minerals, in the composition of mineral assemblages, and in their zonal arrangement.

processus géochimique

geochemical prospecting; geochemical exploration

The search for concealed or suboutcropping deposits of metallic ores by detection of abnormal concentrations in surficial materials.

prospection géochimique; exploration géochimique

Recherche minière ayant pour but de découvrir des gisements métallifères cachés ou subaffleurants. Cette exploration s'appuie sur la notion d'anomalie géochimique positive, qui correspond à une élévation brutale de la teneur du métal recherché par rapport à la valeur moyenne de la zone prospectée.

geochemical province

A segment of the Earth's crust whose chemical composition differs from the average, and is identified by comparison of the composition of igneous rocks.

province géochimique

Zone de la croûte terrestre à l'intérieur de laquelle la composition chimique des roches peut être mise en relation avec l'existence de certaines minéralisations.

geochemical signature

A combination of characteristics by which an element may be identified.

signature géochimique

Ensemble de caractéristiques qui permettent d'identifier formellement un élément chimique présent dans le sol.

geochemical study

étude géochimique

geochemical survey

The mapping of geochemical facies.

levé (n.m.) **géochimique; lever** (n.m.) **géochimique**

geochemical zoning

zonalité géochimique

geochemistry

The study of the abundance and distribution of chemical elements and their isotopes within the Earth, and the study of the circulation of the elements in nature, on the basis of the properties of their atoms and ions.

géochimie

Science dont les buts essentiels sont la détermination de l'abondance des éléments dans la Terre, la répartition des éléments dans les minéraux et dans les roches, la dynamique de la distribution des isotopes.

geochronologic(al) data

données (n.f.plur.) **géochronologiques**

geode

A hollow, rounded or subrounded body, which has a lining of mineral crystals pointing inward, e.g. quartz or calcite.

NOTE Unlike a druse, a geode is separable as a discrete nodule from the surrounding rock and its inner crystals are not of the same

géode (n.f.)

Corps creux subsphérique dont la cavité est hérissée de cristaux.

geode (cont'd)

minerals as those of the enclosing rock.

Distinguished from vugs which are residual or solution cavities in veins or rocks, and may be crystal-lined.

cf. druse, vug

geologic(al) control

contrôle géologique

Terme général englobant les contrôles morphologiques, paléogéographiques, lithologiques et stratigraphiques.

geologic(al) environment

NOTE of deposits or orebodies

entourage géologique; milieu géologique; environnement géologique

NOTA d'un gisement ou d'un corps minéralisé

geologic(al) event

phénomène géologique; événement géologique; fait géologique

Tout ce qui peut modifier la croûte terrestre (failles, soulèvements, etc.) et par le fait même avoir une incidence sur les diverses concentrations minérales.

geologic(al) feature

NOTE of a deposit

trait géologique; caractère géologique

NOTA d'un gisement

geologic(al) guide

A geological feature that is a favourable exploration guide, e.g. an extensive hornfels zone adjacent to an exposed pluton, or overlying a buried one, structural and stratigraphic traps in carbonate-pelite host rocks, etc.

guide géologique; indicateur géologique

Trait géologique qui permet de soupçonner la présence d'une masse minéralisée, lorsque le chapeau oxydé, typique des corps métallifères, n'est pas visible à la surface du sol.

geologic(al) prospecting

prospection géologique

Recherche de minerais à partir de guides ou indicateurs géologiques.

geologic(al) records

documentation géologique

Consiste en écrits et en cartes.

geologic(al) setting

cadre géologique; contexte géologique

NOTE of mineral or metalliferous deposits

geologic thermometer
SEE **geothermometer**

geologic thermometry
SEE **geothermometry**

geophysical exploration
SEE **geophysical prospecting**

geophysical guide

guide géophysique; indicateur géophysique

cf. guide

geophysical method

méthode géophysique

A method employed in geophysical prospecting. There are four main methods, namely, gravitational, magnetic, electrical, and seismic, with several modifications of each.

geophysical prospecting; geophysical exploration

prospection géophysique; exploration géophysique

The use of geophysical methods, e.g. electric, gravity, magnetic, seismic, in the search for economically valuable mineral deposits.

Recherche par des méthodes géophysiques (gravimétrie, magnétisme, résistivité, sismique) de substances minérales utiles.

geophysical survey

levé (n.m.) **géophysique; lever** (n.m.) **géophysique**

geothermal brine — **saumure géothermique**

Hot, concentrated, saline solution that has circulated through crustal rocks in an area of anomalous heat flow and become enriched in substances leached from these rocks, thus forming an intermediary in the deposition of ore deposits.

geothermal system — **système géothermique**

A localized geological setting where portions of the Earth's internal heat flow are transported close to the Earth's surface by circulating steam or hot water. Hot spring deposits may form significant surface expressions of some geothermal systems, and may contain economic abundances of gold.

geothermometer; geologic thermometer — **thermomètre géologique; géothermomètre**

A mineral whose presence denotes a limit or a range for the temperature of formation of the enclosing rock.

geothermometry; geologic thermometry — **thermométrie géologique; géothermométrie**

Determination of the temperature of chemical equilibration of a rock, mineral, or fluid.

geyserite
SEE **siliceous sinter**

giant (n.); **giant deposit; elephant** (fig.) — **gisement géant; énorme gisement; monstre gîtologique; aberration métallogénique; monstre; éléphant**

Gisement ayant un tonnage assez exceptionnel et particulièrement

giant (n.) (cont'd)

important du point de vue économique.

NOTA Le terme éléphant, ayant ici un sens figuré, est habituellement placé entre guillemets en contexte.

gibbsitic bauxite

Bauxite containing a major proportion of gibbsite.

bauxite à gibbsite

NOTA Les bauxites sont de deux types : à bœhmite ou à gibbsite. Les premières reposent le plus souvent sur des roches carbonatées et les dernières se forment essentiellement sur des roches éruptives ou métamorphiques.

gibbsitic deposit

gîte à gibbsite; gisement à gibbsite

gitologist

A specialist in gitology.

gîtologue (n.é.)

gitology

The study of ore-deposit formation, including chemical, thermodynamic, petrological, and economic disciplines.

NOTE Term of French etymology, increasingly in use, esp. in Europe.

gîtologie; science gîtologique

Étude de tous les aspects ou éléments du milieu géologique associés aux concentrations minérales.

glacial placer deposit

A mineral deposit transported by glaciers.

cf. placer

placer glaciaire; dépôt placérien glaciaire

glaciogenic placer

A placer of glacial origin.

placer glaciogénique

glass inclusion

inclusion vitreuse

glauconitization

A submarine alteration process whereby a mineral is converted to glauconite under very slow rates of sedimentation and at depths of 100 to 300 m.

glauconitisation

Altération en glauconie.

global reserves (n.pl.)

réserves (n.f.plur.) **mondiales**

globular concretion; spherulitic concretion

concrétion globuleuse; concrétion globulaire; concrétion sphérolitique

globular inclusion; spherulitic inclusion

inclusion globulaire; inclusion globuleuse; inclusion sphérolitique

glyptogenesis

The process of sculpturing of the Earth's surface (lithosphere) through the agency of the atmosphere, hydrosphere, biosphere, and pyrosphere.

glyptogenèse

Sculpture du relief par l'érosion. Les phénomènes de glyptogenèse et de sédimentation conduisent à la formation de gisements métalliques.

gold-bearing
SEE **auriferous**

gold-bearing deposit
SEE **gold deposit**

gold-bearing quartz vein
SEE **auriferous quartz vein**

gold-bearing sediment
SEE **auriferous sediment**

gold-bearing vein; gold vein; auriferous vein

filon aurifère; veine aurifère

gold belt

ceinture à or; ceinture aurifère

gold camp

cf. camp

camp d'exploitation de l'or

gold deposit; gold-bearing deposit; auriferous deposit

A mineral deposit that yields gold.

dépôt d'or; gîte d'or; gisement d'or; dépôt aurifère; gîte aurifère; gisement aurifère

gold deposition

dépôt de l'or

NOTA Désigne l'action de se déposer et non le résultat.

gold district
SEE **goldfield**

gold dust

Fine particles, flakes or pellets of gold, such as those obtained in placer mining.

poussière d'or

L'une des formes qu'emprunte souvent l'or à l'état natif.

goldfield; gold field; gold district; auriferous district; Au district

A region where gold is found or mined.

district aurifère; champ aurifère; champ d'or

gold grain

grain d'or

L'une des formes qu'emprunte l'or à l'état natif. Dans les placers, les grains d'or sont quelquefois enrichis postérieurement à leur dépôt.

gold guide

cf. geochemical guide

indicateur de l'or

gold mining

exploitation de l'or

gold nugget

A large lump of placer gold.

pépite d'or

gold occurrence

cf. occurrence

venue aurifère

gold-only deposit — **gîte essentiellement aurifère; gisement strictement aurifère**

Gold-only deposits comprise placers and bedrock sources, which are termed lode gold deposits.

Gîte dans lequel l'or n'est pas obtenu comme sous-produit d'autres associations minérales, mais est exploité comme produit essentiel.

gold ore — **minerai d'or**

cf. ore

gold paleoplacer — **paléoplacer aurifère; paléoplacer d'or**

A heavy mineral accumulation notably enriched in gold.

cf. gold placer, paleoplacer

gold placer — **placer aurifère; placer d'or**

A placer formed by rapid erosion of hard rocks. Such a placer, as a rule, is not often rich and highly concentrated, but is easily discovered and worked.

cf. placer

Dépôt aurifère qui provient de l'enlèvement des éluvions de filons aurifères par des cours d'eau à forte pente et qui occupe certaines zones dans les alluvions au creux des vallées.

gold province — **province aurifère**

gold-silver deposit — **gisement auro-argentifère; gîte d'or-argent**

gold telluride — **tellurure d'or**

A mineral containing tellurium, e.g. sylvanite, calaverite, and petzite. Gold tellurides may give rise to spectacular bonanzas.

gold-uranium-bearing conglomerate; gold-uranium conglomerate — **conglomérat auro-uranifère; conglomérat d'or-uranium**

gold vein; auriferous vein; gold-bearing vein — **filon aurifère; veine aurifère**

gossan; gozzan; iron hat; colorados; capping

A near-surface, iron-oxide rich zone overlying a sulphide deposit. It is caused by the oxidation and leaching of sulphides. Useful in mineral exploration as a visible guide to sulphide mineralization by its yellow or red color.

NOTE "Gossan" is a Cornish term and "colorados" a Spanish one. Most workers reserve the term "capping" for gossans over disseminated sulfide deposits of the porphyry copper type.

cf. false gossan

chapeau de fer; chapeau d'oxydation; chapeau oxydé; chapeau ferrugineux; colorados

Zone affleurante et oxydée d'un gisement métallifère; elle présente des teintes jaunâtres à brun rouge. L'aspect de cette zone est souvent caractérisé par les oxydes de fer, d'où le nom de « chapeau de fer » qui lui a été attribué.

gouge (n.); **selvage; selvedge; pug; salband**

A layer of solf material along the wall of a vein or between the country rock and the vein.

NOTE Gouge: So named because a miner is able to "gouge" it out with a pick, to attack the solid vein from the side.

cf. clay gouge

salbande (n.f.)

Formation lithologique spéciale servant de contact entre le remplissage filonien, ou caisse filonienne, et les épontes.

gozzan
SEE **gossan**

grade (v.)
SEE **assay** (v.)

grade[1] (n.); **tenor**

The relative quantity or the percentage of ore-mineral content in an orebody. For example, gold ore that contains 1 ounce gold per ton would be a high-grade ore.

teneur

Quantité de métal ou de minéraux utiles contenus dans un gîte. La teneur s'exprime en grammes par tonne (g/t) de minerai dans le cas des métaux précieux et en pourcent dans le cas des métaux communs ou de certains minéraux industriels.

grade[2] (n.)

The quality of a mineral ore. There are, for example, three grades of chromite: metallurgical, chemical, and refractory.

qualité

grade[3] (n.)

The extent to which metamorphism has advanced. Found in such combinations as high-, low- or medium-grade metamorphism.

degré; intensité; niveau

NOTA de métamorphisme

grade of alteration

degré d'altération; intensité de l'altération

grade of metamorphism
SEE **metamorphic grade**

grain

A mineral particle, smaller than a fragment, having a diameter of less than a few millimeters, and generally lacking well-developed crystal faces.

grain

granite intrusion
SEE **granitic intrusion**

granitic environment

milieu granitique

granitic intrusion; granite intrusion; granitoid intrusion

cf. intruded granite

intrusion granitique

Intrusion liée à l'activité magmatique et qui prend souvent la forme d'un batholite. Plusieurs minéralisations se développent au contact ou à proximité de ces intrusions.

granitization; granitisation [GBR]; **granitification**

The conversion of crustal rocks to rocks of granitic composition and texture by the action of metasomatic fluids, without going through the magmatic stage.

granitisation; granitification

Transformation d'une roche (métamorphique ou sédimentaire) en granite, par métasomatose, alors que la roche reste à l'état solide.

granitoid intrusion
SEE **granitic intrusion**

granular mass — **masse grenue**

Arsenic commonly occurs in granular masses.

L'arsenic se présente souvent en masses écailleuses ou grenues.

granular mineral — **minéral en grains**

A mineral composed of grains.

granular ore — **minerai en grains**

granular texture — **structure grenue; texture grenue**

The texture of a rock consisting of mineral grains of approximately equal size.

Structure montrant un assemblage de cristaux tous en grains visibles à l'oeil nu et également développés.

granule — **granule** (n.m.)

NOTE in an iron formation

granule texture — **structure granulaire**

A texture of iron formation in which oval or rounded granules of nonclastic origin are separated by a fine-grained matrix.

granulitization — **granulitisation**

graphitization — **graphitisation**

The formation of graphitic material from organic compounds.

gravel bar — **barre de graviers; barre graveleuse**

cf. bar

gravel ore — **minerai en graviers; minerai graveleux**

gravitational anomaly
SEE **gravity anomaly**

gravitational differentiation
SEE **gravity fractionation**

gravitational prospecting; gravity prospecting

The search of ore deposits by the determination of specific-gravity differences of rock masses.

prospection gravimétrique

gravity anomaly; gravitational anomaly

A difference between the locally observed and the theoretically calculated value of gravity that reflects local variations in density of underlying rocks.

anomalie gravimétrique; anomalie de (la) gravité

gravity fractionation; gravitational differentiation

Magmatic differentiation that occurs during the earlier stages of magmatic crystallization, when crystals can sink through the liquid magma to accumulate at the base of the magma chamber.

séparation par gravité; différenciation par gravité

Processus à l'origine des gisements magmatiques. L'enrichissement local résulte d'une différenciation à l'intérieur d'un magma en voie de consolidation.

gravity prospecting
SEE **gravitational prospecting**

gravity survey

Measurements of the gravitational field at a series of different locations. Gravity data are displayed as anomaly maps.

levé (n.m.) **gravimétrique; lever** (n.m.) **gravimétrique**

green mud

A deep-sea terrigenous deposit whose greenish color is due to the presence of chlorite or glauconite minerals.

boues vertes; vases vertes

Boues qui doivent leur coloration à la présence de la glauconie ou de la chlorite.

greenschist facies

Schistose rocks containing green minerals, e.g. chlorite, epidote, albite, actinolite, which are produced by regional metamorphism.

faciès des schistes verts; faciès schistes verts

Faciès caractérisé par la présence de minéraux verts (actinote, albite, trémolite, oligoclase, etc.).

greenstone	**roche verte**
A dark-green altered or metamorphosed rock that owes its color to the presence of chlorite, actinolite, or epidote. Greenstones include gabbro, diabase, basalt, etc.	Roche métamorphique dont la coloration verte s'explique par la présence de chlorite, d'épidote, d'amphibole et de serpentine.
greenstone belt	**région de roches vertes; zone de roches vertes; ceinture de roches vertes**
An elongate or beltlike area within a Precambrian shield that is characterized by abundant greenstone.	Zone riche en roches vertes. Les ceintures de roches vertes primitives abritent trois grands types de gisements : des sulfures de nickel et de cuivre; des sédiments riches en fer; des sédiments riches en or.
greisen	**greisen** (n.m.)
A pneumatolytically altered granitic rock composed largely of quartz, mica, and topaz.	Roche formée essentiellement de quartz et de micas, plus rarement de topaze.
greisening SEE **greisenization**	
greisenisation [GBR] SEE **greisenization**	
greisenised [GBR] SEE **greisenized**	
greisenization; greisenisation [GBR]; **greisening**	**greisenisation; greisenification**
A form of hydrothermal alteration in which feldspar and muscovite are converted to greisen by the action of water vapor containing fluorine. It occurs frequently alongside tin-tungsten and beryllium deposits in granitic rocks or gneisses.	Processus hydrothermal par lequel des roches sont altérées en greisen.

greisenized; greisenised [GBR]

Said of a rock that has been converted to greisen.

greisenisé; greisenifié

Altéré en greisen.

ground magnetic survey

cf. magnetic survey

levé (n.m.) **magnétique au sol; lever** (n.m.) **magnétique au sol**

groundmass

The finer-grained material, which may be crystalline or glassy, in which larger crystals of igneous rocks and xenoliths are enclosed.

pâte; pâte matrice; matrice

Fond constitué de petits cristaux ou de verre dans lequel sont noyés de grands cristaux (phénocristaux).

ground radiometric survey

levé (n.m.) **radiométrique au sol; lever** (n.m.) **radiométrique au sol**

guest
SEE **metasome**

guide (n.); **indicator; indication**

A feature that suggests the presence of a mineral deposit.

cf. geochemical guide, geologic(al) guide, geophysical guide, exploration guide, paleogeographical guide

guide (n.m.); **indicateur** (n.m.); **indice**[1]

Élément susceptible de simplifier et d'orienter la prospection.

guide to ore; ore guide

A natural feature that indicates the proximity of an orebody.

guide vers le minerai; guide vers la minéralisation; indicateur de minéralisation

gummites

A general term for yellow, orange, red, or brown secondary minerals consisting of a mixture of hydrous oxides of uranium, thorium, and lead, and occurring as alteration products of uraninite. It includes silicates, phosphates, and oxides.

gummites (n.f.plur.)

Mélange de silicates et d'oxydes d'uranium résultant de l'altération de l'uraninite et exploités comme minerai. Les produits orangés et les produits jaunes annoncent la proximité de la pechblende.

gutter

The lowest and usually richest portion of an alluvial placer.

gouttière[1]

gypsiferous; gypsum-bearing

That contains gypsum.

gypsifère

Qui contient du gypse.

gypsification

Alteration to gypsum, esp. of anhydrite.

gypsification

Transformation de l'anhydrite en gypse sous l'effet de l'hydratation.

gypsum-bearing
SEE **gypsiferous**

habit; mineral habit

The characteristic form or combination of forms of the crystals of a given mineral. Individual crystals may possess habits such as acicular (needlelike), tabular (broad and flat), fibrous (hairlike), or prismatic (elongated in one direction). Aggregates of crystals may possess habits such as botryoidal, dendritic, or reniform (kidney-shaped).

habitus; habitus cristallin; faciès cristallographique; faciès[2]**; aspect**

En parlant d'un minéral, forme la plus fréquemment rencontrée.

halmyrolysis; halmyrosis; submarine weathering

Early diagenesis, modification, or decomposition of sediments on the sea floor.

halmyrolyse; altération sous-marine

Phénomène d'altération et de cristallisation à l'interface eau-sédiment qui intervient avant la diagenèse proprement dite.

halmyrolytic

halmyrolytique

Qui a trait à l'halmyrolyse.

halmyrosis
SEE **halmyrolysis**

halo; aureole; envelope[3]

cf. alteration halo

auréole; halo

hanging wall; hanging side; hanger; roof; top wall

The rock or wall on the upper side of an ore body.

NOTE The term "hanging wall" is more specifically used for an inclined vein and "roof" for a bedded deposit.

cf. vein wall

toit; éponte supérieure; éponte toit

Paroi ou éponte qui est située au-dessus d'un filon.

NOTA Par opposition au « mur » (ou « éponte inférieure ») situé sous le filon.

hard mineral

A mineral that is as hard or harder than quartz.

NOTE As opposed to "soft mineral."

minéral dur

Minéral caractérisé par sa cohérence, par opposition aux minéraux phylliteux ou colloïdaux comme ceux de l'argile.

NOTA Par opposition à « minéral tendre ».

hard rock

NOTE As opposed to "soft rock."

roche dure

NOTA Par opposition à « roche tendre ».

healed vein
SEE **crustified vein**

heavy mineral; heavy (n.)

A detrital mineral from a sedimentary rock, having a specific gravity higher than 2.85. The term is commonly applied to minerals which sink in bromoform, as magnetite, zircon, rutile, tourmaline, etc.

NOTE As opposed to "light mineral."

minéral lourd; minéral dense

Dans les roches sédimentaires détritiques, minéral de densité égale ou supérieure à 2,87, c'est-à-dire susceptible de couler au fond dans un bain de bromoforme.

NOTA Par opposition à « minéral léger ».

heavy mineral concentrate	**concentré de minéraux lourds**
heavy mineral concentration	**concentration en minéraux lourds**
hematitization; hematization	**hématisation** Altération en hématite.
hematized	**hématisé**
Hg deposit; mercury deposit	**gîte mercurifère**
higher grade deposit	**gisement plus riche; gîte à plus forte teneur**
higher grade metamorphism; higher rank metamorphism	**métamorphisme plus intense**
higher grade of metamorphism	**degré de métamorphisme plus intense; niveau plus élevé de métamorphisme**
higher rank metamorphism; higher grade metamorphism	**métamorphisme plus intense**
highest grade deposit	**gîte le plus riche**
high-grade (adj.); **rich** Said of an ore or deposit with a relatively high ore-mineral content. NOTE As opposed to "low-grade (adj.)."	**à teneur élevée; à forte teneur; à haute teneur; riche** NOTA La valeur industrielle d'un minerai dépend de sa teneur en élément métallique principal, teneur très variable puisque à 30 % de fer, un minerai est « pauvre » et qu'à 0,2 % d'uranium, le minerai est « riche ».
high grade[1] (n.) cf. grade[1]	**forte teneur; teneur élevée; haute teneur**
high grade[2] (n.) cf. grade[3] (n.)	**degré élevé; forte intensité** NOTA de métamorphisme

high-grade metamorphic rock; highly metamorphosed rock

roche très métamorphisée; roche fortement métamorphisée; roche à fort métamorphisme

high-grade metamorphism; high-rank metamorphism

Metamorphism that is accomplished under conditions of high temperature and pressure.

métamorphisme intense

high-grade orebody

corps minéralisé à forte teneur

highly metamorphosed rock; high-grade metamorphic rock

roche très métamorphisée; roche fortement métamorphisée; roche à fort métamorphisme

high-rank metamorphism
SEE **high-grade metamorphism**

high-temperature deposit

gîte de haute température

high-temperature mineral

minéral de haute température

hollow lode (gen.)

A lode filled with vugs.

cf. vug

filon à géodes (spéc.)

hololeucocratic

Is said of a facies of igneous rocks which are almost completely composed of light minerals.

hololeucocrate (adj.)

S'applique aux roches magmatiques très riches en minéraux blancs (quartz, feldspath, feldspathoïde).

holomafic; holomelanocratic; hypermelanic

Is said of an igneous rock which is almost entirely composed of mafic minerals (90-100%).

holomélanocrate (adj.)

S'applique aux roches magmatiques très riches (95 à 100 %) en minéraux noirs ferromagnésiens.

horizon

A rock stratum regionally known to contain or be associated with rock containing valuable minerals.

horizon

horizontal zoning

NOTE As opposed to "vertical zoning."

zonalité horizontale

Caractéristique d'une auréole de dispersion qui correspond à des dimensions (longueur et largeur) qui peuvent varier selon les éléments.

hornblende-hornfels facies

The set of metamorphic mineral assemblages in which basic rocks are represented by hornblende and plagioclase.

faciès hornblende-cornéennes; faciès à hornblende-cornéennes

hornfels

A massive, fine-grained, contact metamorphic rock composed of equidimensional grains without preferred orientation. Hornfelses are described by prefixing the names of significant minerals or mineral groups, e.g. garnet-hornfels, pyroxene-hornfels, calc-silicate hornfels.

NOTE Pl.: hornfelses.

cornéenne (n.f.)

Roche du métamorphisme de contact, très dure, non fissile, à cassure d'aspect corné et à cristaux développés dans toutes les directions. On les distingue les unes des autres à l'aide d'un nom de minéral : cornéenne à cordiérite, à sillimanite, etc.

hornfels facies

The set of mineral assemblages produced by contact metamorphism at shallow depths in the Earth's crust.

faciès des cornéennes

Faciès caractéristique du métamorphisme de contact (température élevée, faible pression).

horse

A barren mass of country rock lying within a vein or orebody.

intercalation stérile

horsetailing; horse-tailing

The division of a major vein into closely spaced minor veins.

diramation en queue de cheval

horsetail structure; horse-tail structure

dispositif en queue de cheval; structure en queue de cheval; queue de cheval

An arrangement of closely spaced mineralized fissures branching out from major veins and forming together a stockwork.

Disposition en forme de queue de cheval de fissures minéralisées très rapprochées et issues d'un filon principal.

horsetail vein

filon ramifié en queue de cheval; filon en queue de cheval

A major vein dividing into smaller fissures.

host (adj.); **enclosing**

encaissant (adj.); **hôte** (adj.); **porteur** (adj.)

Qualifie une formation rocheuse ou minérale dans laquelle un corps minéralisé s'est mis en place.

host[1] (n.)

encaissant (n.m.); **hôte**[1] (n.m.); **support**

Terme général désignant l'enveloppe de terrains dans laquelle une formation géologique ou un gisement minéral se sont mis en place.

host[2] (n.)
SEE **host mineral**

hosted by

inclus dans; encaissé dans; contenu dans

En parlant d'un minéral ou d'un gîte minéral localisé dans une formation rocheuse.

NOTA L'expression anglaise *be hosted by* pourra également se rendre en français par le verbe « gîter ». Ex. : La minéralisation gîte parfois dans des niveaux peu favorables.

hosted mineral
SEE **metasome**

host limestone — **calcaire encaissant**

host lithology — **lithologie des roches encaissantes; lithologie de l'encaissant**

The zoning, mineralogy, and dimensions of the alteration envelopes vary according to the composition of the host lithology.

Il existe une nette corrélation entre les teneurs en métaux et la lithologie de l'encaissant.

host mineral; enclosing mineral; host[2] (n.); **palasome; palosome** — **minéral hôte; minéral porteur; palasome** (n.m.); **hôte**[2] (n.m.)

A mineral that is older than minerals introduced into it or formed within or adjacent to it.

NOTE As opposed to "metasome" or "guest."

host rock — **roche(-)hôtesse; roche porteuse; roche(-)support; roche(-)hôte; roche réceptrice**

Any rock in which ore deposits occur.

NOTE It is a somewhat more specific term than "country rock."

hot brine — **saumure chaude**

Warm and very saline water such as found on the bottom of the Red Sea. It is associated with metal-rich muds.

hot solution — **solution chaude**

hot-spring deposit — **dépôt de source chaude**

Dépôt formé par la précipitation de minéraux autour de l'orifice d'une source chaude.

humic acid — **acide humique**

Mixture of dark-brown organic substances that play an active role in weathering.

hungry lode
SEE **barren vein**

hydatogenesis

The process by which mineral deposits are formed from aqueous solutions.

hydatogenèse

Processus de formation des gîtes minéraux à partir de solutions aqueuses.

hydatogenic; hydatogenetic; hydatogenous

Said of a mineral deposit or concentration formed by an aqueous agent.

NOTE As opposed to "pneumatogenic" or "pneumatolytic."

hydatogène

Se dit de concentrations métallifères dues à la circulation de solutions aqueuses d'origine non magmatique empruntant leurs métaux aux roches traversées et les déposant en certains sites privilégiés.

NOTA Par opposition à « pneumatogène » ou « pneumatolytique ».

hydrated ferric oxide
SEE **ferric hydroxide**

hydration; hydrous alteration

Introduction of water into the structure of a mineral.

NOTE Not to be confused with "hydrolysis."

hydratation

Transformation d'une roche ou de ses minéraux par addition d'eau.

hydraulic fracturing; hydrofracturing

Process of breaking up rocks under pressure by introducing water or other fluids. Hydrofracturing may occur naturally as a result of internal hydraulic overpressures, as in the formation of porphyry deposits.

fracturation hydraulique

Fracturation effectuée sous la pression d'un fluide.

hydrogenic; hydrogenetic; hydrogenous

hydrogénétique

Relatif à une hypothèse selon laquelle les nodules sont formés

hydrogenic (cont'd)

par précipitation du fer et du manganèse à partir de l'eau de mer.

hydrolysate
SEE **hydrolyzate**

hydrolysis; hydrolytic alteration; hydrolytic decomposition

The introduction of hydrogen ion for the formation of hydroxyl-bearing minerals such as micas and chlorite.

NOTE Not to be confused with "hydration."

hydrolyse

Décomposition des sels minéraux sous l'action de l'eau; c'est un processus fondamental dans l'altération des roches silicatées.

hydrolyzate; hydrolysate

A sediment consisting of undecomposed, finely ground rock and insoluble material derived from weathered primary rocks; it is characterized by elements such as aluminum, potassium, sodium, and silicon.

hydrolysat

Ensemble des produits formés au cours d'une hydrolyse. Les hydrolysats précipitent généralement sur place et peuvent donner des gîtes métallifères de concentration résiduelle.

hydrothermal activity; hydrothermal processes

Those processes associated with igneous activity that involve heated or superheated water, esp. alteration, space filling, and replacement.

activité hydrothermale; hydrothermalisme

Ensemble des phénomènes géologiques minéralisateurs liés au volcanisme ou à la circulation d'eau chaude.

hydrothermal alteration

Alteration of rocks or minerals by the reaction of hydrothermal water with pre-existing solid phases.

altération hydrothermale

Altération des minéraux due à des circulations de solutions aqueuses chaudes. L'altération hydrothermale se marque par des modifications de la couleur, de la granulométrie, de la texture et surtout de la composition minéralogique et chimique des roches encaissantes.

hydrothermal aureole — **auréole hydrothermale**

hydrothermal deposit — **gisement hydrothermal; gîte hydrothermal; dépôt hydrothermal**

A mineral deposit formed in rock by replacement or open-space filling, from hydrothermal fluids. Alteration of host rocks is common.

Dépôt résultant du remplissage de fentes préexistantes par des vapeurs minéralisatrices (stade pneumatolytique), des circulations d'eaux chaudes et de vapeurs aboutissant ou non à des sources (stade hydrothermal) ou même la remobilisation de gîtes sédimentaires.

hydrothermal event — **manifestation hydrothermale; phénomène hydrothermal**

hydrothermal fluid — **fluide hydrothermal**

hydrothermal lode
SEE **hydrothermal vein**

hydrothermal metamorphism — **métamorphisme hydrothermal**

A local metamorphism that results from the percolation of hot solutions or gases through fractures, causing mineralogic changes in the neighboring rock.

Métamorphisme lié à des circulations de fluides (surtout aqueux) à température élevée et qui apportent aux roches traversées des éléments chimiques particuliers.

hydrothermal metasomatism — **métasomatose hydrothermale**

hydrothermal mineral — **minéral hydrothermal**

A mineral formed by precipitation from a very hot hydrothermal fluid. Common hydrothermal minerals occurring in veins and cavities are quartz, fluorite, galena, and sphalerite.

hydrothermal mineralization — **minéralisation hydrothermale**

hydrothermal occurrence — **venue hydrothermale**

hydrothermal ore — **minerai hydrothermal**

hydrothermal origin — **origine hydrothermale**

hydrothermal processes
SEE **hydrothermal activity**

hydrothermal replacement — **substitution hydrothermale**

hydrothermal solution — **solution hydrothermale; hydrothermalyte; hydrothermalite**

A hot-water solution originating within the Earth and carrying dissolved mineral substances. Hot aqueous solutions have played a part in the formation of many types of ore deposit.

Solution ascendante provenant d'un foyer magmatique.

hydrothermal spring — **source hydrothermale**

Source sous-marine riche en métaux; plusieurs géologues ont émis l'hypothèse que ce type d'émission pouvait expliquer l'origine de gîtes de métaux communs.

hydrothermal stage — **stade hydrothermal**

One of the stages of consolidation of magma during which equilibrium exists between crystals, aqueous solutions, and aqueous gases.

hydrothermal vein; hydrothermal lode — **filon hydrothermal**

Filon dont la matière a été transportée par l'activité de circulations aqueuses chaudes liées à des intrusions de roche magmatique.

hydrothermal vent — **orifice hydrothermal; bouche hydrothermale; cheminée hydrothermale**

Au fond de l'océan, ouverture qui livre passage à des eaux

hydrothermal vent (cont'd)

blanchâtres (fumeur blanc) ou opaques (fumeur noir).

hydrothermal water

Subsurface water whose temperature is high enough to make it geologically or hydrologically significant.

eau hydrothermale

Sous l'action des eaux hydrothermales, la roche-mère subit parfois des transformations chimiques susceptibles de fournir des substances utiles.

hydrothermal zoning

zonalité hydrothermale

hydrous alteration
SEE **hydration**

hydrous mineral

A mineral containing water.

minéral hydraté

hydroxide

An oxide characterized by the linkage of a metallic element or radical with the ion OH.

hydroxyde; oxyde hydraté

hypabyssal deposit
SEE **subvolcanic deposit**

hypermelanic
SEE **holomafic**

hypersaline water
SEE **brine**

hypogene

Said of a mineral deposit or ore deposit formed by ascending hot waters.

NOTE As opposed to "supergene."

cf. primary mineral

hypogène

Se dit d'un gîte produit par des solutions hydrothermales ascendantes.

hypogene alteration

A type of wall rock alteration caused by ascending hydrothermal solutions.

altération hypogène

hypogene alteration (cont'd)

NOTE As opposed to "supergene alteration."

hypogene mineralization

minéralisation hypogène

hypogene ore

Ore deposited from ascending hydrothermal solutions of magmatic origin.

NOTE As opposed to "supergene ore."

minerai hypogène

Minerai engendré en profondeur.

NOTA Par opposition à « minerai supergène ».

hypogene solution

solution hypogène

hypothermal deposit

A deep-seated high temperature deposit, below the mesothermal zone.

gîte hypothermal; gisement hypothermal; dépôt hypothermal

Gîte minéral formé à pression et température élevées.

hypothermal vein

filon hypothermal

Filon formé à des températures élevées (300-500 °C) et dont la gangue renferme des minéraux tels que pyroxènes, grenats, tourmaline, magnétite, pyrrhotine.

idiogenetic deposit
SEE **syngenetic deposit**

idiogenous deposit
SEE **syngenetic deposit**

igneous deposit

A deposit formed by cooling and solidifying from the molten state.

gîte igné; gisement igné

igneous intrusion; igneous intrusive

Igneous intrusions include batholiths, laccoliths, lopoliths, dikes, and stocks.

intrusion ignée

illitization

altération en illite; altération illitique; illitisation

illuvial deposit; illuvium

Material leached from a soil and redeposited in another horizon. Illuviated substances include silicate clay, hydrous oxides of iron and aluminum, and organic matter.

cf. eluvial deposit, alluvium

gîte illuvial; gîte d'illuvion; gîte illuvionnaire; illuvion (n.f.)

Dépôt formé par suite du lessivage des couches supérieures du sol et se présentant sous forme de concrétions, d'incrustations ou de cimentations dans des zones profondes.

NOTA Les termes « dépôt » et « gisement » s'emploient comme synonymes de « gîte ».

immature sediment

A clastic sediment that has evolved from its parent rock by processes acting over a short time and characterized by relatively unstable minerals, abundance of mobile oxides (such as alumina), and presence of weatherable material.

sédiment immature

impregnation[1]; impregnated deposit

A mineral deposit (esp. of metals) in which the minerals are diffused in the host rock.

imprégnation[1]; gîte d'imprégnation

Gîte minéral ou métallifère avec répartition disséminée des minerais.

impregnation[2]; pore-space filling

Ore material which has been deposited in the interstices of the country rock.

imprégnation[2]

Remplissage des pores de la roche, accompagné d'un remplacement limité dans des roches silicatées peu solubles.

impregnation ore

minerai d'imprégnation

impregnation vein

filon d'imprégnation

incarbonization
SEE **coalification**

inclusion[1]**; enclave** [GBR]

A fragment of another rock enclosed in an igneous rock.

enclave

Fragment de roche étrangère à la masse où il est englobé.

NOTA Ce terme est surtout utilisé pour les roches magmatiques et est alors synonyme de xénolite.

inclusion[2]

In minerals, a substance, body or particle which is distinct from the groundmass in which it is embedded.

inclusion

inclusion deposit;
inclusion-bearing deposit

gîte d'inclusion(s)

Gîte dans lequel le minerai est disséminé dans la roche endogène, au lieu d'être disposé en amas, filons, etc.

incoalation
SEE **coalification**

indication
SEE **guide** (n.)

indicator
SEE **guide** (n.)

indicator vein

A vein which is not metalliferous itself, but, if followed, leads to ore deposits.

filon conducteur

induced polarization; IP

An exploration method which uses either the decay of an excitation voltage or variations in the Earth's

polarisation provoquée;
polarisation induite

Méthode de prospection utilisée pour détecter la polarisation électrique de surface des minéraux

induced polarization (cont'd)

resistivity at two different but low frequencies.

métalliques, laquelle est provoquée par les courants électriques qu'on envoie dans le sol.

industrial mineral

minéral industriel

Any mineral, or other naturally occurring substance of economic importance, excluding metallic ores, mineral fuels, and gemstones; e.g. fluorite, barite, and kaolin.

inferred ore; probable ore

minerai présumé; minerai probable

Ore for which there are quantitative estimates of tonnage and grade, based on geologic relationships and on past mining experience, rather than on specific sampling.

Minerai dont le tonnage et la teneur sont supputés par déduction de caractéristiques géologiques.

infilling (of a vein)

remplissage (d'un filon)

infiltration deposit

dépôt infiltrationnel

An interstitial mineral deposit formed by the action of percolating waters.

infiltration vein

filon infiltrationnel

A vein in which the minerals have been deposited from solution.

inherited structure
SEE **mimetic structure**

injection; intrusion

injection; intrusion

The process of emplacement of an ore-bearing magma into the host rock or into surrounding rocks.

Mise en place de matière minérale d'origine profonde, par pénétration à l'intérieur de roches préexistantes, sans venue au jour.

***in situ* deposit**
SEE **autochthonous deposit**

interbedded deposit; interstratified deposit

gîte interstratifié; dépôt interstratifié; gisement interstratifié

A deposit occurring between beds, or lying in a bed parallel to other beds of a different material.

Gîte qui s'est déposé entre des couches sédimentaires.

interbedded vein; interstratified vein

filon interstratifié

interglacial placer

placer interglaciaire

A placer occurring or formed between two glacial epochs.

intergrown grains

grains enchevêtrés

intergrowth

intercroissance

The state of interlocking of grains of two different minerals as a result of their simultaneous crystallization.

Enchevêtrement plus ou moins géométrique de cristaux de deux minéraux différents provoqué par une cristallisation simultanée.

intermediate rock

roche neutre; roche intermédiaire

An igneous rock whose chemical composition lies betwen those of basic and acidic rocks.

Roche ignée de composition intermédiaire entre les roches acides et basiques.

intermediate zone

zone intermédiaire

In a zoned mineral deposit, the zone lying between the core zone and the wall zone.

interstitial deposit

gîte interstitiel; dépôt interstitiel

A mineral deposit in which the minerals fill the pores of the host rock.

NOTE Frequently used instead of "impregnation deposit."

interstitial water

eau interstitielle

Water contained in the interstices of rocks.

Eau qui se trouve dans les interstices des roches.

interstratified deposit
SEE **interbedded deposit**

interstratified vein; interbedded vein

filon interstratifié

intraformational

Formed or existing within a geologic formation.

intraformationnel

Qui se produit pendant le dépôt d'une formation et aux dépens de celle-ci.

intragranitic deposit

gîte intragranitique; gisement intragranitique

intragranitic vein

filon intragranitique

intramagmatic deposit

gîte intramagmatique; gisement intramagmatique

A mineral deposit that occurs inside its eruptive parent rock.

intraplutonic deposit

gîte intraplutonique; gisement intraplutonique

intraplutonic vein

filon intraplutonique

intruded granite; intrusive granite

cf. granitic intrusion

granite intrusif; granite magmatique; granite circonscrit

Granite à bords nets disposé en massifs circonscrits bien délimités.

intrusion
SEE **injection**

intrusion-related deposit

gîte lié à des intrusions; gisement lié à des intrusions

intrusive body

corps intrusif

Corps qui a pénétré dans des formations déjà constituées.

intrusive deposit

gîte intrusif; gisement intrusif

intrusive granite
SEE **intruded granite**

intrusive vein

An igneous intrusion, apparently formed from a magma rich in volatiles.

cf. dike

filon intrusif

inversion of mineralization

A change in the crystalline form brought about by change in temperature.

inversion de minéralisation

Transition d'une phase à une autre, chimiquement identique, mais cristallographiquement différente (polymorphisme).

inverted saddle
SEE **reverse saddle**

ionic solution

Syngenetic sedimentary sulphide deposits may have been introduced into a basin of deposition in ionic solution by rivers.

solution ionique

IP
SEE **induced polarization**

iron bacterium; iron-oxidizing bacterium; iron-precipitating bacterium

An anaerobic bacterium capable of oxidizing ferrous iron to the ferric state.

NOTE The plural form of bacterium is bacteria.

ferrobactérie; ferro-bactérie

Bactérie qui, dans la nature, métabolise le fer en milieu neutre ou légèrement acide. Le fer des lacs et des marais se forme sous l'action de ferrobactéries ayant dissous des oxydes de fer.

iron-bearing
SEE **ferriferous**

iron-bearing formation
SEE **iron formation**

iron deposit

gisement de fer

iron formation; iron-bearing formation — **formation ferrifère**

Sedimentary rocks containing at least 15% iron. The iron minerals occur as oxide, silicate, carbonate, or sulphide and are commonly interbanded with quartz, chert or carbonate.

iron hat
SEE **gossan**

iron hydroxide — **hydroxyde de fer; hydrate de fer**

iron-manganese deposit
SEE **ferromanganese deposit**

iron ore — **minerai de fer**

Iron-rich rock containing one or more distinct chemical compounds from which metallic iron may be profitably extracted. The chief ores of iron are mainly oxides (hematite, goethite, magnetite, limonite, siderite).

Oxydes et hydroxydes sont les principaux minerais de fer.

iron oxide; Fe oxide; oxide of iron — **oxyde de fer**

A compound of oxygen and iron.

iron-oxidizing bacterium
SEE **iron bacterium**

iron pan; ironpan — **alios** (n.m.)

Indurated soil horizon in which iron oxide is the main cementing material.

Croûte ferrugineuse dure, d'origine subaérienne, résultant de l'accumulation d'oxyde de fer, à quelques décimètres de profondeur dans un sol sableux.

iron-precipitating bacterium
SEE **iron bacterium**

iron sand — **sable ferrugineux**

Sand containing iron particles, usually magnetite.

ironstone

An iron-rich sedimentary rock, either deposited directly as a ferruginous sediment or resulting from chemical replacement.

roche ferrugineuse

isotope dating
SEE **isotopic dating**

isotopic age determination
SEE **isotopic dating**

isotopical deposits

Synchronous deposits of the same geological province.

dépôts isotopiques

isotopic dating; isotopic age determination; isotope dating; radiometric dating; radiometric age determination

Means of determining the age of certain materials by reference to the relative abundance of the parent isotope (which is radioactive) and the daughter isotope (which may not be radioactive).

mesure d'âge isotopique; datation isotopique; datation radiométrique; détermination radiométrique de l'âge

jasperoidal deposit

gîte à jaspéroïdes; gisement à jaspéroïdes

joint (n.); **rock joint**

A fracture in a rock along which there has been little or no displacement. A group of joints of common origin is a joint set, and two or more joint sets constitute a joint system.

joint; diaclase (n.f.)

Fracture observée dans les roches et ne montrant que peu ou pas de déplacement parallèle au plan de fracture.

NOTA Le terme « diaclase » s'emploie plus particulièrement

joint (n.) (cont'd)

pour des cassures perpendiculaires aux couches sédimentaires.

jointed rock

roche diaclasée

Roche ayant fait l'objet d'une ou de plusieurs diaclases.

joint filling

remplissage de diaclases

joint set

faisceau de diaclases

A group of joints of common origin that are usually planar and parallel or sub-parallel in orientation.

joint system

réseau de diaclases

Two or more joint sets, usually arranged systematically and intersecting.

joint vein

filon du type diaclase

A small vein confined to one bed of rocks that give no sign of displacement.

J-type lead; Joplin-type lead

plomb du type J

Anomalous lead that gives model ages younger than the age of the enclosing rock, in some cases even negative model ages.

NOTA J, pour Joplin, Missouri.

juvenile (adj.)

juvénile (adj.)

Said of an ore-forming fluid or mineralizer that is derived from magma.

Qualifie un apport d'origine magmatique.

juvenile mineralization

minéralisation juvénile

juvenile water

eau juvénile

Water that has been joined with other mineral matter deep in the crust and brought up in the magma to become part of the hydrosphere for the first time.

Eau qui provient de l'intérieur de la terre au lieu de provenir des précipitations atmosphériques.

K alteration
SEE **potassic alteration**

kaolinisation [GBR]
SEE **kaolinization**

kaolinised [GBR]
SEE **kaolinized**

kaolinitization

High-temperature hydrothermal alteration and replacement of feldspars, to varying degrees, to form a fine-grained aggregate of the mineral kaolinite.

kaolinitisation

Formation de kaolinite aux dépens des feldspaths plagioclasiques et potassiques.

kaolinization; kaolinisation [GBR]

Replacement or alteration of minerals to form kaolin as a result of weathering or hydrothermal alteration.

kaolinisation; altération kaolinique

Altération d'origine hydrothermale ou pneumatolytique responsable de très importants gîtes de kaolin.

kaolinized; kaolinised [GBR]

kaolinisé

Altéré en kaolin.

K-Ar age; potassium-argon age; K/Ar age; potassium/argon age

âge obtenu au K-Ar; âge obtenu au potassium-argon; âge isotopique au K-Ar; âge isotopique au potassium-argon; âge au K-Ar; âge au potassium-argon

K-Ar age method; K-Ar method; potassium-argon age method

méthode potassium-argon; méthode K-Ar; méthode de datation par les isotopes radioactifs potassium-argon

K-Ar dating; potassium-argon dating

Determination of the age of a mineral in millions of years based on the known radioactive decay rate of potassium^{-40} to argon^{-40}.

datation au K-Ar; datation au potassium-argon

K-Ar method; potassium-argon age method; K-Ar age method

méthode potassium-argon; méthode K-Ar; méthode de datation par les isotopes radioactifs potassium-argon

karst bauxite

bauxite karstique

karstification

The formation of karst features by the solutional or mechanical action of water in a region of limestone, gypsum, or other bedrock.

karstification; altération karstique

Évolution d'une région calcaire avec développement de modelé karstique. Les eaux acides accélèrent la karstification lorsque la roche encaissante est soluble, y déterminant d'ailleurs des effondrements, indice qui peut aider à la découverte de gisements.

karstified

karstifié

Se dit en particulier de roches solubles (dolomies, calcaires) ayant fait l'objet d'une altération karstique.

karst-related deposit

gisement lié à des karsts

katamorphism
SEE **catamorphism**

katathermal deposit

A hydrothermal deposit formed at high temperatures.

cf. hypothermal deposit

gîte catathermal; gîte katathermal

Gîte formé à haute température.

kidney
SEE **ore pocket**

kidney iron ore

A variety of hematite occurring in compact kidney-shaped masses, together with clay, sand, calcite, or other impurities; concretionary ironstone.

minerai de fer en rognons; hématite rouge en rognons

Hématite se présentant en masses arrondies, qui se brise suivant des plans de fracture unis et qui présente une structure plus ou moins radiée.

kidney-like
SEE **kidney-shaped**

kidney ore

Ore occurring in compact kidney-shaped masses, concretions, or nodules; e.g. hematite.

minerai en rognons

kidney-shaped; kidney-like; reniform

Said of a mineral deposit having a surface of rounded shapes.

NOTE Implies a larger-scale variety than "botryoidal." But "mammilated" describes the same formation on an even larger scale.

cf. kidney ore

en rognons; en forme de rein; réniforme

kimberlite

A highly serpentinized peridotite, usually brecciated. It is the principal environment of diamond, but only a small percentage of the known kimberlite occurrences are diamantiferous. It occurs in vertical pipes, dikes, and sills.

NOTE The name is derived from Kimberley, South Africa.

kimberlite (n.f.)

Roche qui forme la matière principale de la brèche qui remplit les célèbres cheminées diamantifères du Cap, et qui est formée en majeure partie de phénocristaux de péridot plongés dans une pâte vitreuse serpentinisée.

kimberlite deposit

gîte de kimberlites; gîte kimberlitique

kimberlite pipe

cf. diamond pipe, diatreme

pipe (n.é.) **de kimberlite(s); cheminée de kimberlite(s); cheminée kimberlitique**

kindly ground; likely ground; prospective terrain

A ground that gives indications of containing valuable minerals.

terrain prometteur

Terrain favorable à l'existence d'un gisement.

K metasomatism; potassium metasomatism

métasomatose potassique

knotted schist; knotted slate

A shaly, slaty, or schistose argillaceous rock the knotted appearance of which is the result of incipient growth of porphyroblasts in response to contact metamorphism of low to medium intensity.

cf. spotted schist

schiste noduleux

Schiste dans lequel le métamorphisme de contact a développé des minéraux de néoformation. Ces schistes présentent des petites boules foncées en saillie.

known deposit

A deposit whose existence is known.

gisement reconnu

known reserves (n.pl.)

réserves (n.f.plur.) **connues**

kryptomagmatic deposit; cryptomagmatic deposit

A mineral deposit of supposed magmatic origin developed in surroundings which do not reveal its relationship to a parent intrusion.

gîte cryptomagmatique; gîte kryptomagmatique

Gîte minéral formé à l'extérieur de l'intrusion parentale et dont la relation avec cette intrusion est cachée.

kupferschiefer

A dark-colored shale worked for copper in Germany.

schiste cuprifère allemand; schiste cuprifère d'Allemagne; schiste cuprifère; kupferschiefer (n.m.inv.)

Schiste bitumineux avec concentrations locales de cuivre.

kupferschiefer-type deposit; kupferschiefer deposit

cf. kupferschiefer

gîte du type kupferschiefer

labile

Applied to rocks and minerals that are mechanically or chemically unstable.

NOTE As opposed to "stabile."

labile

Se dit de ce qui se décompose ou s'altère facilement (surtout en chimie).

NOTA Par opposition à « stabile ».

laccolith; laccolite (obs.)

A concordant, igneous intrusion which is circular or elliptical in plan. Typically a laccolith has a flat floor and a domed roof, with a postulated dikelike feeder commonly thought to be beneath its thickest point.

laccolite (n.m.); **laccolithe** (n.m.) (rare)

Intrusion de roche magmatique en grosse lentille de plusieurs kilomètres, à base sensiblement plane (en relation avec le magma sous-jacent par une cheminée nourricière), à section elliptique et à toit en forme de coupole pouvant émettre des apophyses dans les roches encaissantes.

laccolith intrusion

intrusion laccolitique; intrusion laccolithique

lacustrine deposit

A deposit formed by deposition of mineral from fresh water in lagoons, swamps, lakes.

dépôt lacustre; gisement lacustre

lacustrine environment

milieu lacustre

ladder veins; ladder lodes; ladder reefs

A series of mineral deposits in transverse, roughly parallel fractures that are perpendicular to

veines en escalier; filons en échelle; filons en gradins

Veines sensiblement parallèles et disposées transversalement par rapport à un dyke volcanique.

ladder veins (cont'd)

the walls of a dike; this pattern looks like the rungs of a ladder, hence the name.

lagoonal deposit; lagunar deposit [GBR]

gisement lagunaire; dépôt lagunaire

Gisement sédimentaire chimique en milieu lagunaire.

lagoonal environment; lagunar environment [GBR]

A quiet shallow water environment back of a reef barrier or an offshore sand bar with distinctive organisms and sedimentary conditions.

milieu lagunaire

lagunar deposit [GBR]
SEE **lagoonal deposit**

lagunar environment [GBR]
SEE **lagoonal environment**

lake-bed placer; lakebed placer

A placer accumulated in the beds of present or ancient lakes.

placer lacustre

Lake Superior-type iron formation; Lake Superior-type banded iron formation; Lake Superior-type BIF; Superior type BIF; Superior BIF

Siliceous iron formation consisting of chamosite-siderite-goethite with appreciable quantity of silica, clay, and detritus. It is commonly oolitic. Associated rocks are quartzite, dolomite, and black shale.

formation ferrifère du type du lac Supérieur

lamina
SEE **lamination**

laminated; laminate; laminar	**laminé** (adj.); **feuilleté** (adj.); **en feuillets; laminaire**
Consisting of laminae, i.e. individual stripes or bands that are extremely thin.	
lamination; lamina; straticule	**lamina** (n.f.); **lamine** (n.f.); **straticule** (n.f.); **lamination; feuillet**
The thinnest sedimentary layer, less than 1 cm in thickness. NOTE Strata thicker than 1 cm are termed "beds."	Lit de moins de 1 cm d'épaisseur. NOTA Plur. de lamina : *laminae* (conformément au latin) ou laminas (forme francisée).
lanthanides	**lanthanides** (n.m.plur.); **série du lanthane**
cf. rare-earth element	
large tonnage deposit	**gisement à tonnage important**
late deposit	**gisement tardif; gisement récent; gisement jeune**
late diagenesis Deep-seated diagenesis occurring a long time after deposition; it represents a transition between diagenesis and metamorphism. cf. diagenesis, epidiagenesis	**diagenèse tardive** Phase de transition entre la diagenèse et le métamorphisme.
late dolomitization cf. dolomitization	**dolomitisation tardive** Processus qui a lieu longtemps après la diagenèse et sans rapport avec elle; il est le plus souvent lié à la circulation d'eaux magnésiennes le long des fractures.
late-formed mineral; late magmatic mineral	**minéral tardif; minéral formé tardivement; minéral tardimagmatique**
NOTE As opposed to "early-formed mineral."	NOTA Par opposition à « minéral précoce ».

late magmatic deposit

gîte magmatique tardif; gîte tardimagmatique; gisement magmatique tardif; gisement tardimagmatique; dépôt magmatique tardif; dépôt tardimagmatique

A deposit of magmatic origin formed during the late stages of magma consolidation.

NOTE As opposed to "early magmatic deposit."

late magmatic mineral
SEE **late-formed mineral**

late magmatic solution

solution tardi-magmatique; solution tardimagmatique

late orogenic intrusion

intrusion tardi-orogénique

lateral secretion

sécrétion latérale; drainage latéral; migration latérale; migration *per lateralum*; déplacement latéral

The leaching of metallic elements from adjacent wall rocks and their redeposition in nearby openings.

Apport d'éléments métalliques nouveaux lessivés des roches encaissantes.

lateral zoning

zonalité latérale

laterite

latérite (n.f.)

A residual or end product of weathering, composed mainly of hydrated iron and aluminum oxides and hydroxides, and clay minerals. It is related to bauxites and is developed in humid, tropical settings.

Produit de l'altération superficielle de roches riches en minéraux ferromagnésiens, sous climat chaud et humide.

lateritic bauxite

bauxite latéritique

lateritic deposit

gisement latéritique; gîte latéritique; dépôt latéritique

late weathering — **altération météorique tardive; météorisation tardive**

cf. weathering

layer — **couche**[1]

Dépôt minéral qui se superpose à un autre autour du noyau d'un nodule, déterminant une configuration en pelures d'oignons. Ces couches, riches en hydroxydes de fer ou de manganèse, sont mal cristallisées.

leached zone — **zone lessivée**

The part of a lode above the water table, from which some ore has been dissolved by down-filtering meteoric or spring water.

leaching; leaching process; lixiviation — **lessivage; lixiviation**

Removal of the more soluble minerals of soil in solution.

lead (n.)
SEE **lode**[2]

lead and zinc deposit
SEE **lead-zinc deposit**

lead and zinc mine; lead-zinc mine — **mine de plomb-zinc; mine de plomb et de zinc**

lead and zinc mineral; lead-zinc mineral — **minéral plombo-zincifère; minéral de plomb et de zinc**

lead and zinc ore; lead-zinc ore — **minerai plombo-zincifère; minerai de plomb et de zinc; minerai de plomb-zinc**

lead-bearing deposit; lead deposit — **gîte plombifère; gîte de plomb; gisement plombifère; gisement de plomb; dépôt plombifère**

lead-bearing ore; lead ore — **minerai de plomb**

lead deposit; lead-bearing deposit	**gîte plombifère; gîte de plomb; gisement plombifère; gisement de plomb; dépôt plombifère**
lead district	**district plombifère**
lead isotope	**isotope du plomb**
lead mineral A mineral that contains lead, such as galena, cerussite, and anglesite.	**minéral plombifère**
lead ore; lead-bearing ore	**minerai de plomb**
lead sulfide deposit; lead sulphide deposit	**gîte sulfuré de plomb**
lead-uranium age method SEE **uranium-lead dating**	
lead vein	**filon plombifère**
lead-zinc deposit; lead and zinc deposit	**dépôt de plomb-zinc; dépôt plombo-zincifère; gisement de plomb-zinc; gisement plombo-zincifère; gîte de plomb-zinc; gîte plombo-zincifère** Exploitation d'où l'on tire le plomb et le zinc. NOTA Plomb et zinc sont indissociables dans leurs gisements, bien qu'il existe des mines essentiellement à plomb, d'autres à zinc.
lead-zinc district	**district plombo-zincifère**
lead-zinc mine; lead and zinc mine	**mine de plomb-zinc; mine de plomb et de zinc**
lead-zinc mineral; lead and zinc mineral	**minéral plombo-zincifère; minéral de plomb et de zinc**
lead-zinc ore; lead and zinc ore	**minerai plombo-zincifère; minerai de plomb et de zinc; minerai de plomb-zinc**

lead-zinc orebody — **corps minéralisé plombo-zincifère**

lead-zinc province — **province plombo-zincifère**

lead-zinc vein — **filon plombo-zincifère; filon de plomb-zinc**

lean
SEE **low-grade** (adj.)

ledge (n.) — **zone affleurante minéralisée**

A quarry exposure or natural outcrop of a mineral deposit, forming an elongate zone.

NOTE A ledge is a horizontal layer, therefore a vein or lode is not a ledge.

ledge rock [USA]
SEE **bedrock**

lens — **lentille**

An orebody thick in the middle and thin at the edges, similar to a double convex lens.

lenslike
SEE **lenticular**

lensoid
SEE **lenticular**

lensoid deposit — **gisement lenticulaire; gisement en lentille; gîte en lentille; gîte lenticulaire; dépôt lenticulaire**

lenticular; lenslike; lensoid; lentiform — **lenticulaire; en lentille(s)**

Shaped in cross section like a double convex lens.

lenticular body — **corps lenticulaire**

lenticular orebody — **corps minéralisé lenticulaire**

lenticular vein — **filon lenticulaire**

Thick lenses in schists that may be caused by the bulging of the schistose rocks due to the pressure transmitted by mineralizing solutions.

lentiform
SEE **lenticular**

leptothermal deposit — **gîte leptothermal; gisement leptothermal**

A hydrothermal mineral deposit formed at temperature and depth conditions intermediate between mesothermal and epithermal.

light mineral[1]**; light-colored mineral** — **minéral clair; minéral pâle**

A rock-forming mineral that is light in color.

NOTE As opposed to "dark mineral."

light mineral[2] — **minéral léger**

A rock-forming mineral that has a specific gravity lower than 2.8.

NOTE As opposed to "heavy mineral."

likely ground
SEE **kindly ground**

limestone host — **support calcaire**

NOTA d'une minéralisation

limestone-hosted deposit — **gisement dans les calcaires**

limnite
SEE **bog iron ore**

limonitization — **altération en limonite; limonitisation**

The process of altering to or supplying with limonite.

lineament

A linear topographic feature of regional extent that is believed to reflect crustal structure and that is studied especially on aerial photographs.

linéament

Tout alignement à l'échelle continentale, observable au sol ou par photosatellites, le terme vincula étant plutôt réservé à des alignements de petite dimension, par exemple inférieurs à 500 km.

linked veins
SEE **anastomosing veins**

liquid inclusion

Inclusion of liquid in solid crystals.

NOTE An inclusion may be fluid (i.e. gaseous or liquid) or solid.

inclusion liquide

lithification; lithifaction

The changing of unconsolidated sediment into a coherent rock. The process involves cementation of the grains.

lithification

Passage d'un sédiment meuble à l'état de roche cohérente.

lithified placer

placer lithifié

lithium-bearing

That contains lithium.

lithinifère

Qui contient du lithium.

lithofacies; lithologic(al) facies

A rock type having particular characteristics, e.g. composition and grain size.

lithofaciès; faciès lithologique

Catégorie dans laquelle on peut classer une roche, et qui est déterminée par un ou plusieurs caractères lithologiques.

lithogenetic mineral
SEE **rock-forming mineral**

lithogenic mineral
SEE **rock-forming mineral**

lithologic(al) control

contrôle lithologique

lithologic(al) environment | **milieu lithologique; environnement lithologique**

NOTE of a mineral or metalliferous deposit

lithologic(al) facies
SEE **lithofacies**

lithologic(al) guide | **guide lithologique**

In mineral exploration, a rock type known to be associated with an ore.

cf. guide, guide to ore

lithologically controlled mineralization | **minéralisation à contrôle lithologique**

lithophile element | **élément lithophile; lithophile** (n.m.)

An element that is concentrated in the silicate crust rather than in metal or sulphide minerals.

cf. chalcophile element, siderophile element

Élément géochimique présentant de fortes affinités pour la lithosphère dans laquelle il a tendance à se concentrer.

lixiviation
SEE **leaching**

local derivation (of materials) | **provenance locale** (des matériaux)

NOTE As opposed to "exotic derivation."

NOTA Par opposition à « provenance lointaine ».

lode[1] | **filière**

A miner's term for a veinlike deposit, usually metalliferous.

NOTE Lode, as used by miners, is nearly synonymous with the term vein, as employed by geologists. Initially, the term lode simply meant that formation by which the miner could be led or guided. It is an alteration of the verb lead.

cf. vein, indicator vein

Filon métallifère.

lode[2]; lead (n.)

A mineral deposit consisting of a zone of parallel veins spaced closely enough so that all of them, together with the intervening solid rock, can be mined as a unit.

NOTE "Lead" is pronounced "leed."

cf. stockwork

jeu de veines

Ensemble de veines parallèles de remplissage de fissures, où le roc qui les sépare est parfois minéralisé, de façon à former un massif continu de minerai.

NOTA Contrairement au jeu de veines, le stockwerk est constitué d'un réseau de filonnets se ramifiant dans toutes les directions.

lode[3]

Strictly speaking, a fissure in the country rock filled with mineral.

fracture filonienne

lode deposit; vein deposit

cf. lode[1], vein

gisement filonien; gîte filonien

Gisement dont les parties minéralisées sont constituées de filons.

lode gold; vein gold

or filonien

lodestuff
SEE **vein filling**

lopolith

A large, concordant, typically layered igneous intrusion, of planoconvex or lenticular shape, that is sunken in its central point owing to sagging of the underlying country rock. Lopoliths are to the basic rocks what batholiths are to the granites. The really big tonnages of magnetite occur in stratiform lopoliths.

lopolite (n.m.)

Laccolite de grandes dimensions (celui de Sudbury a 50 km x 25 km) dont le toit, au lieu d'être bombé, a tendance à être déprimé comme s'il avait fléchi.

lopolithic intrusion

intrusion lopolitique

lower grade[1]

cf. grade[1] (n.)

teneur plus faible; plus faible teneur; plus basse teneur

NOTA d'un gisement ou d'un minerai

lower grade[2]

degré inférieur; niveau inférieur; intensité moindre

cf. grade[3] (n.)

NOTA de métamorphisme

lower-grade ore

minerai à teneur plus faible; minerai à plus faible teneur

cf. grade[1] (n.)

low-grade (adj.); **lean**

pauvre; à faible teneur; à basse teneur

Said of ores that have a low content of metal or that are relatively poor in the valuable metal for which they are mined.

NOTE As opposed to "high-grade (adj.)."

cf. grade[1] (n.)

NOTA La valeur industrielle d'un minerai dépend de sa teneur en élément métallique principal, teneur très variable puisque à 30 % de fer, un minerai est pauvre et qu'à 0,2 % d'uranium le minerai est riche.

low grade[1] (n.); **low tenor**

faible teneur; teneur faible; basse teneur

NOTE As opposed to "high grade[1] (n.)."

cf. grade[1] (n.)

NOTA d'un minerai ou d'un gîte

low grade[2] (n.); **low rank**

faible intensité; faible degré

cf. grade[3] (n.)

NOTA de métamorphisme

low(-)grade deposit

gisement à faible teneur; gisement à basse teneur

low-grade metamorphic rock; low-grade metamorphosed rock; low-rank metamorphic rock; low-rank metamorphosed rock

roche faiblement métamorphisée; roche peu métamorphisée

A type of rock that is characteristic of the structural environment in which mesothermal veins are found.

low-grade metamorphism; low-rank metamorphism

léger métamorphisme; faible métamorphisme

Metamorphism that is accomplished under conditions of

low-grade metamorphism (cont'd)

low to moderate temperature and pressure.

low-grade metamorphosed rock
SEE **low-grade metamorphic rock**

low rank
SEE **low grade**[2] (n.)

low-rank metamorphic rock
SEE **low-grade metamorphic rock**

low-rank metamorphism
SEE **low-grade metamorphism**

low-rank metamorphosed rock
SEE **low-grade metamorphic rock**

low temperature mineral — **minéral de basse température**

low tenor
SEE **low grade**[1] (n.)

lump (of ore) — **bloc (de minerai); agrégat (de minerai); gros morceau (de minerai)**

lump ore; lumpy ore — **minerai en morceaux; minerai gros; minerai grossier; minerai grumeleux**

macrobanding — **macro-rubanement**

cf. banding

maculose schist
SEE **spotted schist**

mafic front
SEE **basic front**

mafic intrusion

intrusion mafique

mafic lava

lave mafique

Lave riche en magnésium et en fer, qui a fait éruption sur le fond océanique à la faveur de longs sillons parallèles.

mafic rock

An igneous rock composed chiefly of one or more ferromagnesian, dark-colored minerals.

NOTE Mafic is a mnemonic adjective derived from **ma**gnesium + **f**erric + **ic**. It is the complement of felsic.

cf. femic mineral, ferromagnesian

roche mafique

Roche magmatique contenant des minéraux riches en fer en en magnésium (minéraux fémiques).

magma differentiation
SEE **differentiation**

magmatic assimilation
SEE **assimilation**

magmatic deposit; magmatic ore deposit

A mineral deposit that originated in its present form by processes of differentiation and cooling in molten magmas.

gisement magmatique; gîte magmatique; gisement d'origine magmatique; gîte minéral magmatique

Gisement où l'évolution et la différenciation d'un magma ont suffi à provoquer la concentration métallifère.

magmatic differentiation
SEE **differentiation**

magmatic digestion
SEE **assimilation**

magmatic dissolution
SEE **assimilation**

magmatic event

manifestation magmatique; phénomène magmatique

magmatic fractionation
SEE **differentiation**

magmatic-hydrothermal fluid

fluide magmatique-hydrothermal

magmatic intrusion

An igneous rock formed by the process of injection of magma from the mantle into the shallower portion of the Earth's crust as a result of the disturbances of plate margins.

intrusion magmatique

Les principales intrusions magmatiques sont les batholites, les laccolites et les lopolites.

magmatic ore deposit
SEE **magmatic deposit**

magmatic segregation; segregation

A process of ore formation dependent upon the concentration of a particular valuable mineral (or minerals) in certain parts of a magma during its cooling and crystallization.

ségrégation magmatique; ségrégation du magma

magmatic(-)segregation deposit

An ore deposit formed by magmatic segregation.

gîte de ségrégation (magmatique)

magmatic water

Water that exists in, or is derived from, magma. Magmatic water plays a very important role in dissolving, transporting and depositing ore minerals.

cf. juvenile water

eau magmatique

Eau qui se trouve dans un magma.

magmatism

The development and movement of magma, and its solidification to igneous rock.

magmatisme

Ensemble des phénomènes liés à la formation, à la cristallisation et aux migrations des magmas, soit leur montée jusqu'à la surface, soit leur intrusion dans l'épaisseur de l'écorce.

magnesian metasomatism

métasomatose magnésienne

Processus d'altération par lequel les skarns magnésiens dériveraient des skarns calciques.

magnesian skarn

cf. skarn

skarn magnésien

magnetic anomaly

Variation of the measured magnetic pattern from a theoretical magnetic field on the Earth's surface.

anomalie magnétique

Différence entre le champ magnétique observé en une région donnée et la valeur théorique issue d'un modèle mathématique.

magnetic prospecting; magnetic method

A geophysical prospecting method which maps local variations, or anomalies, in magnetic field. Most magnetic prospecting is now carried on with airborne instruments.

prospection magnétique

Méthode de recherche qui consiste à relever des anomalies magnétiques régionales ou locales, relevés qui indiquent la présence de minéraux magnétiques.

magnetic signature

A shape of a magnetic anomaly, that can be compared usefully with known anomalies.

signature magnétique

magnetic survey

Measurement of the geomagnetic field at specific locations. It is designed to map structure on or within the basement, or to detect magnetic minerals directly.

levé (n.m.) **magnétique; lever** (n.m.) **magnétique**

Ensemble de mesures du champ magnétique terrestre prises à des points déterminés.

magnetite skarn — **skarn** (n.m.) **à magnétite**

cf. skarn

main lode
SEE **mother lode**

main vein
SEE **mother lode**

make (n.)
SEE **swell** (n.)

mammillary; mammillated; mammilated; mammillate; mammilate — **mamelonné**

Said of the shape of some mineral aggregates which form smoothly rounded masses resembling breasts or portions of sphere.

NOTE "Mammilated" describes the same formation as "reniform" (or kidney-like) but implies a larger scale, and "reniform" implies a larger-scale variety than "botryoidal."

manganese crust
SEE **manganese incrustation**

manganese deposit — **gisement de manganèse; dépôt de manganèse**

manganese incrustation; manganese crust — **croûte de manganèse**

A manganese deposit that commonly occurs on most rocks and boulders in the deep ocean.

Dépôt manganésifère sous forme de croûte qui se forme sur des roches dures et sur des élévations du fond marin.

manganese mineral — **minéral du manganèse; minéral manganésé**

manganese nodule

A concretion of iron and manganese oxides ranging in size from a few mm to 25 cm in diameter. These nodules are abundant on the sea floor of every ocean and in some temperate lakes.

cf. polymetallic nodule

nodule de manganèse; nodule de Mn; nodule manganésé

Concrétion riche en manganèse, mais pouvant contenir des quantités exploitables de nickel, cobalt et cuivre.

NOTA La désignation moderne de « nodule polymétallique » semble rendre mieux compte de la réalité.

manganese ore

Ore containing 35% or more manganese, according to the American Bureau of Mines.

NOTE Not to be confused with "manganiferous ore."

minerai de manganèse

manganese oxide; oxide of manganese

cf. manganese nodule

oxyde de manganèse

Composé essentiel des nodules de manganèse.

manganiferous ore

Ore containing less than 35% manganese but not less than 5%, according to the American Bureau of Mines.

NOTE Not to be confused with "manganese ore."

minerai manganésifère

manganiferous sediment

sédiment manganésifère

Sédiment contenant du manganèse.

mantle-derived magma

magma d'origine mantellique; magma d'origine mantélique

Magma provenant du manteau (partie de la sphère terrestre entre la surface et le noyau central).

mantle material

cf. crustal material

matériau mantellique; matériel mantellique; matériau mantélique; matériel mantélique

mantle source

origine mantellique; origine mantélique

Provenance du manteau terrestre.

manto[1]; manto deposit

A horizontal, bedded ore deposit, usually confined to a stratigraphic horizon. The larger uranium deposits form mantos hundreds of meters long, about a hundred meters wide and a few meters thick.

NOTE Etymology: Spanish, "vein, stratum."

cf. blanket-like deposit

manto[1]

Corps minéralisé de forme stratoïde habituellement limité à un horizon stratigraphique.

manto[2]

In some districts, a tubular deposit that is relatively short in the vertical dimension but extensive in the horizontal dimension.

NOTE When tubular bodies are vertical or subvertical, they are called pipes or chimneys. Mantos and pipes are often found in association, the pipes frequently acting as feeders to the mantos. Sometimes mantos pass upwards from bed to bed by way of pipe connections. The term "manto", whose literal translation is "blanket" is inappropriate in this context; however it is firmly entranched in the English geological literature. The word has been employed by some workers for flat-lying tabular orebodies, but the perfectly acceptable "flat" is available for these.

manto[2]

Dans quelques pays d'Amérique latine, désigne toute colonne ou toute masse aplatie de minerai.

manto deposit
SEE **manto[1]**

marginal deposit

gîte de ségrégations périphériques; gisement de ségrégations périphériques; dépôt marginal

A magmatic segregation deposit at the bottom and periphery of the intrusive mother rock; e.g. nickel-copper-sulfide deposits at Sudbury, Ontario, Canada.

Gîte magmatique dans lequel les concentrations minérales sont localisées en certains points à la périphérie de la roche hôtesse éruptive.

marine-derived ore

minerai d'origine marine

marine environment

milieu marin; environnement marin

An environment comprising all sea floors below the upper tidal limit.

Ensemble des mers et des domaines qu'elles occupent.

marine iron deposit

gisement de fer marin; dépôt de fer marin

marine placer

cf. placer

placer marin

Placer qui peut se rencontrer plus ou moins loin à l'intérieur du littoral actuel.

marine sedimentation

sédimentation marine

martitization

martitisation

Épigénisation en oligiste.

mass (of ore)

An irregular deposit of ore, which cannot be recognized as a vein or bed.

amas (de minerai)

Terme vague s'appliquant à toutes sortes de corps minéralisés aux contours capricieux ne pouvant se réduire à un modèle géométrique simple.

NOTA On ajoute souvent au terme amas des adjectifs comme « lenticulaire », etc.

massive deposit

gisement en amas; gisement massif; gîte en amas; dépôt massif

A mineral deposit characterized by a great concentration of ore in one place.

NOTE As opposed to "disseminated deposit."

Dépôt de forme irrégulière qui résulterait du remplacement intense ou presque complet de la roche hôtesse; dans ce dernier cas, le dépôt est constitué d'un minerai pur.

massive ore

minerai massif

NOTE As opposed to "disseminated ore."

Minerai qui peut occuper la totalité de sa roche-support.

NOTA Par opposition à « minerai disséminé ».

massive sulfide deposit
SEE **massive sulphide deposit**

massive sulfide ore; massive sulphide ore

minerai sulfuré massif

massive sulphide deposit; massive sulfide deposit

gîte de sulfures massifs; gisement de sulfures massifs; gisement sulfuré massif

Rich mass of metallic sulfide minerals.

massive sulphide ore; massive sulfide ore

minerai sulfuré massif

master lode
SEE **mother lode**

matrix
SEE **gangue**

measured ore; proved ore; developed ore; ore in sight; blocked out ore

minerai reconnu; minerai démontré; minerai à vue

Ore that has been exposed on three sides and for which tonnage and quality estimates have been made. Proved ore has been so thoroughly sampled that we can be certain of

Minerai dont le tonnage et la qualité sont estimés à partir des sondages de reconnaissance, des affleurements et des résultats détaillés d'échantillonnage.

measured ore (cont'd)

its outline, tonnage and average grade, within certain limits.

cf. inferred ore, possible ore

mechanical breakdown
SEE **mechanical weathering**

mechanical concentration deposit

gîte de concentration mécanique

A deposit of heavy minerals concentrated on the surface by water or air.

mechanical sediment
SEE **clastic sediment**

mechanical weathering; mechanical breakdown; disintegration; disaggregation; physical weathering

désintégration mécanique; désagrégation mécanique; destruction mécanique

The *in situ* breakdown of rocks and minerals into smaller and smaller fragments, by a set of mechanical means that do not involve any chemical alteration.

Destruction des roches soumises à l'action mécanique des agents naturels (glace, eau, vent), qui les débitent en blocs plus ou moins gros, puis en fragments, et parfois en grains formés d'un ou de plusieurs cristaux, ce qui suffit à libérer des métaux natifs.

medium-grade metamorphosed rock; medium-grade metamorphic rock

roche à degré moyen de métamorphisme; roche moyennement métamorphisée

melt (n.)

liquide de fusion; phase fondue

Liquid part of silicate magma.

mercury-bearing; mercuriferous

mercurifère

That contains mercury.

Se dit d'un minerai contenant du mercure.

mercury deposit; Hg deposit

gîte mercurifère

mercury ore

minerai de mercure

mesothermal deposit; mesothermal ore deposit; mesothermal mineral deposit

A hydrothermal mineral deposit formed at moderate pressure by hot, ascending solutions at about 200-300°C.

gîte mésothermal; gisement mésothermal; dépôt mésothermal

Gisement hydrothermal qui a été formé par des solutions ascendantes à moindre profondeur et à moindre température qu'un gisement hypothermal.

mesothermal lode
SEE **mesothermal vein**

mesothermal mineral deposit
SEE **mesothermal deposit**

mesothermal ore deposit
SEE **mesothermal deposit**

mesothermal vein; mesothermal lode

filon mésothermal

Filon formé entre 200 et 300 °C.

mesothermal vein deposit

gisement filonien mésothermal; gîte filonien mésothermal; dépôt filonien mésothermal

metaconglomerate; metamorphosed conglomerate

conglomérat métamorphisé

metal

A chemical element, such as iron, gold, and aluminum, that has a characteristic luster, is a good conductor of heat and electricity, is malleable and ductile, and is generally heavier than other elemental substances.

métal

Élément chimique caractérisé par un éclat métallique, une malléabilité prononcée, un poids spécifique élevé et qui, de plus, est un excellent conducteur.

metal-bearing
SEE **metalliferous**

metal-bearing brine
SEE **metalliferous brine**

metal-bearing deposit
SEE **metalliferous deposit**

metal-bearing fluid; metalliferous fluid — **fluide métallifère**

metal-bearing ore
SEE **metalliferous ore**

metal-bearing solution; metalliferous solution — **solution métallifère**

metal deposit; metallic deposit — **gîte métallique; gisement métallique**

metal iron
SEE **metallic iron**

metalization
SEE **metallization**

metal lead
SEE **metallic lead**

metallic deposit; metal deposit — **gîte métallique; gisement métallique**

metallic element — **élément métallique**

metallic iron; metal iron — **fer métal; fer métallique**

NOTE As distinguished from "iron ore."

Fer sous sa forme métallique.

metallic lead; metal lead — **plomb métal; plomb métallique**

Plomb sous sa forme métallique.

metallic luster; metallic lustre [GBR] — **éclat métallique**

The ordinary luster of metals.

Éclat d'un minéral dont le pouvoir réflecteur est élevé.

metallic mineral — **minéral métallique**

A mineral having the luster of a metal, a high specific gravity, and good conducting properties.

Minéral ayant l'éclat métallique et les autres caractéristiques des métaux.

metallic ore

A metalliferous mineral from which the metals can be advantageously extracted.

minerai métallique

Tout minéral, ou toute association minérale, susceptible d'être exploité(e) pour l'obtention d'un ou plusieurs métaux.

metallic oxide; metal oxide

An oxide consisting of a metallic element and oxygen.

oxyde métallique

metallic salt

sel métallique

metallic sulphide; metal sulphide; metallic sulfide; metal sulfide

A sulphide in which the basic radical is a metal; e.g. iron sulphide, zinc sulphide, etc.

sulfure métallique

metallic vein

filon métallique

metalliferous; metal-bearing

That yields or produces metals workable by metallurgical processes.

métallifère

Qui contient un métal, ou plusieurs, en proportions supérieures à la normale.

metalliferous brine; metal-bearing brine

A brine, trapped in deeply buried formations; it is an important component in the genesis of sedimentary or sediment-hosted copper deposits.

saumure métallifère

metalliferous deposit; metal-bearing deposit

A mineral deposit that contains or yields ore minerals containing one or more metals.

cf. deposit

gîte métallifère; gisement métallifère; dépôt métallifère

Gîte contenant des minéraux qui se prêtent à l'extraction d'un ou de plusieurs métaux.

metalliferous district

district métallifère

Ensemble de tous les dépôts filoniens dans ou autour d'un même massif granitique.

metalliferous fluid; metal-bearing fluid

fluide métallifère

metalliferous mineral

Ore mineral containing one or more metals.

minéral métallifère

Minéral qui se prête à l'extraction d'un ou de plusieurs métaux.

NOTA Ne pas confondre avec « minéral métallique », terme qu'il vaut mieux réserver pour désigner un minéral qui a l'éclat métallique, car certains minéraux métallifères n'ont pas cet éclat.

metalliferous mud

boues métallifères

Type de gisement minéral sous-marin.

metalliferous ore; metal-bearing ore

Ore that yields or produces metals.

minerai métallifère

Ensemble constitué par la gangue et les minéraux contenant les métaux exploités.

metalliferous sediment

sédiment métallifère

metalliferous solution; metal-bearing solution

solution métallifère

metalliferous vein

A vein containing, among other minerals, the ores of metals.

filon métallifère; veine métallifère

metallization; metalization

The introduction of valuable metals into pre-existing rocks, whether by veins, replacement, or in a disseminated fashion.

métallisation

Processus naturel par lequel les dépôts géologiques ont été imprégnés de substances métalliques.

metallogenesis

The process of formation of metalliferous deposits.

métallogenèse

Formation des gîtes métallifères.

metallogenetic; metallogenic	**métallogénique; métallogénétique**
Relating to the origin of metalliferous deposits.	Relatif à la métallogénie.
metallogenetic epoch SEE **metallogenic epoch**	
metallogenetic province SEE **metallogenic province**	
metallogenic SEE **metallogenetic**	
metallogenic belt	**ceinture métallogénique; zone métallogénique**
metallogenic classification	**classification métallogénique**
metallogenic cycle	**cycle métallogénique**
metallogenic data	**données** (n.f.plur.) **métallogéniques**
metallogenic epoch; metallogenetic epoch	**époque métallogénique**
The time interval favorable for the genesis or deposition of certain useful metals.	Époque géologique qui s'avéra particulièrement favorable à la métallogenèse.
metallogenic event	**phénomène métallogénétique; manifestation métallogénique**
metallogenic guide	**indicateur métallogénique**
metallogenic map	**carte métallogénique**
A map on which is shown the distribution of particular assemblages or provinces of metalliferous deposits and their relationship to such geological features as tectonic trends and petrographic types.	Carte sur laquelle sont portés les différents indices, gisements et exploitations métallifères.
cf. mineral deposit map	
metallogenic process	**processus métallogénique**

metallogenic province; metallogenetic province

A large area of the Earth's surface characterized by an unusual abundance of a particular metal.

province métallogénique

Région du globe où une évolution géologique déterminée a favorisé un certain type de gisements métallifères.

metallogenic study

étude métallogénique

metallogenic zoning; metallogenic zonation

cf. zoning[2]

zonalité métallogénique

metallogenist

A specialist in metallogeny.

métallogéniste (n.é.)

Spécialiste de l'étude de la formation des gîtes métallifères.

metallogeny

The branch of geology that deals with the origin of metalliferous deposits.

NOTE The term has been used by many authors for both metallic and nonmetallic mineral deposits.

cf. gitology

métallogénie; science métallogénique

Science des gîtes métallifères qui se donne pour objet ultime la compréhension de la genèse des concentrations métallifères.

NOTA Plusieurs auteurs étendent le sens de « métallogénie » aux gîtes minéraux en général. Le terme « gîtologie » serait mieux indiqué dans ce cas.

metallotect

In metallogenic studies, any geological feature (tectonic, lithologic, geochemical, etc.) considered to have influenced the concentration of elements to form mineral deposits.

métallotecte (n.m.)

Tout objet géologique lié à la tectonique, au magmatisme, au métamorphisme, à la géochimie, etc., qui favorise l'édification d'un gisement ou d'une concentration minérale. Il existe des métallotectes positifs (ou favorables à la mise en place d'un gisement) et des métallotectes négatifs (qui ne le sont pas).

metallotectic distance

distance métallotectique

Distance entre l'objet géologique, favorable ou défavorable, et la minéralisation.

metallotectic value

valeur métallotectique

metallurgical grade

qualité métallurgique

metallurgical-grade chromite

chromite métallurgique; chromite de qualité métallurgique

Chromium-rich chromite (i.e. Cr/Fe higher than 2.8) that is required for the production of ferrochrome.

metal oxide
SEE **metallic oxide**

metal precipitation

précipitation des métaux

metal sulphide
SEE **metallic sulphide**

metal zoning

zonalité métallique

metamictization

The process of disruption of the structure of a crystal by radiations from contained radioactive atoms, rendering the material partly or wholly amorphous.

métamictisation

Passage d'un cristal à l'état métamicte.

metamict mineral

A mineral, the crystal structure of which has been disrupted as a result of radiation damage from contained radioactive atoms.

minéral métamicte

Minéral dont le réseau cristallin a été déformé ou partiellement détruit par suite de la libération d'atomes d'hélium ou du recul des noyaux radioactifs.

metamorphic aureole

The zone of altered rocks surrounding an igneous intrusion; it may contain material derived from the igneous mass resulting in the formation of valuable ore deposits.

auréole de métamorphisme; auréole métamorphique

metamorphic deposit — **gisement métamorphique; gîte métamorphique**

A mineral deposit that has undergone change from being subjected to great pressure, high temperature, and chemical alteration by solutions. It has become warped, twisted, and folded, and the original minerals are rearranged and recrystallized.

metamorphic differentiation — **différenciation métamorphique**

Segregation of certain minerals from an initially uniform parent rock during metamorphism. The contrasting mineralogy forms lenses and bands.

metamorphic domain — **domaine du métamorphisme**

metamorphic facies; mineral facies; densofacies — **faciès métamorphique; faciès de métamorphisme; faciès minéral; faciès minéralogique**

All the rocks of any chemical composition and varying mineralogical composition that have reached chemical equilibrium during metamorphism.

Toutes les roches métamorphiques qui ont recristallisé dans les mêmes conditions physiques quelle que soit leur origine ou leur composition chimique.

NOTE The term "densofacies" was used by Yassoevich (1948) for metamorphic facies.

metamorphic fluid — **fluide métamorphique**

metamorphic grade; metamorphic rank; grade of metamorphism; rank of metamorphism — **intensité du métamorphisme; degré d'intensité du métamorphisme; degré de métamorphisme; niveau de métamorphisme**

A measure of the relative intensity of metamorphism.

metamorphic-hosted deposit — **gisement dans les terrains métamorphiques; gisement dans les séries métamorphiques**

metamorphic host rock cf. host rock	**roche(-)hôtesse métamorphique**
metamorphic mineral	**minéral de métamorphisme; minéral du métamorphisme**
A mineral formed by changes induced in rocks by the action of pressure, heat, and sometimes migrating solutions.	
metamorphic mobilization cf. mobilization	**mobilisation métamorphique**
metamorphic rank SEE **metamorphic grade**	
metamorphic recrystallization	**recristallisation métamorphique**
metamorphic water	**eau de métamorphisme; eau métamorphique**
Water driven out of rocks by the process of metamorphism.	Eau expulsée des roches au cours du métamorphisme.
metamorphic zoning	**zonation du métamorphisme; zonéographie métamorphique**
	Système dans lequel se succèdent trois zones de plus en plus profondes, précédées par l'anchizone, intermédiaire entre diagenèse et métamorphisme. Ce sont l'épizone, la mésozone et la catazone.
metamorphosed	**métamorphisé**
	Se dit d'une roche et d'un minerai qui ont été transformés par métamorphisme.
metamorphosed conglomerate; metaconglomerate	**conglomérat métamorphisé**
metamorphosed deposit	**gisement métamorphisé**
	Gisement d'origine sédimentaire, volcano-sédimentaire ou

metamorphosed deposit (cont'd)

volcanique dont les éléments métalliques ont été concentrés par l'effet du métamorphisme général.

metamorphosed placer — **placer métamorphisé**

metasomatic — **métasomatique**

Pertaining to the process of metasomatism. The term is esp. used in connection with the origin of ore deposits.

Se dit de ce qui est lié à la métasomatose.

metasomatic deposit — **gîte métasomatique; gisement métasomatique; gisement par métasomatose**

An ore deposit formed as the result of partial to complete replacement of a pre-existing rock by circulating waters or solutions; original minerals are changed atom by atom into new mineral substances.

cf. replacement deposit

Gîte qui résulte de la transformation chimique et minéralogique d'une roche par suite d'un apport sous forme de solutions ou de gaz émanant de la masse d'intrusion.

metasomatic fluid — **fluide métasomatique**

metasomatic mineral — **minéral métasomatique**

metasomatic process
SEE **metasomatism**

metasomatic replacement — **substitution métasomatique; remplacement métasomatique**

metasomatic rock
SEE **metasomatite**

metasomatic vein — **filon métasomatique**

metasomatised rock — **roche métasomatisée**

metasomatism; metasomatic process — **métasomatose**

In mineral deposits, the replacement process of one mineral by another of partly or wholly different chemical composition. The resulting deposit is generally of equal volume.

cf. replacement

Processus par lequel s'opère, à l'état solide et sans modification de volume, la transformation chimique et minéralogique d'une roche.

metasomatite; metasomatic rock — **roche métasomatique**

A rock whose chemical composition has been substantially changed by the metasomatic alteration of its original constituents.

metasome; guest; hosted mineral — **métasome; minéral inclus; minéral invité; invité** (n.m.)

A mineral developed within another mineral.

NOTE As opposed to "host mineral."

metastable mineral — **minéral métastable**

A mineral that is apparently stable.

meteoric water — **eau météorique**

Water derived from rain, water courses and other bodies of water and which penetrates the rocks from above.

migrating brine; circulating brine — **saumure en migration; saumure circulante**

cf. brine

migrating mineral — **minéral migrateur**

migration of minerals — **migration des minéraux**

The geochemical displacement of the mobile constituents of a rock.

mimetic structure; inherited structure

The original structure of the country rock that has been preserved after its replacement by ore, or after metamorphic recrystallization.

structure relique

Caractère structural primaire de la roche encaissante, qui a été conservé après son remplacement par le minerai ou après la recristallisation métamorphique.

minable
SEE **mineable**

minable deposit
SEE **mineable deposit**

minable metal
SEE **mineable metal**

minable ore
SEE **mineable ore**

mineability

exploitabilité

Caractère de ce qui est susceptible d'être exploité avec profit.

mineable; minable; workable

Applied to an ore deposit capable of being mined, under present day technology and economics.

exploitable; susceptible d'être exploité

Se dit de ce qui peut être exploité avec profit.

mineable deposit; minable deposit; workable deposit

gisement exploitable; gîte exploitable; dépôt exploitable

Gîte connu duquel on peut extraire une richesse minérale à un coût suffisamment attrayant.

mineable metal; minable metal

métal exploitable; métal susceptible d'être exploité

Métal dont la teneur dans la roche est généralement plus forte que sa teneur moyenne dans l'écorce terrestre (ou clarke).

mineable ore; minable ore; workable ore; exploitable ore — **minerai exploitable**

Minerai dont le prix de revient est inférieur au prix de vente.

mined deposit — **gisement exploité; gîte exploité**

mined ore; worked ore — **minerai exploité**

mined out; worked out; exhausted; depleted — **épuisé**

Said of an ore deposit from which all useful mineral has been taken.

mineral (n.) — **minéral** (n.m.)

A naturally occurring substance that has a characteristic chemical formula and usually an ordered atomic arrangement (crystal structure).

Composé chimique naturel se présentant le plus souvent sous forme de solide cristallin. Chaque minéral est un composé unique et non un mélange.

mineral assemblage; mineral association — **assemblage de minéraux; assemblage minéral; association minéralogique; association minérale; association de minéraux**

The minerals that compose a rock.

NOTE The term "mineral assemblage" applies more specifically to an igneous or metamorphic rock, whereas "mineral association" applies to a sedimentary rock.

cf. paragenesis

mineral-bearing fluid — **fluide minéralisé**

mineral-bearing solution — **solution minéralisée**

mineral belt — **ceinture minérale**

An elongated region of extensive mineralization, possibly of commercial value.

mineral concentration

concentration minérale

mineral deposit

Any mass of naturally occurring mineral material (metal ores or nonmetallic minerals) usually of economic value.

cf. mineral occurrence, ore deposit

gisement minéral; gîte minéral

Toute concentration naturelle de substances minérales utiles (minerais) dont la teneur et le cubage sont tels qu'on puisse en envisager l'exploitation.

NOTA Les gîtes minéraux incluent d'ordinaire les gîtes métallifères, les gîtes non métallifères et les combustibles minéraux (charbon, pétrole, gaz naturel).

mineral deposition

dépôt de minéraux

Processus qui préside à la formation des gîtes minéraux.

mineral deposit map

carte des gîtes minéraux

Carte indiquant les gisements minéraux, exploités ou non, avec mention éventuelle des indices, et fondée essentiellement sur des données d'observation, en écartant au maximum les interprétations.

mineral exploration

prospection minérale; exploration minérale

Recherche des gîtes minéraux.

mineral exploration guide
SEE **exploration guide**

mineral facies
SEE **metamorphic facies**

mineral fuel

A carbonaceous fuel, such as coal or petroleum, which belongs to the mineral kingdom but is noncrystalline and not necessarily formed by inorganic processes.

combustible minéral

Combustible extrait de formations rocheuses, mais ne constituant pas un minéral en soi. Les principaux combustibles minéraux sont la houille, le pétrole et le gaz naturel.

mineral habit
SEE **habit**

mineralisation[GBR]
SEE **mineralization**[1]

mineralisation [GBR]
SEE **mineralization**[2]

mineralise [GBR]
SEE **mineralize**

mineralised boulder [GBR]; **mineralized boulder** — **bloc morainique minéralisé; bloc minéralisé**

cf. boulder prospecting

mineralised breccia [GBR]; **ore-hosting breccia; mineralized breccia** — **brèche minéralisée**

mineralised conglomerate [GBR]; **mineralized conglomerate** — **conglomérat minéralisé**

mineralised deposit [GBR]; **mineralized deposit** — **dépôt minéralisé**

mineralised district [GBR]; **mineralized district** — **district minéralisé**

cf. district, mining district

mineralised horizon [GBR]; **mineralized horizon** — **horizon minéralisé**

mineralised outcrop [GBR]; **mineralized outcrop** — **affleurement minéralisé**

cf. outcrop, ledge (n.)

mineralised zone [GBR]
SEE **mineralized zone**

mineralization[1]; **mineralisation** [GBR] — **minéralisation**[1]

The introduction of valuable ore minerals and gangue minerals into

Processus naturel par lequel les dépôts géologiques ont été

mineralization[1] (cont'd)

pre-existing rocks, whether by veins, replacement, or in a disseminated fashion.

imprégnés de substances minérales.

mineralization[2]**; mineralisation** [GBR]

minéralisation[2]**; amas minéralisé**

The result of the mineralization process.

Concentration locale de substances minérales ou métalliques par agrégation ou substitution à un substrat existant.

mineralize; mineralise [GBR]

minéraliser

To convert to a mineral substance or to impregnate with mineral material.

mineralized boulder; mineralised boulder [GBR]

bloc morainique minéralisé; bloc minéralisé

cf. boulder prospecting

mineralized breccia; mineralised breccia [GBR]**; ore-hosting breccia**

brèche minéralisée

mineralized conglomerate; mineralised conglomerate [GBR]

conglomérat minéralisé

mineralized deposit; mineralised deposit [GBR]

dépôt minéralisé

mineralized district; mineralised district [GBR]

district minéralisé

cf. district, mining district

mineralized horizon; mineralised horizon [GBR]

horizon minéralisé

mineralized outcrop; mineralised outcrop [GBR]

affleurement minéralisé

cf. outcrop, ledge (n.)

mineralized zone; mineralised zone [GBR]

A mineral-bearing belt or area extending across or through a district.

zone minéralisée[1]

mineralizer; mineralizing agent

A substance (gas or fluid) that dissolves, receives by fractionation, transports, and precipitates ore minerals.

minéralisateur (n.m.); **agent minéralisateur; vecteur de minéralisation; substance minéralisante**

Corps qui favorise la formation des minéraux. L'eau joue un rôle essentiel comme minéralisateur et agent de transport d'éléments.

mineralizing event

phénomène minéralisateur; phénomène minéralisant

mineralizing fault

faille minéralisatrice

mineralizing fluid; ore-forming fluid; ore fluid

A liquid or gas that gives rise to mineralization.

fluide minéralisateur; fluide minéralisant

Fluide profond qui migre à travers la roche encaissante, provoquant son altération.

mineralizing solution; ore-forming solution; ore solution

solution minéralisatrice; solution minéralisante

Eaux souterraines qui pénètrent les roches solubles et percolent vers le bas par gravité ou vers le haut à la faveur de fissures, concourant ainsi à la formation de minerais.

mineral neoformation; mineral neogenesis

cf. neogenesis

néoformation de minéraux; néoformation minérale; néogenèse de minéraux; néogenèse minérale

mineral occurrence

A valuable mineral found in sufficient concentration to suggest further exploration.

cf. mineral deposit, occurrence

venue minérale; venue minéralisée; occurrence minéralisée; occurrence minérale

Amas minéralisé d'envergure beaucoup moindre que le gîte minéral. La venue sert d'indice de la présence d'un gisement susceptible d'avoir une valeur commerciale.

mineralogic(al) composition

The makeup of a rock in terms of the species and number of minerals present.

composition minéralogique; constitution minéralogique

Nature des minéraux principaux qui se rencontrent dans une roche.

mineralogic(al) guide

A mineral which is present near an orebody and which is related to the process of deposition.

guide minéralogique

Minéral, observable surtout en surface, dont la présence peut mettre en évidence un corps minéralisé.

mineralogical zonation; mineralogical zoning; mineral zoning; mineral zonation

The zonal arrangement of mineral deposits outward from an igneous center, with the high-temperature minerals nearest the source and the low-temperature minerals farther out.

zonalité minéralogique; zonalité minérale

mineralogical zone

zone minéralogique

mineralogical zoning
SEE **mineralogical zonation**

mineralogy

The study of minerals: formation, occurrence, properties, composition, and classification.

minéralogie

Étude des minéraux.

NOTA La métallogénie ne constitue qu'une section de la minéralogie.

mineral province | **province minéralogique; province minérale**

A region in which the source, age, and regional distribution of a complex of minerals in a sediment are unified.

mineral resources (n.pl.) | **ressources** (n.f.plur.) **minérales**

mineral sequence
SEE **paragenetic sequence**

mineral species | **espèce minérale**

A substance produced by processes of inorganic nature, having a chemical composition, crystal structure, and physical properties which are constant within narrow limits.

mineral spring deposit | **dépôt de source minérale**

mineral vein | **filon minéral; filon minéralisé**[2]

A fracture, fissure or crack in a rock which was subsequently lined or loaded with minerals.

mineral zonation
SEE **mineralogical zonation**

mineral zoning
SEE **mineralogical zonation**

minerogenesis | **minérogenèse**

The origin and growth of minerals or mineral deposits.

Formation des gîtes minéraux.

minerogenic; minerogenetic | **minérogénique; minérogénétique**

Relating to the origin of mineral deposits.

cf. metallogenetic

Relatif à la minérogenèse.

minette ironstone; minette ore

Jurassic ironstone of the Briey Basin and Lorraine, France.

minette (n.f.)

Minerai de fer d'Alsace-Lorraine dans lequel la limonite est le minéral dominant.

mining camp
SEE **camp**

mining district

district minier

mining field

gisement minier

mining geology

The study of the geologic aspects of mineral deposits, with particular regard to problems associated with mining.

géologie minière

mining town
SEE **camp**

Mississippi Valley-type deposit; MVT deposit

A strata-bound deposit of lead and zinc minerals in carbonate rocks.

gisement du type Mississippi Valley; gîte de type Mississippi Valley; gisement de la vallée du Mississippi

Gîte stratiforme de plomb-zinc localisé dans des formations carbonatées de couverture.

mixed-layer clay mineral; mixed-layer mineral

A mineral whose structure consists of alternating layers of clay mineral and/or mica minerals.

minéral argileux interstratifié; minéral interstratifié; interstratifié (n.m.)

Minéral formé par l'alternance plus ou moins régulière de feuillets de natures différentes.

mobilization

A process that redistributes and concentrates the valuable constituents of a rock into an actual or potential ore deposit.

mobilisation (des minéraux)

monometallic deposit

A deposit consisting of but one metal.

gîte monométallique; gîte unimétallique

monomineralic; monomineralic

monominéral (adj.); **uniminéral** (adj.)

Said of a rock composed of one mineral type only.

NOTE As opposed to "polymineralic."

Se dit d'une roche constituée d'un seul minéral essentiel.

mononodule

mononodule

Nodule qui se forme autour d'un seul noyau, par opposition au polynodule qui comporte plusieurs noyaux.

monosiallitization

NOTE As opposed to "bisiallitization."

monosiallitisation

Altération caractéristique des zones tropicales subhumides et consistant en une hydrolyse partielle où la concentration en SiO_2 du milieu éluvial devient si faible qu'elle ne permet que la cristallisation de kaolinite ou halloysite, dont la charge est nulle électriquement.

morphologic control; physiographic control

contrôle morphologique; contrôle physiographique

morphologic guide; physiographic guide

guide morphologique; guide physiographique

mother lode; master lode; main lode; main vein

The principal lode or vein passing through a district or particular section of country.

filon principal; filon(-)mère; filon source

Filon duquel émanent d'autres filons secondaires exploitables.

Mother Lode of California

The great quartz vein in California, traced by its outcrop for 80 miles from Mariposa to Amador.

Mother Lode (n.m.) **de Californie; Filon mère de Californie**

Système filonien de quartz aurifère de la Sierra Nevada où les veines épaisses de quelques millimètres à plusieurs mètres ont été suivies sur près de 200 km.

mother rock
SEE **parent rock**

multispectral imagery; multispectral imaging

The images obtained from a multispectral scanner. Since different materials reflect differing amounts of light at differing wavelengths, they can be identified by their characteristic spectral signatures.

imagerie multispectrale

muscovitization

The process of changing a mineral or rock into muscovite.

muscovitisation

Altération d'une roche ou d'un minéral en muscovite.

MVT deposit
SEE **Mississippi Valley-type deposit**

mylonitization; mylonization

The process by which mylonites are formed.

mylonitisation

Processus d'écrasement et de broyage de roches qui est lié à des phénomènes tectoniques et qui conduit à la formation de mylonites.

mylonitized; mylonized

mylonitisé

mylonization
SEE **mylonitization**

mylonized; mylonitized

mylonitisé

Na metasomatism; sodic metasomatism; sodium metasomatism; soda metasomatism

métasomatose sodique

native element

Any element (nonmetal, semimetal or metal) found uncombined in a nongaseous state in nature.

élément natif

Élément chimique que l'on trouve dans la nature à l'état libre, non combiné avec d'autres éléments. Certains de ces éléments (or, argent, cuivre, diamant, soufre, etc.) ont une grande importance économique.

native metal

A metallic native element.

métal natif; métal vierge

Métal existant dans le sol à l'état non combiné.

native state

état natif

natural brine
SEE **brine**

natural occurrence

occurrence naturelle; venue naturelle

near-surface deposit; suboutcropping deposit

gisement subaffleurant; gîte de subsurface; gîte subaffleurant

near-surface mineralization; suboutcropping mineralization

minéralisation subaffleurante

near-vertical; subvertical

subvertical

Presque vertical.

neck
SEE **chimney**

needlelike
SEE **acicular**

needle-shaped
SEE **acicular**

negative anomaly

A local deficiency of mass, at a point on the crust, as compared with the average distribution of the mass.

NOTE As opposed to "positive anomaly."

anomalie négative

negative gravity anomaly

anomalie de gravité négative; anomalie négative de gravité; anomalie négative de la pesanteur

negative isostatic anomaly

anomalie isostatique négative

negative magnetic anomaly

cf. magnetic anomaly

anomalie magnétique négative

negative metallotect

cf. metallotect

métallotecte négatif

neoblast

A grain that is of more recent formation than other grains of the same or other mineral species in the rock. Some neoblasts consist of introduced material; others represent late-stage recrystallization of original rock components.

néoblaste (n.m.)

Grain minéral de néoformation.

neogenesis; neoformation

The formation of new minerals, as by diagenesis or metamorphism.

néogenèse; néoformation

Constitution de nouveaux minéraux à partir d'éléments en solution, surtout dans le milieu marin et dans certains sols tropicaux.

neogenic mineral

A newly formed mineral.

minéral néoformé; minéral de néoformation

Minéral ayant pris naissance dans une roche déjà constituée. Dans les roches sédimentaires, les minéraux néoformés s'opposent aux minéraux hérités (apportés par la minéralisation) et aux minéraux formés lors de la diagenèse.

neomineralization

The formation of a new mineral or minerals from pre-existing minerals during metamorphism.

minéralisation néoformée

neosome

A geometric element of a mineral deposit or composite rock, appearing to be younger than the main rock mass (or paleosome).

néosome (n.m.)

Partie néoformée d'un ensemble rocheux.

NOTA Par opposition à « paléosome ».

nest (of ore)
SEE **ore pocket**

network deposit
SEE **stockwork**

nickel-bearing
SEE **nickeliferous**

nickel-cobalt vein

veine nickélo-cobaltifère; filon de nickel-cobalt

nickel-copper deposit; Ni-Cu deposit; copper-nickel deposit; Cu-Ni deposit

gisement de nickel-cuivre; gîte de nickel-cuivre; gisement de Cu-Ni; gîte cupro-nickélifère; gisement de cupronickel

nickel deposit; nickeliferous deposit

gîte de nickel; gîte nickélifère; gisement de nickel; gisement nickélifère; dépôt de nickel; dépôt nickélifère

nickel field

district nickélifère

nickeliferous; nickel-bearing

Containing nickel.

nickélifère

Qui contient du nickel.

nickeliferous deposit; nickel deposit

gîte de nickel; gîte nickélifère; gisement de nickel; gisement nickélifère; dépôt de nickel; dépôt nickélifère

nickel ore

minerai de nickel

Ni-Cu deposit; copper-nickel deposit; Cu-Ni deposit; nickel-copper deposit

gisement de nickel-cuivre; gîte de nickel-cuivre; gisement de Cu-Ni; gîte cupro-nickélifère; gisement de cupronickel

nip (n.) (spec.)

A pinch or thinning of a coal seam, particularly as a result of tectonic movements.

cf. pinch

resserrement (gén.); **étranglement** (gén.); **étreinte** (gén.)

Partie resserrée d'une couche ou d'un filon.

NOTA Les trois équivalents français ne sont pas réservés exclusivement aux couches de charbon.

noble metal

A metal that has a high economic value or that is superior in certain desired properties, e.g. gold, silver, or platinum.

NOTE As opposed to "base metal."

métal noble

Métal, comme l'or ou le platine, que l'on croyait incapable de se combiner avec l'oxygène.

NOTA Par opposition à « métal commun » ou « métal usuel ».

nodular

Occurring in the form of nodules, or composed of nodules.

noduleux

nodule

A small, hard, and irregular, rounded, or tuberous body of a mineral or mineral aggregate, usually exhibiting a contrasting composition from the enclosing sediment or rock matrix in which it is embedded.

NOTE The terms "nodule" and "concretion" are often used synonymously, nodule being preferred for more rounded bodies.

cf. concretion, manganese nodule

nodule

Masse globuleuse, centimétrique à décimétrique, se différenciant par sa composition et sa structure du reste de la roche qui la contient.

NOTA On appelle « miche » un nodule de grande taille (quelques décimètres).

nodule concentration

concentration de nodules

nodule field

champ de nodules

Zone de fond océanique présentant une concentration importante de nodules polymétalliques susceptible d'être exploitée avec profit.

non-bessemer; non-Bessemer Said of ores that contain up to about 0.18 percent phosphorus.	**non Bessemer**
nonconformable deposit	**gîte non concordant**
nonconformably; unconformably	**en discordance**
noneconomic	**non rentable**
nonmetal A chemical element that does not exhibit the typical metallic properties, such as high luster, conductivity, opaqueness, and ductility.	**non-métal; métalloïde** Élément chimique non métallique.
nonmetallics; nonmetallic minerals Minerals (such as diamond, coals, bitumen, boron, sulphur, etc.) that lack the properties of the metallic minerals.	**minéraux non métalliques**
nonmetalliferous deposit	**gisement non métallifère**
non-ore; non-ore-bearing	**sans minerais** Se dit d'une formation dépourvue de corps minéralisés exploitables.
nonstratiform deposit	**gisement non stratiforme**
nucleation; nucleus formation Formation of an embryonic crystal which is followed by the growth of a nucleus to crystal dimensions.	**nucléation; germination** Première phase de la recristallisation.
nucleus[1]; core	**noyau[2]; nucléus; germe[1]; coeur** Élément de base des nodules polymétalliques autour duquel s'agrègent les couches minérales. Il peut être de nature très variée : grain de sable, fragment de basalte, dent de poisson, etc.

nucleus[1] (cont'd)

NOTA La forme plurielle de nucléus est nucléi.

nucleus[2]

The earliest structurally stable particle capable of initiating a transformation in a lattice with which it has an interface.

cf. nucleation

germe[2]**; centre de croissance**

Particule élémentaire qui permet d'amorcer la recristallisation.

nucleus formation
SEE **nucleation**

nugget

A large lump of native metal, such as gold, silver, platinum, copper, etc.

cf. gold nugget

pépite

Gros morceau de métal natif.

nuggety

Resembling a nugget or occurring in nuggets.

pépitique

oblique bedding
SEE **crossbedding**

oblique lamination
SEE **cross-lamination**

occurrence

The existence or presence of any phenomenon in any specific relation to other objects or phenomena, as the occurrence of gold in a vein.

cf. mineral occurrence

occurrence; venue

Existence, en un lieu donné, de tel ou tel minéral ou roche, par exemple une occurrence de cassitérite ou une venue métallifère.

offset deposit; offset (n.); **offset dike**

A magmatic segregation deposit, formed partly by magmatic segregation and partly by hydrothermal solution, which was injected into the country rock at a moderate or small distance from the mother rock. The term refers esp. to dikelike bodies of nickel-copper-sulphide of this kind at Sudbury, Ontario.

dépôt rejeton; rejeton

Type de dépôt, caractéristique de la région de Sudbury (Ontario), qui prend la forme d'une apophyse pénétrant dans les formations du mur et s'éloignant à plusieurs kilomètres du gîte originel auquel il sert de prolongement.

offshoot
SEE **spur** (n.)

ooid
SEE **oolith**

oolite
SEE **oolitic limestone**

oolith; oölith; ooid

A round or ovate accretionary body resembling a fish roe, and having diameters of 0.25 to 2 mm. It is usually formed of calcium carbonate, but may be of dolomite, silica, iron, etc., in successive concentric layers, commonly around a nucleus (shell fragment, algal pellet, or quartz-sand grain).

oolithe (n.f.)**; oolite** (n.f.)

Petite concrétion sphérique de la taille d'un oeuf de poisson, formée de couches concentriques déposées autour d'un nucléus (débris minéral ou biologique).

oolitic iron deposit; oölitic iron deposit

A deposit containing iron made up of ooliths.

gîte de fer oolithique; gisement de fer oolithique; dépôt de fer oolithique

Gîte où le minerai de fer est représenté par des couches à oolithes ferrugineuses.

NOTA On écrit aussi « oolitique».

oolitic iron ore

minerai de fer oolithique; minerai de fer oolitique

oolitic limestone; oolite

calcaire oolithique; calcaire oolitique

Limestone consisting largely of ooliths.

Calcaire constitué d'oolithes enrobées dans un ciment cryptocristallin.

oolitic ore

minerai oolithique; minerai oolitique

opaque mineral

minéral opaque

In transmitted-light microscopy, a mineral which appears black in thin section in plane-polarized light.

opencast deposit; opencut deposit

gisement exploité à ciel ouvert; gîte exploité à ciel ouvert; gisement exploité en découverte

opencast mine; open(-)pit mine; opencut mine; strip mine

exploitation à ciel ouvert; mine à ciel ouvert; exploitation par découverte; exploitation en découverte

A mine working or excavation open to the surface.

Mine dans laquelle le chantier d'exploitation est constitué par des gradins découpés dans le minerai. On procède à l'abattage du minerai après avoir enlevé les stériles sus-jacents.

opencut deposit; opencast deposit

gisement exploité à ciel ouvert; gîte exploité à ciel ouvert; gisement exploité en découverte

opencut mine
SEE **opencast mine**

open fracture

fracture ouverte

Dans le cas d'une tectonique cassante, les fractures ouvertes sont des lieux de choix pour la mise en place de filons.

opening

The widening out of a fault or fracture, so as to leave a vacant space for ore deposition.

ouverture[1]

NOTA d'une fracture ou d'une faille

open(-)pit mine
SEE **opencast mine**

ophiolite

A rock of ocean-floor origin that is increasingly recognised as of economic importance for supplies of nickel, copper, chromite, and asbestos.

ophiolite (n.f.)

ophiolitic deposit

gisement ophiolitique; gîte ophiolitique

ore

A mixture of minerals and gangue from which at least one metal or other valuable material can be extracted at a profit.

minerai

Substance minérale contenant des métaux ou d'autres éléments utilisés par l'homme dans son industrie.

ore-bearing

minéralisé

ore bed

Economic aggregation of minerals occurring between or in rocks of sedimentary origin.

couche de minerai; couche minéralisée

Corps minéralisé de grande extension dans les roches sédimentaires.

orebody; ore body

A fairly continuous mass of ore which may include low-grade ore and waste as well as pay ore, but is individualized by form or character from adjoining country rock.

corps minéralisé; masse minéralisée; corps de minerai; masse de minerai

Gisement de minerai de dimensions linéaires horizontales inférieures à 1 km.

ore carrier; carrier of mineralization; carrier

cf. mineralizer

transporteur; agent de transport

En géochimie, élément qui a la faculté de donner des composés volatils ou solubles avec de nombreux autres éléments.

ore chimney
SEE **chimney**

ore cluster

A genetically related group of orebodies that may have a common root or source rock but that may differ structurally.

faisceau minéralisé

ore control

A geologic or geochemical feature that has influenced the formation, deposition, or localization of ore.

cf. metallotect

contrôle de minéralisation

ore deposit

A deposit containing minerals of economic value in such amount that they can be profitably exploited.

cf. mineral deposit, metalliferous deposit

gisement de minerai; gîte de minerai; dépôt de minerai

Concentration locale exceptionnelle de substances minérales utiles.

ore deposition

cf. deposition

dépôt du minerai

ore dike; ore dyke [GBR]

An injected wall-like intrusion of magmatic ore, forced in a liquid state across the bedding or other layered structure of the invaded formation.

dyke (n.m.) **de minerai**

ore fluid
SEE **mineralizing fluid**

ore formation
SEE **ore genesis**

ore-forming element — **élément générateur de minerais; élément minéralisateur**

ore-forming environment — **milieu générateur de minerais; milieu minéralisateur**

ore-forming fluid
SEE **mineralizing fluid**

ore-forming magma — **magma générateur de minerais; magma minéralisateur**

ore-forming mineral — **minéral générateur de minerai**

ore-forming process
SEE **ore genesis**

ore-forming solution
SEE **mineralizing solution**

ore genesis; ore formation; ore-forming process — **genèse des minerais; formation des minerais**

The process by which a mineral deposit forms.

ore grade — **teneur du minerai**

cf. grade[1]

ore guide
SEE **guide to ore**

ore-hosting breccia; mineralized breccia; mineralised breccia [GBR] — **brèche minéralisée**

ore in sight
SEE **measured ore**

ore lens — **lentille de minerai; lentille minéralisée**

ore lode
SEE **ore vein**

ore magma — **magma minéralisé**

A highly concentrated solution containing metals and nonmetals.

ore mineral — **minerai proprement dit; minéral valorisable; minéral de minerai; véritable minerai**

The part of an ore, usually metallic, which is economically desirable.

NOTE As opposed to "gangue mineral." This term is nearly synonym with "valuable mineral."

NOTA Par opposition à « minéral de gangue ».

ore mineralogy — **minéralogie des minerais**

ore of zinc; zinc ore — **minerai de zinc**

ore pipe
SEE **chimney**

ore pocket; pocket; kidney; nest (of ore); bunch (of ore) — **poche de minerai; poche minéralisée; poche; mouche; nid**

An unusual concentration of ore in a lode or a small, discontinuous occurrence or patch of ore in the wallrock.

Petite concentration irrégulière de minerai à l'intérieur d'un filon ou dans une roche d'une autre nature.

ore pod
SEE **pod**

ore reserve estimate — **évaluation des réserves de minerai**

ore reserves (n.pl.) — **réserves** (n.f.plur.) **de minerai**

Ore of which the quantity and grade have been established with reasonable assurance by drilling and other means.

ore shoot; oreshoot; shoot (of ore); chute — **colonne minéralisée; colonne de richesse; colonne**

An elongated body of ore extending downward within a deposit (usually a vein),

Section d'un gîte ayant la forme d'une lentille allongée et dont l'extraction est rentable. Ces

ore shoot (cont'd)

representing the more valuable part of the deposit.

colonnes sont séparées les unes des autres par des sections où le minerai est trop dispersé pour qu'on envisage son extraction.

ore sill; sill of ore

sill de minerai; filon-couche de minerai

A tabular sheet of magmatic ore, injected in a liquid state along the bedding planes of a sedimentary or layered igneous formation.

ore solution
SEE **mineralizing solution**

ore streak
SEE **streak** (n.)

ore vein; ore lode

filon minéralisé[1]; filon de minerai; veine minéralisée; veine de minerai

A tabular or sheetlike mass of ore minerals occupying a fissure or a set of fissures and occurring later in formation than the enclosing rock.

cf. vein, lode[1]

ore zone

zone minéralisée[2]

A horizon in which ore minerals are known to occur.

ore zoning

zonalité des minerais

cf. zoning[2]

original mineral
SEE **primary mineral**

orthocumulate rock; orthocumulate (n.)

orthocumulat

A cumulate composed chiefly of one or more cumulus minerals plus

orthocumulate rock (cont'd)

the crystallization products of the intercumulus liquid.

cf. adcumulate, cumulate

orthomagmatic; orthotectic

Applied to a stage in the crystallization of magmas during which only minerals crystallizing directly from the magma are formed.

orthomagmatique

Qualifie le stade de cristallisation du magma à température élevée au cours duquel se forment la plupart des roches magmatiques plutoniques.

orthomagmatic deposit

gîte orthomagmatique

orthotectic
SEE **orthomagmatic**

outcrop (n.); **outcropping** (n.)

That part of a deposit which appears at the surface.

affleurement

Partie d'un gisement visible à la surface de la Terre.

outcrop (v.)
SEE **crop out** (v.)

outcropping (adj.)

Said of a deposit or vein that appears, exposed and visible at the Earth's surface.

affleurant

Se dit d'un gîte dont l'apex est visible à la surface du sol.

overburden; top

Any barren material, consolidated or not, that overlies an ore deposit.

recouvrement; morts-terrains

Terrains stériles qui recouvrent un gisement.

overlying bed; overlying stratum; superstratum

A bed situated above a deposit.

NOTE As opposed to "sublayer."

couche sus-jacente; couche supérieure

Couche sous laquelle un gîte est enfoui.

NOTA Par opposition à « couche sous-jacente » ou « substratum ».

overprint (v.)

recouvrir; se superposer; envahir

overprinting (n.)

Successive episodes of hydrothermal alteration acting on a volume of rocks and on alteration minerals generated by previous episodes.

surimpression; superposition

oxic brine

saumure oxique

oxidation; oxidative alteration

oxydation

oxidation-reduction; Redox

A chemical change involving the transfer of electrons from a donor molecule, the reducing agent, to an acceptor molecule, the oxidizing agent.

oxydoréduction; oxydo-réduction; Redox

Action chimique correspondant à la fois à une oxydation d'un réducteur et à une réduction d'un oxydant.

oxidation-reduction potential; redox potential; Eh

A scale of values indicating the ability of a substance or solution to cause reduction or oxidation reactions under nonstandard conditions. The higher the value of Eh, the more oxidizing the conditions.

potentiel d'oxydoréduction; potentiel d'oxydo-réduction; potentiel redox; Eh

Indice quantitatif de la valeur du pouvoir oxydant d'un milieu.

oxidation zone
SEE **oxidized zone**

oxidative alteration; oxidation

oxydation

oxide
SEE **oxide mineral**

oxide facies

The most important BIF facies. It can be divided into the hematite and magnetite subfacies according to which iron oxide is dominant.

faciès oxydé; faciès oxyde

L'un des faciès types des formations ferrifères.

oxide facies iron formation; oxide facies BIF

An iron formation in which the principal iron-rich minerals are oxides (hematite or magnetite). Oxide facies BIF typically averages 30-35% Fe.

formation ferrifère à faciès oxydé; formation ferrifère à faciès oxyde

oxide mineral; oxide

A mineral in which oxygen is combined with one or more metals.

oxyde

Minéral dont le (ou les) métaux sont combinés avec l'oxygène.

oxide of iron
SEE **iron oxide**

oxide of manganese
SEE **manganese oxide**

oxidised deposit [GBR]
SEE **oxidized deposit**

oxidised ore [GBR]**; oxidized ore**

minerai oxydé

oxidised zone [GBR]
SEE **oxidized zone**

oxidized deposit; oxidised deposit [GBR]

A deposit that has resulted through surficial oxidation.

gisement oxydé; gîte d'oxydation; dépôt oxydé

oxidized ore; oxidised ore [GBR]

minerai oxydé

oxidized zone; oxidised zone [GBR]**; oxidation zone; zone of oxidation**

An area of mineral deposits, which has been leached by percolating waters carrying oxygen.

zone d'oxydation; zone oxydée

Zone située entre la surface du sol et le niveau hydrostatique et dans laquelle les gisements minéraux sont considérablement appauvris par l'effet du lessivage.

oxidizing condition

NOTE As opposed to "reducing condition."

condition oxydante

oxidizing environment

NOTE As opposed to "reducing environment."

milieu oxydant

Environnement susceptible d'augmenter la valence d'un cation ou de diminuer celle d'un anion.

oxidizing fluid

fluide oxydant

oxyatmoversion; oxy-atmo inversion

A time-dependent transition in weathering and oxidation of fluvial sediments which is linked to atmospheric evolution.

inversion oxyatmosphérique

oxygen isotope

isotope de l'oxygène

P

palaeogeographical control [GBR]; **paleogeographical control**

contrôle paléogéographique

palaeogeographical guide [GBR]; **paleogeographical guide**

cf. guide

guide paléogéographique; indicateur paléogéographique

palaeomagnetic dating [GBR]
SEE **paleomagnetic dating**

palaeoplacer [GBR]
SEE **paleoplacer**

palaeosome [GBR]
SEE **paleosome**

palasome
SEE **host mineral**

paleogeographical control; palaeogeographical control [GBR]

contrôle paléogéographique

paleogeographical guide; palaeogeographical guide [GBR]

cf. guide

guide paléogéographique; indicateur paléogéographique

paleomagnetic dating; palaeomagnetic dating [GBR]

NOTE of ore deposits

datation paléomagnétique

paleoplacer; palaeoplacer [GBR]

A heavy mineral accumulation that is notably enriched in particular commodities (as gold) and implies a provenance containing special primary sources of these commodities in addition to sources of the more common heavy minerals.

paléoplacer

paleoplacer gold

or de paléoplacers; or paléoplacérien

paleosome; palaeosome [GBR]

A geometric element of a mineral deposit, appearing to be older than an associated younger rock element (or neosome).

paléosome (n.m.)

Partie originelle essentiellement invariante dans une roche métamorphisée ou ayant subi un apport.

NOTA Par opposition à « néosome ».

palosome
SEE **host mineral**

pan; wash pan

cf. panning

batée[1] (n.f.)

Instrument primitif ressemblant à une auge circulaire de quelques décimètres et qui est remué à la main dans un mouvement circulaire accompagné de chocs, ce qui permet aux minéraux les plus denses de se rassembler au fond.

panning

A technique of prospecting for heavy metals, e.g. gold, by washing placer or crushed vein material in a pan. The lighter fractions are washed away, leaving the heavy metals in the pan.

cf. pan

lavage à la batée; batéiage; batée[2] (n.f.)

Opération élémentaire exécutée avec un instrument qui s'appelle lui-même batée.

paraclase (obs.)
SEE **fault**

paragenesis

A particular assemblage of minerals all of which formed at the same time in an ore deposit.

cf. mineral assemblage

paragenèse; association paragénétique

Ensemble de minéraux formés en même temps dans un même gisement.

paragenetic sequence; paragenetic order; mineral sequence

The time sequence deposition of minerals in a rock or mineral deposit, as individual phases or assemblages.

séquence paragénétique; succession paragénétique; succession minérale

Ordre suivant lequel se sont déposés les minéraux de la paragenèse au cours du développement du processus géologique ou géochimique.

paralic environment

By the sea, particularly on the landward side of a coast or in shallow water subject to marine invasion.

milieu paralique

Milieu caractérisé par des bassins et leurs sédiments, situés sur des rivages marins.

parent (n.)
SEE **parent element**

parental magma; parent magma

The magma from which an igneous rock solidified or from which another magma was derived. It has been suggested, for example, that the titanium ores and the

magma parent; magma paternel

parental magma (cont'd)

anorthosite are differentiates of the same parent magma.

parent element; parent (n.)

élément(-)père; élément(-)mère; élément(-)parent

The unstable radioactive element from which a daughter element — which is more stable — is produced by radioactive decay; e.g. radium is the parent element of radon.

parent magma
SEE **parental magma**

parent rock; mother rock; source rock

roche(-)mère

A rock from which other sediments or rocks are derived. Eluvial placers are formed upon hill slopes from minerals released from a nearby source rock.

Roche qui, par érosion mécanique, a fourni les éléments détritiques d'un sédiment.

partial melting; partial fusion

fusion partielle

The incomplete melting of a parent rock, involving the initial melting of felsic minerals followed by the melting of the more mafic minerals as temperature increases.

patchy

irrégulier

Disseminated in patches or in an irregular manner as when ore occurs in bunches or sporadically.

Qualifie un amas, une concentration de minerai disséminée de façon éparse dans l'encaissant.

pathfinder
SEE **geochemical guide**

pay gravel

gravier payant

Gravel containing sufficient heavy mineral to make it profitable to work.

pay streak; paystreak

traînée payante; concentration payante

Profitable part of a mineral deposit. Often refers to the areas of concentration of gold in placer deposits.

Concentration plus riche et éventuellement exploitable qui se forme dans des alluvions.

pay zone

zone payante

pegmatite deposit

gîte pegmatitique; gisement pegmatitique; gîte de pegmatite(s)

A deposit that is found in or near igneous rocks. Pegmatites frequently contain valuable gem minerals, such as garnet, topaz, beryl, emerald, tourmaline, and sapphire.

pelitic sediment

sédiment pélitique

A fine argillaceous sediment or clay. Pelitic sediments are commonly interbedded with the gold-bearing sulphide-rich BIF.

peneconcordant deposit

gisement pénéconcordant; gîte pénéconcordant

A deposit that is nearly parallel with its sedimentary host rock.

cf. concordant deposit

penecontemporaneous

pénécontemporain

Said of a mineral that was formed almost immediately after deposition of a sediment but before its consolidation into rock.

NOTE A mineral is said to be penecontemporaneous "with" a sediment.

Se dit d'un minéral dont la formation est très peu postérieure à la sédimentation, mais survient avant la lithification.

NOTA On dit d'un minéral qu'il est pénécontemporain « d' »une sédimentation.

penetrative deformation

déformation pénétrative

Déformation observable à l'échelle d'un affleurement ou d'un massif.

peralkaline deposit

dépôt hyperalcalin

peribatholithic deposit

gisement péribatholitique; gîte péribatholitique

Gîte qui s'est formé autour d'un batholite de granite.

perimagmatic deposit

A mineral deposit formed mainly beyond the rim of its eruptive rock.

gisement périmagmatique; gîte périmagmatique

Dépôt minéral formé au contact ou à proximité d'une intrusion magmatique.

periplutonic deposit

gisement périplutonique; gîte périplutonique

periplutonic zoning

zonalité périplutonique

Zonalité qui se manifeste dans un gisement par rapport à la masse plutonique.

permeation

The intimate penetration of country rock by metamorphic agents, such as granitizing solutions, particularly of an already metamorphosed rock so that it becomes more or less completely recrystallized.

pénétration; imprégnation[3]

pervasive alteration

altération intense; intense altération

pervasiveness (of an alteration)

caractère envahissant (d'une altération)

petrogenesis; petrogeny

The origin and evolutionary history of rocks, esp. igneous rocks.

pétrogenèse

petrogenic; petrogenetic

Of or relating to petrogenesis.

pétrogénétique

Relatif à la formation de roches, particulièrement endogènes et métamorphiques.

petrogeny
SEE **petrogenesis**

petrography

cf. petrology

pétrographie

Science qui décrit les roches et étudie leur structure et leur composition.

petrology

The study of rocks in general, including their occurrence, field relations, structure, origins and history (petrogenesis), and their mineralogy and textures (petrography).

pétrologie

Science des roches comprenant leur description, leur classification et l'interprétation de leur genèse.

pH

A measure of the acidity or basicity of a solution. The pH is measured on a scale of 0-14: a neutral medium has a pH of 7, numbers above 7 indicate relative alkalinity, numbers below 7 indicate relative acidity.

pH

Concentration en ions hydrogène d'une solution.

phase layering
SEE **compositional zoning**

pH change; pH variation

variation du pH; oscillation de pH

The pH changes of the uraniferous fluids have an important role in the formation of epigenetic uranium deposits.

phosphate bloom

efflorescence du phosphate

A bluish coating that is visible on weathered surfaces and that serves as a guide to phosphate exploration.

phosphatic deposit

gisement de phosphate; gîte de phosphate

phosphatic nodule

nodule phosphaté

Structure concrétionnée compacte très répandue dans les phosphates et dont la taille varie le plus souvent de 1 à 5 cm.

phosphatisation [GBR]
SEE **phosphatization**

phosphatised limestone [GBR]; **phosphatized limestone**

calcaire phosphatisé

phosphatization; phosphatisation [GBR]

phosphatisation

Conversion to a phosphate or phosphates.

Altération en phosphate(s).

phosphatized limestone; phosphatised limestone [GBR]

calcaire phosphatisé

pH range

gamme de pH

cf. pH change

Échelle de 0 à 14 du pH. Suivant qu'il est inférieur, égal ou supérieur à 7, la solution est acide, neutre ou basique.

pH variation
SEE **pH change**

physical weathering
SEE **mechanical weathering**

physiographic control; morphologic control

contrôle morphologique; contrôle physiographique

physiographic guide; morphologic guide

guide morphologique; guide physiographique

pinch (n.)

étranglement; pincement; secteur rétréci; resserrement

A narrow portion of lode, vein, or orebody.

Zone resserrée dans un filon, une couche ou un amas minéralisé.

NOTE As opposed to "swell."

cf. nip

pinch-and-swell structure

structure à étranglement et ouverture; structure à resserrement et ouverture; structure à pincement et ouverture

A structural condition commonly found in quartz veins and pegmatites, in which the vein is pinched and thinned at frequent intervals, leaving expanded parts between. This condition can create difficulties during both exploration and mining.

Structure d'un filon qui présente une alternance de segments ouverts et de segments serrés.

pinching out

amincissement progressif jusqu'à disparition

pinch-out (n.)

biseau

The termination or end of a vein that narrows progressively until it disappears and the rocks it once separated are in contact.

pinch out (v.); **thin out** (v.)

s'amenuiser et disparaître; s'étrangler; se terminer en biseau

To taper or narrow progressively to extinction.

Disparaître progressivement en formant un biseau, en parlant d'un filon.

pipe
SEE **chimney**

pipe deposit; chimney deposit

gisement en pipe(s); gîte en pipe(s); gîte en cheminée; gîte en forme de pipe; gîte en forme de cheminée

cf. chimney

pipe-like orebody; pipe-shaped orebody

corps minéralisé en forme de pipe; corps minéralisé en forme de cheminée

cf. chimney

pisolitic ore

Ore having the texture of a rock made up of pisoliths or pealike grains.

minerai pisolithique; minerai pisolitique; minerai en pisolithes

Minerai constitué de concrétions à structure concentrique d'accroissement.

pitch (n.)
SEE **plunge** (n.)

placer; placer deposit

A surficial concentration of relatively heavy and durable minerals (such as gold, rutile, etc.) which have been transported and redeposited in a stream bed where the water velocity is lowered. The common types are beach placers and alluvial placers.

placer; gîte placérien; gisement placérien; dépôt placérien; gîte de placer

Accumulation de minéraux lourds dans des amas de sable ou de gravier, sous l'effet de la gravité et de l'action de l'eau à partir des débris rocheux libérés du socle par l'érosion. Un placer peut également être le résultat d'autres agents mécaniques, comme le vent et la glace.

NOTA Le terme placer viendrait du mot espagnol « placel » : banc de sable.

placer gold

Gold obtainable by washing the sand or gravel in which it is found.

or placérien; or des placers

placer mineral

A mineral of high density and resistance which has been concentrated by mechanical action.

minéral de placer; minéral placérien

Les plus importants minéraux de placer sont l'or, le platine, la cassitérite, l'ilménite, le diamant et le rubis.

placer mining; placer working

The extraction and concentration of heavy metals or minerals from placer deposits, generally by using running water.

exploitation des placers

Exploitation de gîtes minéraux dans les terrains superficiels par lavage.

placer ore

minerai de placer; minerai placérien

placer working
SEE **placer mining**

platiniferous; platinum-bearing
Containing or yielding platinum.

platinifère
Qui contient du platine.

platinoid; platinum metal; platinoid element
Any of the six precious metallic elements including platinum and elements resembling it in chemical and physical properties that belong to group VIII of the periodic table.

platinoïde; métal de la mine de platine; métal platinoïde
Les platinoïdes comprennent, outre le platine, le ruthénium, le rhodium, le palladium, l'osmium et l'iridium.

platinum-bearing
SEE **platiniferous**

platinum deposit

gisement platinifère; gîte de platine

platinum metal
SEE **platinoid**

plunge (n.); **pitch** (n.); **rake** (n.)
The vertical angle between a horizontal plane and the line of maximum elongation of the orebody.

plongement
Terme utilisé pour repérer l'axe d'une colonne minéralisée.

plutonic deposit

gisement plutonique; gîte plutonique; dépôt plutonique

An ore deposit of magmatic origin which has been formed under abyssal conditions.

pneumatogenic deposit
SEE **pneumatolytic deposit**

pneumatogenic mineral
SEE **pneumatolytic mineral**

pneumatolysis; pneumatolytic alteration
The alteration of rocks and the formation of minerals during or

pneumatolyse; altération pneumatolytique
Dissolution des roches encaissantes par des vapeurs

pneumatolysis (cont'd)

as a result of the emanation of hot gaseous substances from solidifying igneous rocks.

minéralisatrices se déplaçant en profondeur. Ces vapeurs ou gaz sont appelés pneumatolytes.

pneumatolytic deposit; pneumatogenic deposit

gisement pneumatolytique; dépôt pneumatolytique; gîte pneumatolytique; gisement pneumatogène

A deposit containing pneumatolytic minerals or elements (e.g. tourmaline, topaz, fluorite, tin), and hence presumed to have formed from a gas phase.

Gisement pour lequel le transport s'est effectué à l'état de vapeur.

pneumatolytic gas

pneumatolyte (n.m.)

Fluide gazeux et mobile émanant des roches plutoniques et volcaniques qui, après introduction dans les roches encaissantes, s'exprime par de multiples veinules minéralisées.

pneumatolytic mineral; pneumatogenic mineral

minéral pneumatolytique; minéral pneumatogène

A mineral formed by pneumatolysis

pneumatolytic stage

stade pneumatolytique

The stage of magmatic differentiation between the pegmatitic and hydrothermal stages.

Stade correspondant à la fin de la cristallisation d'un magma, avec concentration de gaz conduisant à la formation de minéraux particuliers (tourmaline, béryl, topaze, etc.).

pocket
SEE **ore pocket**

pocket deposit

gisement en poches; gîte en poches

cf. ore pocket

pod; ore pod; elongated lentil; fusiform lens

A cylindrical orebody shaped like a spindle, i.e. tapering toward each end from a swollen middle.

amas fusiforme; lentille fusiforme; lentille allongée

Corps minéralisé allongé en cigare.

podiform; podlike; fusiform

Cylindrical and decreasing at the ends, like a cigar.

fusiforme; podiforme (à éviter)

En forme de lentille allongée en cigare.

NOTA L'adjectif « podiforme » est un calque de l'anglais inutile.

podiform chromite deposit

gîte de chromite fusiforme; gisement de chromite fusiforme

podlike
SEE **podiform**

polygenetic; polygenic; polygenous; polygene

Having a heterogeneous composition and produced under a variety of conditions or processes.

polygénique; polygène

Se dit de matériaux composés d'éléments variés provenant de sources différentes.

polymetallic deposit

A mineral deposit that contains economically important quantities of three or more metals.

gîte polymétallique; gisement polymétallique

polymetallic nodule

cf. manganese nodule

nodule polymétallique

Concrétion sphérique ou subsphérique dont le diamètre varie de quelques millimètres à plusieurs centimètres, contenant surtout des oxydes de manganèse et de fer, mais aussi riche en nickel, cobalt, cuivre, molybdène. L'océan Pacifique en recèle une importante quantité.

polymetallic ore

An ore that yields several metals.

cf. complex ore

minerai polymétallique

Minerai duquel plusieurs substances métalliques utiles pourront être extraites.

polymetallic sulphide deposit

A sulphide deposit with three or more metals (commonly Cu, Pb, Zn, Fe, Mo, Au, and Ag) in commercial quantities. It may occur in magmatic, volcanogenic, or hydrothermal environments.

gisement sulfuré polymétallique

polymetamorphic deposit

A deposit changed by more than one episode of metamorphism.

gîte polymétamorphique; gisement polymétamorphique

Gîte résultant de la superposition de plusieurs phases successives de métamorphisme.

polymetamorphism; superimposed metamorphism

Repeated episodes of heating and deformation acting upon rocks and minerals.

polymétamorphisme; métamorphisme polyphasé

Métamorphisme en plusieurs phases successives qui se traduit par une minéralogie complexe et très particulière et par une géochimie inusitée rassemblant des éléments qui ne se rencontrent pas ensemble dans les minéralisations dont l'histoire géologique est plus simple.

polymictic conglomerate

A conglomerate which contains clasts of many different rock types.

conglomérat polymictique

polymineralic; polymnerallic

Said of a rock in which the minerals are of many types.

NOTE As opposed to "monomineralic."

polyminéral (adj.)

Se dit d'une roche constituée de plus d'un type de minéral.

polynodule

polynodule

Nodule polymétallique dont les couches d'oxydes de fer et de manganèse s'agrègent autour de plusieurs noyaux.

NOTA Par opposition à « mononodule ».

-poor	**déficitaire en; pauvre en**
NOTE Used in expressions like "copper-poor", "sulphur-poor", etc. As opposed to "-rich."	
pore-space filling SEE **impregnation**[2]	
porphyry copper deposit	**dépôt de cuivre porphyrique; gisement de cuivre porphyrique; gîte porphyrique de cuivre; gisement porphyrique de cuivre**
A disseminated replacement deposit in which the copper minerals occur as discrete grains and veinlets throughout a large volume of rock, which commonly is a porphyry.	
porphyry copper ore	**minerai de cuivre porphyrique; minerai porphyrique de cuivre**
porphyry deposit	**gisement porphyrique; gîte porphyrique**
positive anomaly	**anomalie positive**
An excess of mass at a point on the crust, as compared with the average distribution of the mass. NOTE As opposed to "negative anomaly."	
positive gravity anomaly	**anomalie de gravité positive; anomalie gravimétrique positive**
positive isostatic anomaly	**anomalie isostatique positive**
positive magnetic anomaly cf. magnetic anomaly	**anomalie magnétique positive**
positive metallotect	**métallotecte positif; métallotecte favorable**
cf. metallotect	

possible ore; potential ore

Ore not yet discovered but whose presence is suspected.

minerai possible; minerai potentiel

Minerai dont on soupçonne la présence en se fondant sur une connaissance générale de la géologie du gisement.

postdepositional
SEE **diagenetic**

postkinematic; post-kinematic

post-cinématique; postcinématique; hystérogène

Se dit des minéraux qui ont cristallisé après une déformation donnée.

postmagmatic deposit

A deposit formed after crystallization of the bulk of a magma.

cf. late magmatic deposit

dépôt post-magmatique

Dépôt qui s'est formé après la cristallisation des roches magmatiques.

NOTA Comme ce type de dépôt est lié à des étapes ultimes de l'évolution des magmas, il serait peut-être plus approprié de le qualifier de « tardimagmatique ».

post-mineral movement

A movement that occurs along a mineralized zone, forming a gouge containing pulverized minerals from the vein itself.

mouvement post-minéral; mouvement ultérieur à la minéralisation; mouvement post-minéralisation

post-ore (adj.)

NOTE As opposed to "pre-ore."

postérieur à la mise en place du minerai; post-minerai

postorogenic deposit; post-orogenic deposit

A deposit, the emplacement of which took place after an orogeny.

gîte postorogénique

Gîte dont la mise en place est survenue après des phases orogéniques.

posttectonic deposit; post-tectonic deposit

A deposit formed after any kind of tectonic activity.

gîte posttectonique; gisement post-tectonique

Gîte dont la mise en place suit une phase de déformation tectonique.

post-vein (adj.)

postérieur à la mise en place du filon; post-filonien

Se dit d'un processus qui survient après la formation d'un filon.

potassic alteration; K alteration

altération potassique; altération K

Hydrothermal alteration resulting from potassium metasomatism and commonly accompanied in calc-alkalic rocks by removal of calcium and sodium. It commonly occurs at the deep, central cores of porphyry base-metal systems.

potassium/argon age; K-Ar age; potassium-argon age; K/Ar age

âge obtenu au K-Ar; âge obtenu au potassium-argon; âge isotopique au K-Ar; âge isotopique au potassium-argon; âge au K-Ar; âge au potassium-argon

potassium-argon age method; K-Ar age method; K-Ar method

méthode potassium-argon; méthode K-Ar; méthode de datation par les isotopes radioactifs potassium-argon

potassium-argon dating
SEE **K-Ar dating**

potassium metasomatism; K metasomatism

métasomatose potassique

potential ore
SEE **possible ore**

Precambrian deposit

gisement antécambrien; gisement précambrien

Precambrian placer

placer antécambrien; placer précambrien

precious metal

Any of the relatively scarce and valuable metals, such as gold, silver, and the platinum-group metals.

métal précieux

Désigne l'or, l'argent, le platine, etc.

preferential replacement
SEE **selective replacement**

prekinematic; pre-kinematic

antécinématique (adj.); **protérogène** (adj.)

Se dit des minéraux qui ont cristallisé avant une déformation donnée.

premineral (adj.)

Said of a feature existing before mineralization.

antérieur à la minéralisation; anté-minéral; antéminéral

pre-ore (adj.)

NOTE As opposed to "post-ore."

antérieur à la mise en place du minerai; anté-minerai; pré-minerai

preorogenic deposit; pre-orogenic deposit

A deposit, the emplacement of which took place before an orogeny.

gîte préorogénique; gisement pré-orogénique; gîte anté-orogénique

Gîte dont la mise en place est survenue avant des phases orogéniques.

pretectonic deposit; pre-tectonic deposit

A deposit formed before any kind of tectonic activity.

gîte prétectonique; gisement pré-tectonique; gîte antétectonique

Gîte dont la mise en place précède une phase de déformation tectonique.

primary deposit

A deposit formed directly from a cooling magma.

dépôt primaire; gîte primaire; gisement primaire

primary dispersion; primary geochemical dispersion

Geochemical dispersion of elements by processes originating within the Earth.

dispersion primaire

primary dispersion halo; primary halo; genetic halo

The zone surrounding the core zone of a mineral deposit. It represents the distribution patterns of elements which formed as a result of primary dispersion.

cf. secondary dispersion halo, dispersion halo

auréole de dispersion primaire; auréole primaire

Phénomène observable au niveau des roches encaissantes entourant un gisement ou un corps minéralisé et qui témoigne d'un enrichissement en certains éléments lors des processus de mise en place de la minéralisation.

primary geochemical dispersion
SEE **primary dispersion**

primary halo
SEE **primary dispersion halo**

primary mineral; original mineral

A mineral formed at the same time as its enclosing rock, and that retains its original composition and form.

NOTE As opposed to "secondary mineral." Primary and hypogene are generally considered synonymous, but hypogene, as the word implies, indicates formation by ascending solutions. All hypogenc minerals are necessarily primary, but all primary minerals are not hypogene.

minéral primaire; minéral originel

Minéral qui n'a pas été altéré chimiquement depuis le dépôt et la cristallisation de la lave en fusion.

primary ore

Ore that has remained unaltered from the time of original formation.

minerai primaire; minerai originel

Minerai qui n'a été ni oxydé ni enrichi par des processus supergènes.

primary zone

The portion of a vein below that altered by leaching and secondary enrichment.

zone primaire

prismatic structure
SEE **columnar structure**

probable ore
SEE **inferred ore**

productive vein
SEE **quick vein**

profitable exploitation
SEE **economic mining**

prograde metamorphism; progressive metamorphism

The recrystallization of a rock in response to an increase in the intensity of metamorphism.

NOTE As opposed to "retrograde metamorphism."

métamorphisme prograde; métamorphisme progressif

Métamorphisme caractérisé par une augmentation des conditions de température et de pression pour lesquelles la roche métamorphique initiale s'était équilibrée.

prograde mineral

A mineral resulting from prograde metamorphism.

minéral prograde

progressive metamorphism
SEE **prograde metamorphism**

propylitic alteration; propylitization

The introduction of, or replacement by, an assemblage of minerals including carbonates, epidote, chlorites, sericite, etc.

propylitisation; altération propylitique

Altération caractérisée par une combinaison de plusieurs néogenèses minérales : chlorite, amphiboles, calcite, épidote, etc.

prospect (v.)

To explore an area for mineral deposits.

prospecter

Examiner le terrain au point de vue des gîtes minéraux qu'il peut renfermer.

prospecting; prospection

Searching for economically valuable mineral deposits.

prospection

Action de prospecter.

prospecting guide

guide à la prospection; guide pour la prospection

Indice facilement repérable à l'oeil nu et pouvant conduire à la découverte de minerai neuf.

prospection
SEE **prospecting**

prospective terrain
SEE **kindly ground**

protore

The primary mineral material in which an initial but uneconomic concentration of metals has occurred that may by further natural processes of enrichment be upgraded to the level of ore.

protore (n.m.)

Minéralisation disséminée de teneur inférieure à celle d'exploitabilité, généralement située sous une zone de minerai primaire (comme dans les gisements de porphyres cuprifères).

proved ore
SEE **measured ore**

proximal precipitation

NOTE As opposed to "distal precipitation."

précipitation proximale

Précipitation à faible distance des sources d'apports métalliques.

NOTA Par opposition à « précipitation distale ».

pseudomorph (n.); **false form**

A mineral that has replaced another and has retained the form and size of the replaced mineral.

NOTE A pseudomorph is described as being "after" the mineral whose outward form it has, e.g. quartz after fluorite.

pseudomorphe (n.m.)

Minéral qui a pris une forme cristalline caractéristique d'un autre minéral. Ainsi, le quartz est un pseudomorphe de la fluorine.

pseudomorphic; pseudomorphous

NOTE A mineral is said to be pseudomorphic "after" another mineral.

pseudomorphe (adj.); **pseudomorphique**

Qualifie un minéral qui a pris la forme cristalline externe d'un autre minéral qu'il a remplacé.

pseudomorphism

The process of becoming a pseudomorph.

pseudomorphose

Phénomène de transformation d'un minéral en un autre, qui conserve la même structure cristalline.

pseudomorphous
SEE **pseudomorphic**

pug
SEE **gouge** (n.)

pulverization
SEE **comminution**

pyrite-bearing; pyritiferous

Containing or producing pyrites.

pyritifère; pyriteux[1]

Qui contient de la pyrite.

pyritic

Of, pertaining to, resembling, or having the properties of pyrites.

pyriteux[2]

Qui est de la nature de la pyrite.

pyritiferous
SEE **pyrite-bearing**

pyritisation [GBR]
SEE **pyritization**

pyritise [GBR]
SEE **pyritize**

pyritization; pyritisation [GBR]

Introduction of, or replacement by, pyrites.

pyritisation; altération pyriteuse

pyritize; pyritise [GBR]

To convert into pyrites or to introduce pyrites into.

pyritiser

pyrometamorphism

Metamorphism produced by heat.

pyrométamorphisme

Thermométamorphisme de surface.

pyrometasomatic deposit

A deposit formed by metasomatism, usually in limestones, at or near intrusive contacts, due to the passage of magmatic emanations through reactive rocks.

gîte pyrométasomatique; gisement pyrométasomatique; dépôt pyrométasomatique

Gîte formé par métasomatose au contact ou au voisinage de roches éruptives de profondeur.

pyrometasomatism

The formation of contact-metamorphic mineral deposits by hot emanations issuing from the intrusive and involving replacement of enclosing rock.

pyrométasomatose

quartz-bearing
SEE **quartzic**

quartz gangue
SEE **quartzose matrix**

quartzic; quartziferous; quartz-bearing

That contains a minor proportion of quartz.

quartzifère; quartzique

NOTA « Quartzifère » se dit plus spécifiquement d'une roche dont la proportion de quartz est inférieure à 5 % et « quartzique » pour une proportion variant entre 5 et 20 %.

quartz lode
SEE **quartz vein**

quartzose matrix; quartzose gangue; quartz matrix; quartz gangue

Gangue containing quartz as a principal constituent. The uranium minerals are commonly accompanied by quartz gangue.

gangue quartzeuse; gangue de quartz

Gangue constituée en majeure partie de quartz.

quartz pebble conglomerate

A rock made of pebbles of quartz with sand.

conglomérat à galets de quartz; conglomérat de cailloux quartzeux

Roche formée de cailloux de quartz de quelques centimètres noyés dans un ciment siliceux.

quartz vein; quartz lode

A vein of mineral-bearing quartz. Auriferous veins are often called quartz veins.

filon de quartz; veine de quartz; filon quartzeux; veine quartzeuse

quartz veinlet

A small vein of quartz. Quartz veinlets form a ramifying complex (stockwork) containing ore minerals.

cf. veinlet

filonnet de quartz; veinule de quartz; veinule quartzeuse

quick vein; productive vein

NOTE As opposed to "barren vein."

veine productive; filon productif

radioactive decay
SEE **decay**

radioactive decay product
SEE **daughter**

radioactive isotope; radioisotope

An unstable isotope of an element that decays or disintegrates spontaneously, emitting radiation.

NOTE As opposed to "stable isotope."

isotope radioactif; radio-isotope

Isotope radioactif qui jouit de la propriété de se désintégrer spontanément.

NOTA Par opposition à « isotope stable ».

radioactive mineral

A mineral that contains the heavier elements and emits emanations, such as gamma rays.

minéral radioactif; minéral radio-actif

radioactivity anomaly

A deviation from expected results when making a radioactivity survey. Such anomalies are important in mineral exploration.

anomalie radioactive

radiogenic isotope

An isotope produced by the process of radioactive decay.

isotope radiogénique

Isotope formé par décomposition radioactive.

radiogenic lead

An isotope of lead derived from the disintegration of radioactive isotopes of other elements.

plomb radiogénique

Plomb provenant de la décomposition radioactive.

radioisotope
SEE **radioactive isotope**

radiometric age determination
SEE **isotopic dating**

radiometric dating
SEE **isotopic dating**

radiometric prospecting

Use of a portable Geiger Muller apparatus for field detection of

prospection radiométrique; radioprospection

radiometric prospecting (cont'd)

emission count in search for radioactive minerals.

radiometric survey

levé (n.m.) **radiométrique; lever** (n.m.) **radiométrique**

rain wash; rainwash

The process by which eluvial placers are formed upon hill slopes from minerals released from a nearby source rock. The lighter non-resistant minerals are dissolved or swept downhill by an extremely fine network of rainwater streamlets.

ruissellement diffus

Processus selon lequel l'eau de pluie dévale les collines en formant un réseau anastomosé de ruisselets qui entraînent les minéraux des roches.

rake (n.)
SEE **plunge** (n.)

rake vein; steeply inclined vein; steeply dipping vein; steep vein

filon à fort pendage; filon à pendage fort; filon en dressant; filon fortement incliné

Rand goldfield
SEE **Witwatersrand goldfield**

random sampling

échantillonnage au hasard; échantillonnage aléatoire

A nonsystematic or haphazard distribution of sampling locations.

rank of metamorphism
SEE **metamorphic grade**

rare-earth element; REE

One of those elements with atomic numbers between 57 and 71 that have closely similar properties and that occur in minerals only in trace amounts. Collectively, these elements are called lanthanides.

élément des terres rares

Désigne l'un des quinze éléments échelonnés entre les numéros 57 et 71 dans le tableau périodique. On les appelle collectivement lanthanides ou série du lanthane.

rare earths — **terres rares; oxydes des terres rares; oxydes de lanthanides**

Oxide of a series of fifteen metallic elements, from lanthanum to lutetium (atomic numbers 57 to 71), and of three other elements: yttrium, thorium, and scandium.

rare metal — **métal rare**

One of the less common and more expensive metallic elements.

raw ore — **minerai cru**

Ore in its natural, unprocessed state, as mined.

Rb-Sr (age) method
SEE **rubidium-strontium age method**

reactive gangue — **gangue réactive**

Gangue readily susceptible to chemical change.

Reasonably Assured Resources (n.pl.) — **ressources** (n.f.plur.) **raisonnablement assurées**

NOTE of a metal or mineral

recoverable metal — **métal récupérable**

The metal obtainable from an ore.

recrystallization — **recristallisation**

The formation of new mineral grains in a rock while in a solid state. The new grains have generally the same chemical and mineralogical composition as in the original rock.

NOTE When entirely new minerals are formed, this process should be called "neomineralization."

cf. neomineralization

Formation d'un nouvel édifice cristallin au sein d'une roche ayant subi des contraintes. Ce processus se traduit par la croissance de la taille des grains sans toutefois affecter leur composition chimique ou minéralogique.

recrystallize

To crystallize repeatedly.

recristalliser

Produire la recristallisation.

redbeds; red beds

Sedimentary rocks that are predominantly red in color due to the presence of hematite.

assises rouges; formations rouges; couches rouges

Série gréseuse continentale rendue rouge par la présence d'hématite.

redbed-type deposit

gîte de type assises rouges; gisement de type couches rouges

redeposit

redéposer

redeposition

Formation in a new accumulation, such as the solution and reprecipitation of mineral matter.

redépôt

red hematite; red haematite; red iron ore

The result of the weathering of other iron-bearing minerals; it is responsible for the red coloration of many sedimentary rocks.

hématite (n.f.) **rouge**

Redox
SEE **oxidation-reduction**

redox potential
SEE **oxidation-reduction potential**

reducing agent; reductant

A substance that causes reduction.

réducteur (n.m.); **agent réducteur**

reducing condition

NOTE As opposed to "oxydizing condition."

condition réductrice

reducing environment

NOTE As opposed to "oxidizing environment."

milieu réducteur

Environnement susceptible de diminuer la valence d'un cation

reducing environment (cont'd)

ou d'augmenter celle d'un anion. Les milieux réducteurs sont généralement en profondeur alors que les milieux oxydants sont près de la surface.

reductant
SEE **reducing agent**

reduction — **réduction**

Chemical reaction in which atoms of molecules either lose oxygen or gain hydrogen or electrons.

REE
SEE **rare-earth element**

reef — **banc de conglomérats aurifères; reef**

In Australia and South Africa, a paleoplacer gold deposit.

refractory grade — **qualité réfractaire**

refractory mineral — **minéral réfractaire**

Mineral resisting to decomposition by heat, pressure, or chemical attack.

regional geochemical survey — **levé** (n.m.) **géochimique régional; lever** (n.m.) **géochimique régional**

cf. geochemical survey

regionally metamorphosed deposit — **gîte à métamorphisme régional**

regional metallotect — **métallotecte régional**

cf. metallotect

regional metamorphism — **métamorphisme général; métamorphisme régional**

Metamorphism affecting an extensive region.

NOTE Originally, the term covered only those changes due to deep burial metamorphism; today it is used almost synonymously with "dynamothermal metamorphism."

Métamorphisme à grande échelle généralement attribué à l'enfouissement des roches.

regional scale — **échelle régionale**

regional zoning — **zonalité à l'échelle régionale; zonalité régionale**

remobilisation [GBR]
SEE **remobilization**

remobilised deposit [GBR]
SEE **remobilized deposit**

remobilization; remobilisation [GBR] — **remobilisation**

The process by which a mineral deposit is dissolved, transported in solution and redeposited in another site, sometimes resulting in an increase grade of ore.

remobilized deposit; remobilised deposit [GBR] — **dépôt remobilisé**

A mineral deposit that has been redeposited in another place after dissolution.

remote sensing — **télédétection**

The gathering of information about an actual object (as a mineral deposit) without actual physical contact with what is being observed.

reniform
SEE **kidney-shaped**

replacement

Partial or complete alteration of an original mineral to an aggregate of secondary minerals, presumably accomplished by diffusion of new material in an old material.

cf. metasomatism

remplacement; substitution

Processus qui rentre dans le cadre de la métasomatose et qui implique une modification chimique, en général avec changement de forme (métamorphisme).

replacement deposit

A deposit which has been formed by mineral solutions taking the place of some earlier, different substance.

cf. metasomatic deposit

gisement de substitution; gîte de substitution; dépôt de substitution

Accumulation de minerais qui a remplacé les parties d'un massif rocheux enlevées par dissolution.

NOTA Le terme « gisement (gîte ou dépôt) de substitution » a plus d'extension que celui de « gisement métasomatique » puisqu'il peut couvrir des mécanismes par précipitation, analogues à ceux des remplissages de vides filoniens, en plus du processus métasomatique proprement dit.

replacement lode
SEE **replacement vein**

replacement ore body; replacement orebody

A mass of ore formed by the dissolution of previous minerals and their replacement by others.

corps minéralisé de substitution; corps minéralisé de remplacement

replacement vein; replacement lode

A fissure or system of fissures whose walls have to a certain extent been replaced by ore or mineral substances.

cf. lode[1], vein

filon de remplacement; filon de substitution

reserves (n.pl.)

Identified resources of ore or mineral which can be worked profitably under existing conditions.

cf. ore reserves

réserves (n.f.plur.)

residual concentration

Concentration of a valuable mineral by solution and removal of valueless material.

concentration résiduelle; enrichissement résiduel

residual deposit

A deposit that is formed by weathered insoluble material remaining in situ after soluble constituents have been removed, usually by solution or leaching. Laterite and bauxites are types of residual deposits.

gîte résiduel; gisement résiduel; dépôt résiduel

Gisement dû à l'altération superficielle des roches qui sont réduites en fragments. Le départ successif des matériaux solubles, causé par les eaux météoriques, entraîne un enrichissement naturel en certains minéraux, donnant naissance à un gîte résiduel exploitable. Le fer de certaines latérites et surtout l'aluminium dans les bauxites appartiennent à ce type de gisement.

residual nickel deposit; residual deposit of nickel

gîte de nickel résiduel

residual placer; residual placer deposit

placer résiduel

residuum; residue

An accumulation of rock debris resulting from the decomposition of rocks in place and consisting of the insoluble material left after all the more soluble constituents of the rocks have been removed.

roche résiduelle

Roche insoluble dont les matériaux restés sur place proviennent de l'altération de roches préexistantes, qui ont perdu par dissolution une grande partie de leurs constituants.

resistivity method; electrical resistivity method

An electrical exploration method in which current is introduced into the ground by two contact electrodes and potential differences are measured between two or more other electrodes.

méthode de résistivité électrique

resistivity survey

levé (n.m.) **de résistivité électrique; lever** (n.m.) **de résistivité électrique**

restricted humid environment
SEE **euxinic environment**

retrograde metamorphism; retrogressive metamorphism; diaphthoresis

The mineralogical adjustment of relatively high-grade metamorphic rocks to temperatures lower than those of their initial metamorphism.

NOTE As opposed to "prograde metamorphism."

métamorphisme régressif; rétrométamorphisme; rétromorphose; rétromorphisme; diaphtorèse

Adaptation des roches métamorphiques à des conditions moins extrêmes que celles où elles ont cristallisé.

retrograde skarn

skarn (n.m.) **de rétrométamorphisme**

retrogressive metamorphism
SEE **retrograde metamorphism**

reverse saddle; inverted saddle; trough reef

A mineral deposit associated with the trough of a synclinal fold and following the bedding plane.

NOTE As opposed to "saddle reef."

gîte en gouttière; gouttière[2]

Gîte minéral localisé dans les parties en auge des plis.

reworked

Said of a geological material that has been displaced by natural

remanié

Qualifie les éléments d'une roche extraits pour participer à la

reworked (cont'd)

agents from its place of origin and incorporated in recognizable form in a younger formation.

construction d'un sédiment plus récent.

reworked condition

état remanié

reworked deposit

gîte remanié; gisement de remaniements

reworking

remaniement; reprise

Fait pour les éléments d'une roche d'en être extraits pour constituer un nouveau sédiment. Le plus souvent, le minerai est décomposé en même temps que la roche qui le renfermait à l'état disséminé.

ribbon
SEE **band**

ribbon ore
SEE **banded ore**

ribbon structure
SEE **banded structure**

ribbon vein
SEE **banded vein**

rich
SEE **high-grade** (adj.)

-rich

riche en

NOTE Used in expressions like "copper-rich", "sulphur-rich", etc. As opposed to "-poor."

ring ore
SEE **cockade ore**

river-bar placer
SEE **bench placer**

rock	**roche**
A naturally formed aggregate of mineral matter occurring in fragments or in large masses. NOTE The distinction between rocks and minerals is that minerals are crystalline chemical compounds, whereas rocks are aggregates composed of one or more minerals.	Agrégat naturel de matière minérale lié par des forces de cohésion importantes, et qui se présente en masses ou en fragments de grande taille. Si la composition d'un minéral est toujours fixe, celle d'une roche est variable.
rock associations	**affiliations aux roches**
Associations of mineral deposits with certain rock types.	Relations qui existent entre un gisement et un type de roche particulier.
rock bar	**barre rocheuse**
cf. bar	
rock fabric SEE **fabric**	
rock-forming mineral; lithogenetic mineral; lithogenic mineral	**minéral lithogénétique**
A mineral occurring in rocks, as opposed to minerals occurring only in veins or ore deposits.	
rock joint SEE **joint** (n.)	
roll-type deposit; C-shaped deposit; crescentic deposit	**gisement de type « roll » ; gîte en forme de croissant**
A crescent-shaped uraniferous deposit, most commonly in sandstones, formed by advancing mineralizing fluids.	
roof SEE **hanging wall**	

root

The conduit leading up through the basement to an ore deposit in the superjacent rocks.

racine

rubblerock
SEE **breccia**

rubidium-strontium age method; Rb-Sr (age) method; rubidium-strontium dating

Determination of an age for rocks or minerals in megayears (MA) based on the ratio of radiogenic strontium-87 to rubidium-87 and the known radioactive decay rate of rubidium-87. The method has particularly been applied to ancient metamorphic rocks and minerals.

méthode (du) rubidium-strontium; datation par le couple Rb-Sr; méthode (du) Rb-Sr

Méthode de datation utilisée pour les roches et minéraux très anciens, pouvant remonter jusqu'à 4 000 MA (millions d'années) – alors que la méthode potassium-argon ne dépasse pas 100 MA.

run (n.)

A nearly horizontal irregular ribbonlike orebody following the stratification of the host rock.

sillon; bande[2]**; run** (n.m.)

Corps minéralisé allongé, à sections de forme variable, mais présentant en général une localisation stratigraphique définie.

S

saddle reef; saddle

A mineral deposit associated with the crest of an anticlinal fold and following the bedding plane.

NOTE As opposed to "reverse saddle."

gîte apical; gîte en selle; selle

Gîte minéral localisé le long des crêtes de plis rocheux.

saddle vein

Saddle-shaped ore vein formed between sedimentary beds in the crests of anticlinal structures.

filon apical; filon en selle

salband
SEE **gouge** (n.)

salic

Said of minerals containing silicon and aluminum in large amount.

salique

S'applique aux minéraux riches en silice et alumine.

saline deposit; saline (n.)

A natural deposit of any soluble salt.

cf. evaporite

dépôt salin; dépôt salifère

saline residue
SEE **evaporite**

salt lake; brine lake

An inland body of water containing a high concentration of dissolved salts.

lac salé

Certains lacs salés sont des mines de sel et d'autres produits chimiques.

sandstone-hosted deposit

Specifically applied to lead and uranium deposits.

gisement dans les grès

Gîte inclus dans des formations gréseuses.

sandstone-hosted lead; sandstone lead

plomb inclus dans les grès

sandstone-hosted uranium; sandstone uranium

uranium inclus dans les grès

sandstone lead; sandstone-hosted lead

plomb inclus dans les grès

sandstone uranium; sandstone-hosted uranium

uranium inclus dans les grès

satellitic vein

filon satellite

Filon secondaire par rapport à un filon plus important.

saussuritisation [GBR]
SEE **saussuritization**

saussuritised [GBR]**; saussuritized**

saussuritisé

saussuritization; saussuritisation [GBR]

A metamorphic process by which plagioclase is replaced by a fine-grained aggregate of zoisite, epidote, albite, calcite, sericite, and zeolites.

saussuritisation

Altération des plagioclases en un mélange de zoïsite, albite, calcite, séricite, zéolite.

saussuritized; saussuritised [GBR]

saussuritisé

SCIF; silicate-carbonate iron formation

formation ferrifère à silicate-carbonate

seabeach placer
SEE **beach placer**

seam

A particular bed or vein in a series of beds. It is usually applied to coal but may also pertain to metallic minerals.

couche[2]

seam thickness

puissance des couches

secondary deposit

A deposit resulting from the alteration of a primary deposit; it is formed when the sediments already deposited are eroded and redeposited.

gisement secondaire; gîte secondaire

Gîte qui est le produit de l'altération d'un gîte primaire.

Secondary deposit

gisement d'âge secondaire

secondary dispersion; secondary geochemical dispersion

Geochemical dispersion of elements by processes originating at or just below the Earth's surface.

dispersion secondaire

secondary dispersion halo; secondary halo

auréole de dispersion secondaire; auréole secondaire

The dispersion halo occurring in mechanically transported overburden at varying distances from the actual orebody.

cf. primary dispersion halo, dispersion halo

secondary enrichment

enrichissement secondaire

A natural process by which a vein or an orebody are enriched by material of later origin, often derived from the oxidation of decomposed, overlying ore masses.

secondary geochemical dispersion
SEE **secondary dispersion**

secondary halo
SEE **secondary dispersion halo**

secondary inclusion

inclusion secondaire

A fluid inclusion formed by any process after crystallization of the host mineral is essentially complete.

secondary mineral

minéral secondaire

A mineral formed later than its enclosing rock, usually at the expense of an earlier-formed primary mineral.

Minéral provenant de l'altération d'un minéral primaire ou de la précipitation des produits de la décomposition d'un minéral primaire.

secondary ore

minerai secondaire

The alteration products of primary ore.

secondary sulfide; secondary sulphide

sulfure secondaire

SEDEX deposit
SEE **sedimentary-exhalative deposit**

sedimentary deposit

A stratified mineral deposit consisting of chemically or organically formed sediments or substances, e.g. bog iron ore, phosphatic deposits, coal seams, etc.

gîte sédimentaire; gisement sédimentaire; dépôt sédimentaire

Gîte minéral dont la matière utile a été profondément transformée par les eaux d'infiltration, les agents d'érosion, de transport et de sédimentation, les micro-organismes. L'origine peut en être purement biologique (houille, pétrole) ou physico-chimique (sels de potasse).

sedimentary-exhalative deposit; SEDEX deposit

A mineral deposit, the formation of which is associated with the upwelling of mineralizing fluids into submarine sedimentary environments.

gisement sédimentaire exhalatif

sedimentary host

encaissant (n.m.) **sédimentaire**

sedimentary ore

Ore formed by sedimentary processes.

minerai sédimentaire

sedimentary zoning

zonalité sédimentaire

sediment deposition; sedimentation

The process of deposition of sediment.

cf. deposition

sédimentation

Ensemble des processus conduisant à la formation de sédiments.

sediment-hosted deposit

gîte inclus dans les formations sédimentaires; gîte inclus dans des sédiments; gisement encaissé dans les formations sédimentaires; gisement dans les sédiments; gisement dans les roches sédimentaires

sedimentological data

données (n.f.plur.) **sédimentologiques**

Données liées à l'étude des phénomènes sédimentaires.

sedimentological environment

milieu sédimentologique

sediment-water interface

interface eau-sédiment

Les nodules polymétalliques se forment à l'interface eau-sédiment, à l'endroit où l'eau de mer est un milieu oxydant.

segregated vein; segregated lode; segregation vein

A fissure in which the filling is derived from the adjacent country rock by percolating water.

filon de ségrégation

segregation
SEE **magmatic segregation**

segregation vein
SEE **segregated vein**

seismic prospecting; seismic exploration

A method of geophysical prospecting in which vibrations are generated artificially in the ground. Precise measurements of the resulting waves are taken, from which the nature and extent of underlying strata are revealed.

prospection sismique; méthode sismique de prospection; exploration sismique; sismique (n.f.)

Méthode de prospection géophysique qui utilise les ondes issues d'explosions soit réfractées (sismique réfraction), soit réfléchies (sismique réflexion) dans le sous-sol.

selective replacement; preferential replacement

Replacement of one mineral in preference to or more rapidly than another.

remplacement sélectif

Fait pour un minéral de se substituer plus facilement à un minéral en place qu'à un autre.

selective weathering
SEE **differential weathering**

self-potential prospecting; spontaneous potential prospecting; SP prospecting; self-potential survey; SP survey

A method of electrical prospecting based on the measurement of natural Earth potentials caused by the self-potential effects from ore bodies, commonly massive sulphide and graphite.

méthode des potentiels spontanés; méthode de la polarisation spontanée

selvage
SEE **gouge** (n.)

selvedge
SEE **gouge** (n.)

sericitic alteration; sericitization

A hydrothermal, deuteric, or metamorphic process involving the introduction of, replacement by, or alteration to sericitic muscovite.

séricitisation; altération en séricite; altération sériciteuse

Altération caractérisée par la formation de mica blanc et de quartz aux dépens des feldspaths.

sericitized

séricitisé

serpentinization

The process of hydrothermal alteration by which magnesium-rich silicate minerals are converted into, or replaced by, a member of the serpentine group of minerals.

serpentinisation

Altération en serpentine de minéraux ferromagnésiens, en particulier de l'olivine, dans les roches magmatiques basiques ou ultrabasiques.

serpentinize

To convert (a magnesium silicate) into serpentine.

se serpentiniser; se transformer en serpentine; être transformé en serpentine; s'altérer en serpentine

serpentinous

Relating to, consisting of, or resembling serpentine.

serpentineux

shale-hosted deposit

gîte inclus dans les schistes argileux; gisement dans les schistes argileux

shear zone; shear belt

A tabular rock zone, narrow compared to its length, that has been crushed and brecciated by many parallel or subparallel fractures due to shear strain. Such an area is often mineralized by ore-forming solutions.

zone de cisaillement; zone cisaillée; bande de cisaillement

Bande ou tranche de roche traversée par des surfaces rapprochées le long desquelles il y a eu un cisaillement. Lors du mouvement cisaillant, les cristaux, fortement étirés et aplatis, ont parfois recristallisé et dessinent une linéation minérale parallèle à la direction du cisaillement.

shear-zone deposit; sheeted-zone deposit

An ore deposit formed in a shear zone. The resulting mineralization is either a tabular, massive lode or a lenslike mass of irregular shape.

gîte de zone de cisaillement; gisement associé à une zone de cisaillement

Gîte occupant une faille dans une zone de cisaillement et se présentant sous forme de lentilles ou de filons, ou imprégnation minérale d'une partie de la roche cisaillée.

sheet deposit
SEE **blanket-like deposit**

sheeted vein

A group of closely spaced distinct parallel fractures filled with mineral matter and separated by layers of barren rock.

filon feuilleté; filon en nappes

Groupe de veinules parallèles et rapprochées, séparées de stériles.

sheeted vein deposit

An ore deposit occupying a group of closely spaced, parallel fractures, separated by narrow plates of country rock.

gîte filonien feuilleté

sheeted-zone deposit
SEE **shear-zone deposit**

shoot (of ore)
SEE **ore shoot**

show (n.)

The detectable presence of a mineral.

cf. guide

indice[2]

Pour une substance minérale donnée, traces observées en un point et permettant de supposer que cette substance existe non loin en plus grande quantité.

siallitization

cf. bisiallitization, monosiallitization, allitization

siallitisation

Hydrolyse partielle des roches aluminosilicatées où une fraction de la silice extraite lors de l'altération réagit avec la totalité de l'alumine libérée pour engendrer de nouveaux composés silicatés du groupe des phyllosilicates argileux.

siallitized

siallitisé

siderophile element

An element with a weak affinity for oxygen and sulfur and that is readily soluble in molten iron.

cf. chalcophile element, lithophile element

élément sidérophile; sidérophile (n.m.)

Élément qui présente des affinités avec le fer métallique.

silicate-carbonate iron formation; SCIF

formation ferrifère à silicate-carbonate

silicated rock

A rock in which the process of silication has occurred.

roche silicatée

silicate facies

An important facies of BIF in which iron silicate minerals are generally associated with magnetite, siderite, and chert.

faciès silicaté

silicate-facies iron formation

An iron formation in which the principal iron minerals are silicates

formation ferrifère à faciès silicaté

silicate-facies iron formation (cont'd)

(e.g. greenalite, stilpnomelane, minnesotaite, etc.).

silicate-hosted deposit

gîte sur roches silicatées; gisement sur roches silicatées

silicate mineral

minéral silicaté

silication

altération en silicates; silicatation

The process of changing into, or replacing by, silicates, esp. in the formation of skarn minerals in carbonate rocks.

cf. silicification

siliceous ore

minerai siliceux

Minerai contenant de la silice.

siliceous sinter; sinter; geyserite

A silica-rich precipitate deposited as an incrustation around the mouth of a geyser or hot spring.

geysérite (n.f.)

Dépôt incrustant autour de l'évent d'un geyser, composé surtout de silice (opale) et d'un peu d'alumine.

silicification; silification

The introduction of, or replacement by, silica, either as quartz, chalcedony, or opal, which may fill pores and replace existing minerals.

cf. silication

silicification

Imprégnation par la silice (quartz, calcédoine, opale) d'une roche préexistante.

silicified

silicifié

Transformé en silice.

silification
SEE **silicification**

sill; bedded vein; bed vein

A sheetlike body of intrusive igneous rock which approximately conforms to bedding or other structural planes, or an ore vein that follows the bedding plane in a sedimentary rock.

NOTE As opposed to "cross-cutting vein."

cf. ore sill

filon-couche; sill (n.m.)

Lame de roche magmatique intrusive insérée entre les couches parallèles des roches encaissantes. Le terme « sill » est réservé à des coulées interstratifiées qui représentent la trace de volcans avortés. Par extension, s'applique à un filon minéralisé qui s'est introduit dans le plan de séparation de deux formations anciennes.

NOTA Par opposition à « filon transverse ».

sill of ore
SEE **ore sill**

silty matrix — **matrice silteuse**

silver-bearing
SEE **argentiferous**

silver-bearing vein — **filon argentifère**

silver mineral — **minéral d'argent**

silver ore — **minerai d'argent**

silver sulphosalt; Ag sulphosalt — **sulfosel d'argent**

sinter
SEE **siliceous sinter**

sinter deposit — **dépôt incrustant**

sintered ore — **minerai aggloméré**

site of deposition
SEE **depositional site**

size (of a deposit) — **puissance** (d'un gisement)

skarn

A lime-bearing silicate derived from limestone and dolomite with the introduction of large amounts

skarn (n.m.)

Calcaire ou dolomie du métamorphisme de contact, ayant subi une métasomatose avec

skarn (cont'd)

of silicon, aluminum, iron, and magnesium. Many skarns serve as host rocks for economic deposits of magnetite and copper sulphides.

NOTE In American usage the term is nearly synonymous with "tactite."

introduction de silice, de fer et de magnésium magmatiques.

skarn deposit

gîte skarnifère; gîte de skarns; gisement skarnifère; gisement de skarns

Almost 100% of Canadian tungsten production is derived from skarn deposits.

skarnification; skarn formation

skarnification

skarnified

skarnifié; transformé en skarns

skarn mineral

minéral de skarn(s)

A mineral resulting from contact metamorphism and caracterized by calcium silicates.

skarn mineralization; skarn-related mineralization

minéralisation de skarn(s)

skarn ore

minerai de skarn(s)

Ore found in, and formed by the same process as, the common skarn rocks and minerals.

skarn-related mineralization; skarn mineralization

minéralisation de skarn(s)

slip-fiber vein; slip-fibre vein [GBR]

filon à fibres longitudinales

A vein of fibrous mineral, esp. asbestos, in which the fibers are more or less parallel to slickensided vein walls.

sodic metasomatism; sodium metasomatism; soda metasomatism; Na metasomatism

métasomatose sodique

soft mineral

A mineral that is softer than quartz.

NOTE As opposed to "hard mineral."

minéral tendre

NOTA Par opposition à « minéral dur ».

soft rock

NOTE As opposed to "hard rock."

roche tendre

NOTA Par opposition à « roche dure ».

soil caliche
SEE **caliche**

solfataric activity

The quiet escape of hot, sulphur-rich gases from volcanic bodies. When cooled by the atmosphere the escaping gases deposit many minerals, including chlorides, sulphur and hematite.

NOTE The name is derived from the solfatara crater, north of Naples, Italy.

activité de solfatares; activité solfatarienne

solid inclusion

cf. gas inclusion, liquid inclusion

inclusion solide

La plupart des cristaux renferment des inclusions solides.

soluble products (n.pl.)

Those constituents that are released by the weathering of primary minerals and that are not required in the formation of insoluble secondary minerals.

produits (n.m.plur.) **solubles**

source rock
SEE **parent rock**

sphere ore
SEE **cockade ore**

spherulitic concretion; globular concretion

concrétion globuleuse; concrétion globulaire; concrétion sphérolitique

spherulitic inclusion; globular inclusion

inclusion globulaire; inclusion globuleuse; inclusion sphérolitique

spontaneous potential prospecting
SEE **self-potential prospecting**

spotted schist; maculose schist

A schistose argillaceous rock the spotted appearance of which is the result of incipient growth of porphyroblasts in response to contact metamorphism of low to medium intensity.

cf. knotted schist

schiste tacheté

Schiste dans lequel le métamorphisme de contact a développé des minéraux de néoformation et présentant, sur un fond gris-fer, de petites taches d'environ 1 mm dues à la présence de cordiérite ou d'andalousite.

SP prospecting
SEE **self-potential prospecting**

spring deposit

A minor deposit formed by a spring of magmatic origin that is of little economic importance but of considerable scientific interest. Silica and the sulfides of arsenic, antimony, lead, copper, and mercury are being deposited by these springs.

cf. hot-spring deposit

dépôt de source

SP survey
SEE **self-potential prospecting**

spur (n.); **offshoot**

A small vein branching from a main body of ore.

cf. tongue

apophyse[1]; ramification

Branche courte et irrégulière s'écartant d'un filon.

stabile

Applied to rocks and minerals that are mechanically or chemically stable.

NOTE As opposed to "labile."

stabile

Se dit d'une roche ou d'un minéral difficilement altérable.

NOTA Par opposition à « labile ».

stable isotope

A nuclide that does not undergo radioactive decay.

NOTE As opposed to "radioactive isotope."

isotope stable

Isotope non radioactif d'un élément.

NOTA Par opposition à « isotope radioactif » ou « radio-isotope ».

stanniferous; tin-bearing

Yielding or containing tin.

stannifère

Qui contient de l'étain.

stanniferous deposit; tin deposit

gisement d'étain; gîte d'étain; gisement stannifère; gîte stannifère

steep dip

cf. dip (n.)

fort pendage; pente forte

steeply inclined vein; steeply dipping vein; steep vein; rake vein

filon à fort pendage; filon à pendage fort; filon en dressant; filon fortement incliné

step vein; step reef [AUS]

A vein that alternately cuts through the strata of country rock and runs parallel with them.

filon en baïonnette; filon en zigzag

Filon tantôt coupant les strates de la roche encaissante et tantôt conforme à la stratification.

stock (n.)

An igneous intrusion smaller in size than a batholith (usually less than 100 km^2 in plan) and possessing a roughly circular or elliptical cross section.

stock; massif (intrusif)

Masse intrusive plus petite qu'un batholithe (diamètre inférieur à 25 km) mais semblable, de section horizontale circulaire, elliptique ou irrégulière.

stockwork; stockwork deposit; network deposit

A mineral deposit consisting of a ramifying complex of small

stockwerk (n.m.)

Gisement constitué d'un réseau de filonnets très minces et

stockwork (cont'd)

irregular veinlets so closely spaced that the whole mass can be worked, the veins being too thin and too closely spaced to be mined individually.

cf. lode[2]

anastomosés, particulièrement nombreux et rapprochés, de sorte qu'il devient nécessaire d'exploiter toute la masse du gisement.

stockwork mineralization

minéralisation de stockwerk

stockwork ore

minerai en stockwerk

strata-bound deposit; stratabound deposit

gisement lié à une strate

A mineral deposit confined to a single stratigraphic unit.

NOTE The term can refer to a stratiform deposit, to variously oriented orebodies contained within the unit, or to a deposit containing veinlets and alteration zones that may or may not be strictly conformable with bedding.

Not to be confused with "stratiform deposit." Stratiform deposits can be strata-bound but strata-bound deposits are not necessarily stratiform.

Gisement qui se limite à une seule strate.

straticule
SEE **lamination**

stratification

stratification

The deposition of material in layers.

stratiform deposit

gîte stratiforme; gisement stratiforme; dépôt stratiforme; gîte stratoïde; gisement stratoïde

A type of strata-bound deposit in which the ore is coextensive with one or more layers.

NOTE Not to be confused with "strata-bound deposit."

Gisement minéral formant des lentilles allongées et superposées, concordantes avec la stratification.

stratiform-dominated deposit

gîte à dominante stratiforme; gisement à dominante stratiforme; dépôt à dominante stratiforme

stratiform mineralization

minéralisation stratoïde; minéralisation stratiforme

stratigraphic control

The influence of stratigraphic features on mineral deposition.

contrôle stratigraphique

stratigraphic guide

In mineral exploration, a rock unit known to be associated with a specific ore occurrence.

guide stratigraphique

stratum

A tabular or sheetlike body or layer of sedimentary rock, visually separable from other layers above and below.

NOTE The term is more frequently used in its plural form, strata.

Unlike "bed", "stratum" has no connotation of thickness or extent, and although the terms are sometimes used interchangeably they are not synonymous.

cf. bed

strate

Couche de roche sédimentaire différente des dépôts inférieur et supérieur, de par sa composition et son origine.

streak (n.)**; ore streak**

An irregular, generally platy lentil of ore.

traînée (de minerai)

Lentille irrégulière, et généralement aplatie, de minerai.

stream gold
SEE **alluvial gold**

stream placer
SEE **alluvial placer**

stream-sediment analysis; stream-sediment survey

In geochemical exploration, a technique in which semi-mobile and immobile elements are measured from stream sediments.

analyse des sédiments fluviaux; étude des sédiments fluviatiles

stress mineral

A mineral whose formation in metamorphosed rocks was favored by shearing stress.

NOTE As opposed to "antistress mineral."

minéral stress

Minéral stable en présence de contraintes orientées.

NOTA Par opposition à « minéral antistress ».

stria

A line or furrow generally seen on the walls of a lode or fault.

strie

Fin sillon qui atteste qu'une cassure minéralisée a encore joué après le dépôt du minerai.

strike[1] (n.)

The direction, that is the course or bearing, of a vein measured on a level surface.

direction

strike[2] (n.)

The unexpected discovery of an economically valuable source of a mineral.

découverte; rencontre

stringer; string

A mineral veinlet or filament, usually one of a number, occurring in a discontinuous subparallel pattern in host rock.

traînée parallèle

strip mine
SEE **opencast mine**

structural control

The influence of structural features on ore deposition.

contrôle structural

Rôle qu'exercent les conditions structurales sur la répartition spatiale d'un gîte minéral.

structural framework
SEE **structural setting**

structural guide — **guide structural**

In mineral exploration, a structural feature known to be associated with an ore.

structurally-controlled deposit — **gîte déterminé par des facteurs structuraux; gisement lié à des événements structuraux; gîte régi par des facteurs structuraux**

structural setting; structural framework — **cadre structural**

NOTE of a mineral or metalliferous deposit

subaerial deposit — **dépôt subaérien**

A deposit laid down on a land surface.

subaqueous deposit — **dépôt subaquatique**

A deposit made beneath a body of water.

subconcordant deposit — **gisement subconcordant; gîte subconcordant**

A nearly concordant deposit.

cf. concordant deposit

subeconomic grade
SEE **sub-ore grade**

subhorizontal orebody — **corps minéralisé subhorizontal; corps minéralisé presque horizontal**

A nearly horizontal orebody.

subjacent; underlying — **sous-jacent**

Situated directly underneath.

sublayer; underlying bed; substratum

The rocks located under a deposit or other strata.

NOTE As opposed to "overlying bed."

couche sous-jacente; substratum

Formation géologique située en dessous d'un gisement ou d'un autre objet géologique.

NOTA Par opposition à « couche sus-jacente » ou « couche supérieure ».

submarine deposit

gisement sous-marin

submarine weathering
SEE **halmyrolysis**

sub-ore grade; subeconomic grade

cf. economic grade

teneur en minerai subéconomique; teneur subéconomique

Teneur qui se situe en deçà des teneurs économiques d'exploitation.

suboutcrop; sub-outcrop; blind apex

The upper end of a mineral deposit near the surface, but covered by superficial deposits.

cf. apex, outcrop

subaffleurement; pseudo-affleurement

suboutcropping deposit; near-surface deposit

gisement subaffleurant; gîte de subsurface; gîte subaffleurant

suboutcropping mineralization; near-surface mineralization

minéralisation subaffleurante

substratum
SEE **sublayer**

subvertical
SEE **near-vertical**

subvertical orebody

A nearly vertical orebody.

corps minéralisé subvertical; corps minéralisé presque vertical

subvolcanic deposit; hypabyssal deposit	**gisement subvolcanique; gisement hypabyssal; gîte subvolcanique; gîte hypabyssal**
A mineral deposit of magmatic origin formed at moderate or shallow depth under epicrustal conditions.	Gîte d'une profondeur intermédiaire entre un gîte plutonique et un gîte volcanique.
sulfate-reducing bacterium SEE **sulphate-reducing bacterium**	
sulfidation SEE **sulphidation**	
sulfide SEE **sulphide**	
sulfide deposit; sulphide deposit	**gisement sulfuré; gîte sulfuré; dépôt sulfuré**
sulfide facies SEE **sulphide facies**	
sulfide gold; sulphide gold	**or sulfuré**
sulfide mineral; sulphide mineral	**minéral sulfuré**
sulfide ore SEE **sulphide ore**	
sulfide-poor; sulphide-poor	**déficitaire en sulfure; pauvre en sulfure**
sulfide zone SEE **sulphide zone**	
sulfidization SEE **sulphidation**	
sulfosalt SEE **sulpho-salt**	
sulfur bacterium SEE **sulphate-reducing bacterium**	

sulfurization
SEE **sulphidation**

sulphate-reducing bacterium; sulphur bacterium; sulfate-reducing bacterium; sulfur bacterium

An anaerobic bacterium that reduces sulfate ions to hydrogen sulfide or elemental sulfur. Accumulations of sulfur formed in this way are bacteriogenic ore deposits.

NOTE The plural form of bacterium is bacteria.

bactérie réductrice des sulfates; bactérie désulfurante

Bactérie anaérobie qui libère de l'hydrogène sulfuré.

sulphidation; sulfidation; sulphidization; sulfidization; sulfurization; sulphurization

The development of sulphide minerals in the host rocks.

sulfuration

sulphide; sulfide

A mineral compound characterized by the linkage of sulphur with a metal or semimetal.

sulfure

Corps résultant de l'union du soufre avec un autre corps.

sulphide deposit; sulfide deposit

gisement sulfuré; gîte sulfuré; dépôt sulfuré

sulphide facies; sulfide facies

A facies formed under anaerobic conditions that consists of pyritic carbonaceous argillites. The main sulphide is pyrite.

faciès sulfuré

sulphide-facies iron formation; sulfide-facies iron formation; sulphide facies BIF

An iron formation consisting essentially of pyritic carbonaceous slate. It was formed in the deeper, reducing parts of seas or basins.

formation ferrifère à faciès sulfuré

L'un des quatre principaux types de formations ferrifères résultant d'une précipitation chimique.

sulphide-facies iron formation (cont'd)

NOTE James (1954) identified four important facies of banded iron formation (BIF): (a) Oxide facies; (b) Carbonate facies; (c) Silicate facies; and (d) Sulphide facies.

sulphide gold; sulfide gold — **or sulfuré**

sulphide mineral; sulfide mineral — **minéral sulfuré**

sulphide ore; sulfide ore — **minerai sulfuré**

Ore in which the sulfide minerals predominate.

sulphide-poor; sulfide-poor — **déficitaire en sulfure; pauvre en sulfure**

sulphide precipitation — **précipitation de sulfures**

sulphide zone; sulfide zone — **zone sulfurée**

That part of a sulphide deposit not yet oxidized by near-surface waters and containing sulphide minerals.

sulphidization
SEE **sulphidation**

sulpho-salt; sulfosalt; sulphosalt — **sulfosel; sulfo-sel**

A double sulphide in which metallic and metalloid or nonmetallic elements are present in combination with sulphur.

sulphur bacterium
SEE **sulphate-reducing bacterium**

sulphur isotopic composition — **composition isotopique du soufre**

sulphurization
SEE **sulphidation**

superficial alteration — **altération superficielle**

superficial deposit; surficial deposit; surface deposit — **gîte de surface; gîte de couverture; dépôt de couverture; dépôt superficiel**

An unconsolidated and residual, alluvial, or glacial deposit occurring on or near the Earth's surface.

superficial weathering; surface weathering — **altération superficielle météorique; météorisation superficielle**

Most weathering occurs at the surface, but it may take place at considerable depths, where rocks permit easy penetration of atmospheric oxygen and circulating surface waters.

cf. weathering

supergene alteration — **altération supergène**

NOTE As opposed to "hypogene alteration."

Altération résultant de la percolation d'eaux descendantes.

supergene deposit — **gîte supergène; gisement supergène**

supergene enrichment — **enrichissement supergène**

The downward enrichment of ores or minerals by the action of descending ground water which has leached the surface zone of an ore deposit.

NOTE The term is more commonly applied to the enrichment of sulphide deposits.

supergene environment — **milieu supergène**

supergene mineral — **minéral supergène**

A mineral formed by downward enrichment.

supergene ore — **minerai supergène**

NOTE As opposed to "hypogene ore."

supergene process — **processus supergène**

A process involving water percolating down from the surface. Typical supergene processes are solution, hydration, oxidation, etc.

supergene sulfide zone; supergene sulphide zone — **zone sulfurée supergène**

The zone in which supergene sulfide enrichment occurs.

superimposed metamorphism
SEE **polymetamorphism**

Superior type BIF
SEE **Lake Superior-type iron formation**

superstratum
SEE **overlying bed**

surface deposit
SEE **superficial deposit**

surface prospecting — **prospection superficielle; prospection de surface**

Mise en évidence d'indices superficiels et travaux de surface sur ces indices.

surface weathering
SEE **superficial weathering**

surficial deposit
SEE **superficial deposit**

surrounding rock
SEE **country rock**

swell (n.); **swelling** (n.); **make** (n.)

A local enlargement or thickening in a vein or ore deposit.

NOTE As opposed to "pinch."

cf. pinch-and-swell structure

renflement; segment ouvert; ouverture[2]

Épaississement local d'un filon ou d'un corps minéralisé.

NOTA Par opposition à « pincement » ou « étranglement ».

swell out (v.)

se rouvrir

S'épaissir en parlant d'un filon.

symptomatic mineral
SEE **diagnostic mineral**

synchronous ore

minerai synchrone

Minerai formé en même temps que son milieu.

syndiagenesis

The sedimentational, prediastrophic phase of diagenesis.

cf. early diagenesis

syndiagenèse

Diagenèse biochimique due aux organismes vivants et surtout aux bactéries.

syndiagenetic deposit

gisement syndiagénétique

syngenesis

The process by which mineral deposits were formed simultaneously and in a similar manner to the rock enclosing them.

syngenèse

Processus dans lequel le minerai et son enveloppe se mettent en place en même temps.

syngenetic deposit; idiogenous deposit; idiogenetic deposit

A mineral deposit formed contemporaneously with its enclosing rock.

NOTE As opposed to "epigenetic deposit."

gisement syngénétique; dépôt syngénétique; gîte syngénétique; dépôt idiogène

Gîte minéral contemporain des formations encaissantes et mis en place dans des conditions analogues.

NOTA Par opposition à « gisement épigénétique ».

synsedimentary deposit

A sedimentary ore deposit in which the ore minerals formed contemporaneously with the enclosing rock.

gîte synsédimentaire; gisement synsédimentaire

Gîte contemporain de la sédimentation.

tabular deposit

A flat tablelike or stratified bed, e.g. coal seam.

gîte tabulaire; gisement tabulaire; dépôt tabulaire

tabular orebody

An orebody shaped like a tablet, relatively long in two dimensions and short in the third.

corps minéralisé tabulaire

tactite

A rock of complex mineralogical composition formed by contact metamorphism and metasomatism of carbonate rock.

NOTE The term "skarn" is nearly synonymous.

tactite (n.f.)

Roche initialement carbonatée, riche en silicates.

NOTA Le terme tactite, correspondant à un sous-ensemble de skarns, est maintenant abandonné par les pétrographes.

tailings

The waste material remaining after most of the valuable ore has been extracted.

résidus; rejets

tectonic setting; tectonic framework

The combination in time and space of subsiding, stable, and rising tectonic elements in sedimentary provenance and depositional areas.

cadre tectonique

telemagmatic deposit

gîte télémagmatique; gisement télémagmatique

A hydrothermal mineral deposit of magmatic origin located far from its original source.

Gîte minéral formé à distance d'une intrusion magmatique originelle.

telescoped deposit

gîte télescopé

An ore deposit in which the normal upward range of high- to low-temperature mineral assemblages is vertically compressed.

Gîte dans lequel les minéraux s'interpénètrent.

telescoping

télescopage

The compression of mineral assemblages of an ore deposit with the country rock. Epithermal deposits sometimes show telescoping.

Rencontre ou présence simultanée de métaux ou de minéraux sur un espace restreint, alors qu'ils sont ailleurs normalement disjoints. La présence de l'étain et de l'argent dans les gîtes stanno-argentifères est un exemple de télescopage.

telethermal deposit

gisement téléthermal; gîte téléthermal

A hydrothermal mineral deposit formed at shallow depth and relatively low temperatures, far from the source of hydrothermal solutions which gave rise to them.

Gîte hydrothermal situé en surface, à grande distance des foyers d'apport hydrothermal.

tenor
SEE **grade**[1] (n.)

terrace placer
SEE **bench placer**

Tertiary deposit

dépôt (d'âge) tertiaire; gîte tertiaire; gisement tertiaire

test pit; test hole; trial pit [GBR]

puits de reconnaissance

A shallow shaft or excavation made to determine the existence, extent, or grade of a mineral deposit.

texture

In petrology, the sizes, shapes of particles, and mutual relationships among the component crystals of a rock.

texture

Ensemble des caractères définissant l'agencement et les relations volumiques et spatiales des populations minérales d'une roche.

thickness

The distance at right angles between the hanging wall and the footwall of a lode.

puissance; ouverture[3]; épaisseur

NOTA d'un filon

thick vein

filon puissant; veine puissante; filon bien ouvert

thin out (v.)
SEE **pinch out** (v.)

tin-bearing
SEE **stanniferous**

tin deposit; stanniferous deposit

gisement d'étain; gîte d'étain; gisement stannifère; gîte stannifère

tin lode; tin vein

filon à étain; filon stannifère

tin mineralization

minéralisation stannifère

tin placer

placer à étain

tin province

province à étain; province stannifère

tin-silver deposit

gîte stanno-argentifère; dépôt stanno-argentifère; gisement stanno-argentifère

tin-tungsten province

province stanno-tungsténifère; province à étain et tungstène

tin vein; tin lode

filon à étain; filon stannifère

titaniferous; titanium-bearing

Carrying titanium.

titanifère

Qui renferme du titane.

titanium-iron deposit

gîte de ferrotitane

tongue; apophysis

A branch or offshoot from an intrusive body of igneous rock.

NOTE The plural form of apophysis is apophyses.

cf. spur

apophyse[2]

Prolongement sommital d'un massif de roches éruptives, dont la constitution minéralogique peut être légèrement différente.

tonnage

The amount of ore contained in a workable deposit. It is expressed in tonnes (t) or megatonnes (Mt).

tonnage

Quantité totale de métal que contient une concentration métallifère.

tonnage factor; tonnage-volume factor

The amount of cubic feet of ore per tonne in deposit.

coefficient de tonnage

top
SEE **overburden**

top wall
SEE **hanging wall**

tourmalinisation [GBR]
SEE **tourmalinization**

tourmalinised [GBR]
SEE **tourmalinized**

tourmalinization; tourmalinisation [GBR]

An alteration process whereby minerals or rocks are replaced wholly or in part by tourmaline.

tourmalinisation

Formation d'une roche à quartz et à tourmaline, aux dépens des micas et des feldspaths primitifs.

tourmalinized; tourmalinised [GBR]

tourmalinisé

Altéré en tourmaline.

trace amount; trace quantity

quantité infime; quantité infinitésimale; quantité négligeable

trace content; trace element content

teneur en éléments traces

trace element

élément en trace(s); élément(-)trace

An element that occurs in minute but detectable quantities in minerals and rocks. The principal trace elements are molybdenum, copper, boron, cobalt, manganese, and zinc.

Élément chimique présent en quantité infime dans les minéraux et dans les roches.

NOTA Plur. : éléments traces, éléments en traces.

trace element content; trace content

teneur en éléments traces

trace quantity; trace amount

quantité infime; quantité infinitésimale; quantité négligeable

tracer

traceur

A substance that is used in a process to trace its course.

Les gisements métallifères, en reflétant les processus dynamiques de l'intérieur de la Terre, jouent le rôle de traceurs à partir desquels on suit les circulations dans la croûte et on détermine les forces motrices de ces circulations.

translucent mineral

minéral translucide

A mineral that transmits some light but through which the outlines of objects cannot be seen.

transparent mineral

minéral transparent

A mineral that transmits light and through which the outlines of objects can be seen clearly.

transported bauxite

bauxite transportée; bauxite allochtone; bauxite secondaire; bauxite resédimentée

Eroded bauxite that has been carried away in solution and redeposited elsewhere.

Bauxite qui a été remaniée, transportée par les eaux et redéposée.

transported bauxite (cont'd)

NOTE As opposed to "autochthonous bauxite."

NOTA Par opposition à « bauxite autochtone » ou « bauxite primaire ».

trapped constituent
SEE **entrapped constituent**

treelike
SEE **dendritic**

trial pit [GBR]
SEE **test pit**

Triassic deposit

gîte d'âge triasique; gîte du Trias

trituration
SEE **comminution**

trough of a syncline

fond synclinal; voussure synclinale; auge synclinale; arête synclinale

The lowest point of a fold surface.

cf. reverse saddle

trough reef
SEE **reverse saddle**

tungsten-bearing; wolfram-bearing

tungstifère; wolframifère

tungsten deposit

gisement de tungstène; gîte de tungstène

tungsten ore

minerai de tungstène

tungsten skarn; W skarn

skarn (n.m.) **à tungstène**

typomorphic mineral

minéral typomorphe; minéral à faciès typomorphe

A mineral that is typically developed in only narrow ranges of temperature and pressure.

Minéral dont la forme, la couleur, la composition varient en fonction du type de gisement, donc des conditions de genèse.

ubiquitous mineral

A mineral that seems to be present everywhere.

minéral ubiquiste

Minéral très largement répandu à la surface du globe, dans des dépôts pouvant se rencontrer dans des conditions géologiques fort variées.

unalterable; unattackable

cf. unweatherable

inaltérable; inattaquable

Se dit de minéraux que l'altération n'atteint pas.

unaltered

Said of a mineral that has remained unchanged.

cf. unweathered

inaltéré; non altéré

unaltered rock
SEE **fresh rock**

unattackable
SEE **unalterable**

unconformably; nonconformably

en discordance

unconformity-associated deposit; unconformity deposit

gîte associé à une discordance; gîte lié à une discordance

unconsolidated placer

cf. placer

placer non consolidé

underlie

To occupy a lower position than, or to pass beneath.

être sous-jacent à; constituer l'assise de

underlying
SEE **subjacent**

underlying bed
SEE **sublayer**

unmixing
SEE **exsolution**

unmixing lamella
SEE **exsolution lamella**

unweatherable — **inattaquable par les agents atmosphériques; inaltérable par les agents atmosphériques**

Said of a mineral that is not attackable by atmospheric conditions.

unweathered — **non météorisé; non altéré par les agents atmosphériques**

Said of a mineral that has not been changed by exposure to atmospheric conditions.

unweathered rock
SEE **fresh rock**

U-Pb (age) method
SEE **uranium-lead dating**

U-Pb dating
SEE **uranium-lead dating**

up dip (adv.) — **en amont-pendage; à l'amont-pendage**

NOTE As opposed to "down dip."

updip (n.) — **amont-pendage**

Partie d'un gisement située au-dessus d'un niveau de référence.

upgradable product — **produit valorisable**

upgrading — **valorisation**[2]

The increase of the commercial value of a mineral product by appropriate treatment.

uprising flow
SEE **ascending flow**

uprising magma; ascending magma — **magma ascendant**

uprising solution
SEE **ascending solution**

upward movement — **migration *per ascensum*; migration ascendante; mouvement *per ascensum*; mouvement ascendant**

Describes the vertical ascending motion of metal-bearing solutions.

NOTE As opposed to "downward movement."

Déplacement vertical vers le haut, en particulier des solutions métallifères.

uralitization; uralitisation [GBR] — **ouralitisation**

The alteration of pyroxenes to a fibrous mass of amphibole.

Transformation d'un cristal de pyroxène en amphibole.

uralitized pyroxene — **pyroxène ouralitisé**

uraniferous; uranium-bearing — **uranifère**

Containing uranium.

Qui contient de l'uranium.

uraniferous mineral; uranium mineral; uranium-bearing mineral — **minéral uranifère**

uraniferous placer; uranium placer — **placer d'uranium**

cf. placer

uranium-bearing
SEE **uraniferous**

uranium-bearing mineral; uraniferous mineral; uranium mineral — **minéral uranifère**

uranium deposit — **gisement d'uranium; gîte d'uranium; dépôt d'uranium; gîte uranifère; gisement uranifère; dépôt uranifère**

An ore deposit containing more than 350 p.p.m. uranium.

uranium isotope — **isotope de l'uranium**

uranium-lead dating; U-Pb dating; uranium-lead age method; U-Pb (age) method; lead-uranium age method — **datation par le couple uranium-plomb; méthode uranium-plomb**

Calculation of an age for geologic material based on the known radioactive decay rate of uranium to lead.

uranium mineral; uranium-bearing mineral; uraniferous mineral — **minéral uranifère**

uranium ore — **minerai d'uranium**

uranium placer; uraniferous placer — **placer d'uranium**

cf. placer

uranium resources (n.pl.) — **ressources** (n.f.plur.) **uranifères**

useful mineral
SEE **valuable mineral**

valuable mineral; useful mineral — **minéral utile**

cf. ore mineral

Minéral qui peut être mis en valeur.

vanadium-bearing; vanadiferous — **vanadifère**

Containing or yielding vanadium.

Qui contient du vanadium.

vanadium ore

minerai de vanadium

vein

A mineral deposit that generally fills a fissure or fault in the country rock.

NOTE A vein and a lode are generally the same thing, the former being more scientific, the latter a miner's name for it. Some authors use the term "lode" specifically when the filling is metalliferous.

cf. lode[1]

filon; veine

Masse allongée de substances minérales au milieu de couches de nature différente. Un filon correspond le plus souvent au remplissage d'une fracture (diaclase, faille), et est habituellement de pente très forte.

vein deposit
SEE **lode deposit**

vein filling; vein matter; vein material; veinstuff; lodestuff

All the minerals and materials occurring within the walls of a vein.

caisse filonienne; remplissage filonien; remplissage de veine; remplissage de filon

Contenu d'un filon dont les limites correspondent aux épontes. Ses matériaux peuvent être minéralisés ou non (caisse minéralisée ou caisse stérile).

vein gold; lode gold

or filonien

vein intersection

The place where two or more veins cross or meet.

intersection de filons; intersection de veines

Endroit où deux filons se croisent, et qui peut être le siège d'une concentration plus importante de minerais.

veinlet

A small vein.

filonnet; veinule

Filon de petites dimensions.

NOTA Bien qu'entre un filon et une veinule, il n'y ait aucune distinction précise fondée sur la grosseur, on appelle généralement veinule (ou filonnet) un gîte de moins d'un pouce ou deux de largeur.

veinlet ore

minerai en filonnets; minerai en veinules

vein material
SEE **vein filling**

vein matter
SEE **vein filling**

vein mineralization

minéralisation filonienne

vein mining

exploitation des filons; exploitation filonienne

The working of mineral veins.

vein network; vein system; complex of veins

An assemblage of veins of a particular age or fracture system, usually inclusive of more than one lode.

champ de filons; champ filonien; réseau de filons; réseau filonien

Ensemble formé par un groupe de filons ou de veinules plus ou moins ramifiés (filons croiseurs et filons croisés) réparti sur un vaste espace.

vein ore

minerai filonien; minerai en filon

vein scale

échelle du filon

veinstuff
SEE **vein filling**

vein system
SEE **vein network**

vein thickness

puissance d'un filon; ouverture d'un filon; puissance d'une veine; épaisseur d'un filon

cf. thickness

vein wall; wall

The side of a lode or vein. The overhanging side is known as the hanging wall and the lower lying side as the footwall.

cf. footwall, hanging wall

éponte (n.f.)

Chacune des surfaces limitant un filon, et bordure de la roche encaissante au contact du filon. (L'éponte sous le filon est le mur, celle sur le filon est le toit.)

vertical zoning

NOTE As opposed to "horizontal zoning."

zonalité verticale

VMS; volcanogenic massive sulphide

sulfure massif d'origine volcanique

volcanic deposit

cf. volcanogenic deposit

gisement volcanique

Gîte caractéristique d'une région volcanique riche en manifestations métallifères et provenant sans doute du dégagement des minéralisateurs sous forme de gaz volcaniques.

volcanic exhalative deposit
SEE **exhalative deposit**

volcanic-hosted deposit

gîte inclus dans les formations volcaniques

volcanic massive sulphide deposit

A generally stratiform volcanic deposit that often consists of over 90% iron sulphide, usually as pyrite.

cf. massive sulphide deposit

gîte volcanique de sulfures massifs

Gîte d'origine volcanique se situant souvent au contact de laves acides.

volcanic-related deposit

gisement associé au volcanisme; gisement lié au volcanisme; gîte associé à des roches volcaniques

volcanogenic deposit; volcanigenic deposit

A mineral deposit considered to have been produced through volcanic agencies and demonstrably associated with volcanic phenomena.

NOTE About the same as "volcanic deposit," but insists more on the origin than on the character of the deposit.

gîte d'origine volcanique

volcanogenic massive sulphide; VMS

sulfure massif d'origine volcanique

volcano-sedimentary deposit

gisement volcano-sédimentaire; gîte volcano-sédimentaire; dépôt volcano-sédimentaire

vug

A small cavity in a vein or ore deposit, usually lined with crystals of a different mineral composition from the enclosing rock.

vacuole

Petite cavité, vide ou remplie de minéraux différents de ceux de la roche encaissante.

vuggy

Relating to a vug or applied to a mineral deposit abounding in vugs.

vacuolaire

wall
SEE **vein wall**

wall rock; wallrock

The rock forming the walls of a vein, lode, or disseminated ore deposits. It is commonly altered.

NOTE The term implies more specific adjacency than host rock or country rock.

cf. host rock, country rock

roche encaissante[2]

Roche formant les parois d'un filon ou d'un gisement.

wallrock alteration; wall(-)rock alteration

A reaction of hydrothermal mineralizing fluids permeating parts of the wall rocks and causing changes in color, mineralogy and texture that are most marked adjacent to the vein and become less distinct further away.

altération des roches encaissantes

Modification des roches encaissantes des gîtes minéraux par l'introduction de solutions qui ont précédé ou accompagné le dépôt des minerais.

wall zone

The outer zone in a zoned mineral deposit.

cf. core zone, intermediate zone

zone extérieure

wash dirt

Gold-bearing earth worth washing.

alluvions aurifères (n.f.pl.)

wash gravel

Gravel washed to extract gold.

gravier aurifère

washing

cf. panning

lavage

Séparation, avec de l'eau, des parties terreuses et des parties métalliques d'un matériau métallifère meuble.

wash ore

minerai alluvial

wash pan
SEE **pan**

waste
SEE **dead ground**

waste rock
SEE **dead ground**

wavy vein

A vein that alternately enlarges or pinches at short intervals.

filon d'épaisseur irrégulière

weathered

Said of a rock or mineral that has been changed by long exposure to atmospheric conditions.

cf. altered mineral, altered rock

météorisé

Altéré par l'action des agents atmosphériques.

NOTA Dans la pratique, le terme anglais *weathered* est souvent traduit par « altéré », qui a plus d'extension.

weathering; weathering process

altération météorique; météorisation; altération atmosphérique

The process by which rocks and their constituent minerals are broken down *in situ* by mechanical (ice, water, wind) and/or chemical (from the action of percolating ground waters) means.

cf. chemical weathering, mechanical weathering, alteration

Ensemble des modifications de nature mécanique, physico-chimique ou biochimique, que subissent les roches exposées aux agents atmosphériques. (La gélifraction, la dissolution ou l'hydrolyse sont des formes de météorisation.)

NOTA Chez de nombreux auteurs, le terme « altération » est utilisé en français avec le sens plus restreint de « altération météorique ».

weathering profile

profil d'altération météorique

The succession of layers in unconsolidated surface material produced by prolonged weathering.

weathering zone; zone of weathering

zone d'altération météorique

A layer of the Earth's crust that is subjected to the destructive agents of the atmosphere.

cf. alteration zone

Witwatersrand goldfield; Rand goldfield

district aurifère du Witwatersrand; district aurifère du Rand

The gold mining district, commonly called the Rand, of the Republic of South Africa.

NOTA Couramment abrégé « le Rand ».

wolfram-bearing; tungsten-bearing

tungsténifère; wolframifère

workable
SEE **mineable**

workable deposit
SEE **mineable deposit**

workable grade

teneur exploitable; teneur d'exploitabilité

Teneur du minerai suffisamment riche pour en permettre l'extraction.

workable ore
SEE **mineable ore**

workable tonnage

tonnage exploitable; tonnage d'exploitabilité

worked ore; mined ore

minerai exploité

worked out
SEE **mined out**

worthless gangue

NOTE As opposed to "valuable mineral."

gangue sans valeur

W skarn; tungsten skarn

skarn (n.m.) **à tungstène**

xenothermal deposit

A hydrothermal mineral deposit formed at high temperature but at shallow to moderate depth.

gîte xénothermal; gisement xénothermal

Dépôt hydrothermal formé à haute température, mais à profondeur faible ou modérée.

zeolitization

Introduction of, alteration to, or replacement by, a mineral or minerals of the zeolite group. The

zéolitisation

Transformation des feldspaths et d'autres aluminosilicates en zéolites.

zeolitization (cont'd)

process is sometimes associated with copper mineralization.

zinc-bearing
SEE **zinciferous**

zinc deposit — **gisement de zinc; gîte zincifère**

zinciferous; zinc-bearing — **zincifère**

Containing or yielding zinc.

Qui contient du zinc.

zinc ore; ore of zinc — **minerai de zinc**

zonal distribution; zonal arrangement — **répartition zonale; répartition zonaire; disposition zonale; disposition zonaire; répartition en zones; disposition en zones**

A zoning of minerals or ores about a hot center with high-temperature ores inside and low-temperature ores outside.

zonal pattern; zonation pattern; zonal scheme — **schéma zonal**

Représentation graphique d'une succession zonale.

zonal sequence — **succession zonale**

zonal structure
SEE **zoning**[1]

zonation
SEE **zoning**[2]

zonation pattern
SEE **zonal pattern**

zone — **zone**

In a vein or deposit, a distinctively mineralized area from upper to lower horizons. A vein may be divided into three main zones: (1) the unaltered ore at depth;

zone (cont'd)

(2) the altered surface portion that contains native metals and oxides; and (3) the zone of secondary enrichment that occurs between the first two zones.

zoned deposit — **dépôt zoné; gisement zoné; gîte zoné**

A deposit that is arranged in zones of different color or mineralogy.

zoned pegmatite — **pegmatite zonée**

zone of alteration; alteration zone — **zone d'altération**

zone of cementation
SEE **cementation zone**

zone of oxidation
SEE **oxidized zone**

zone of weathering
SEE **weathering zone**

zoning[1]; zonal structure — **zonage; zonation; structure zonée; structure zonaire; structure encapuchonnée**

In crystallography, the concentric layering parallel to the periphery of a crystalline mineral, shown by color banding in some minerals.

cf. crystal zoning

Variation concentrique de la composition chimique et des propriétés physiques d'un minéral.

zoning[2]; zonation — **zonalité**

In a mineral deposit, the occurrence of successive minerals or elements outward from a common center. Zoning is esp. well developed in the mineralization-alteration assemblages about subvolcanic occurrences such as porphyry base-metal deposits.

cf. mineralogical zonation

Variation zonale des minéralisations, observable notamment à la périphérie de beaucoup de massifs granitiques circonscrits.

Français	English
aberration métallogénique; monstre; éléphant; gisement géant; énorme gisement; monstre gîtologique	giant (n.); giant deposit; elephant (fig.)
accrétion	accretion
aciculaire; en aiguille(s)	acicular; needlelike; needle-shaped
acide humique	humic acid
action bactérienne	bacterial action
activité de solfatares; activité solfatarienne	solfataric activity
activité hydrothermale; hydrothermalisme	hydrothermal activity; hydrothermal processes
activité solfatarienne; activité de solfatares	solfataric activity
adcumulat	adcumulate
affiliations aux roches	rock associations
affleurant	outcropping (adj.)
affleurement	outcrop (n.); outcropping (n.)
affleurement minéralisé	mineralized outcrop; mineralised outcrop [GBR]
affleurer	crop out (v.); outcrop (v.)
abattage	extraction

âge au K-Ar; âge au potassium-argon; âge obtenu au K-Ar; âge obtenu au potassium-argon; âge isotopique au K-Ar; âge isotopique au potassium-argon	K-Ar age; potassium-argon age; K/Ar age; potassium/argon age
agent d'érosion	agent of erosion
agent de transport; transporteur	ore carrier; carrier of mineralization; carrier
agent minéralisateur; vecteur de minéralisation; substance minéralisante; minéralisateur (n.m.)	mineralizer; mineralizing agent
agent réducteur; réducteur (n.m.)	reducing agent; reductant
âge obtenu au K-Ar; âge obtenu au potassium-argon; âge isotopique au K-Ar; âge isotopique au potassium-argon; âge au K-Ar; âge au potassium-argon	K-Ar age; potassium-argon age; K/Ar age; potassium/argon age
agpaïtique	agpaitic
agrégat (de minerai); gros morceau (de minerai); bloc (de minerai)	lump (of ore)
aiguille(s), en; aciculaire	acicular; needlelike; needle-shaped
albitisation	albitization; albitisation [GBR]
albitisé	albitized; albitised [GBR]
alcalinisation; altération alcaline	basification
algomien; du type Algoma	Algoman (adj.); Algoma-type
alios (n.m.)	iron pan; ironpan
allitisation; alitisation	allitization; allitisation [GBR]
allochtone; allothigène; allogène	allogenic; allothigenic; allothogenic; allothigenous; allothigenetic; allochthonous

alluvion (n.f.); gisement alluvionnaire; gisement alluvial; gîte alluvionnaire; gîte alluvial; dépôt alluvionnaire; dépôt alluvial	alluvium; alluvion; alluvial (n.); alluvial deposit
alluvions aurifères (n.f.pl.)	wash dirt
altérable	alterable
altération	alteration
altération alcaline; alcalinisation	basification
altération argileuse	argillic alteration
altération argileuse intensive	advanced argillic alteration
altération atmosphérique; altération météorique; météorisation	weathering; weathering process
altération calcitique; calcitisation	calcitization
altération carbonatée; carbonatation	carbonation; carbonatization; carbonate alteration
altération chimique; transformation chimique	chemical alteration
altération chimique météorique; météorisation chimique	chemical weathering
altération colluviale	colluvial alteration
altération des roches encaissantes	wallrock alteration; wall(-)rock alteration
altération deutérique	deuteric alteration
altération diagénétique; transformation diagénétique; modification diagénétique	diagenetic alteration; diagenetic change
altération en illite; altération illitique; illitisation	illitization

altération en limonite; limonitisation	limonitization
altération en séricite; altération sériciteuse; séricitisation	sericitic alteration; sericitization
altération en silicates; silicatation	silication
altération feldspathique; feldspathisation	feldspathization
altération ferrallitique; altération latéritique (vieilli); ferrallitisation; ferralitisation; latéritisation (vieilli); latérisation (vieilli)	ferrallitization; ferrallization
altération ferrugineuse; ferruginisation	ferrugination; ferruginization
altération hydrothermale	hydrothermal alteration
altération hypogène	hypogene alteration
altération illitique; illitisation; altération en illite	illitization
altération intense; intense altération	pervasive alteration
altération K; altération potassique	potassic alteration; K alteration
altération kaolinique; kaolinisation	kaolinization; kaolinisation [GBR]
altération karstique; karstification	karstification
altération latéritique (vieilli); ferrallitisation; ferralitisation; latéritisation (vieilli); latérisation (vieilli); altération ferrallitique	ferrallitization; ferrallization
altération météorique; météorisation; altération atmosphérique	weathering; weathering process

altération météorique différentielle; météorisation sélective; météorisation différentielle; altération météorique sélective	differential weathering; selective weathering
altération météorique profonde; météorisation profonde	deep weathering
altération météorique sélective; altération météorique différentielle; météorisation sélective; météorisation différentielle	differential weathering; selective weathering
altération météorique tardive; météorisation tardive	late weathering
altération pneumatolytique; pneumatolyse	pneumatolysis; pneumatolytic alteration
altération potassique; altération K	potassic alteration; K alteration
altération propylitique; propylitisation	propylitic alteration; propylitization
altération pyriteuse; pyritisation	pyritization; pyritisation [GBR]
altération séricEiteuse; séricitisation; altération en séricite	sericitic alteration; sericitization
altération sous-marine; halmyrolyse	halmyrolysis; halmyrosis; submarine weathering
altération superficielle	superficial alteration
altération superficielle météorique; météorisation superficielle	superficial weathering; surface weathering
altération supergène	supergene alteration
altérer en serpentine, s'; se serpentiniser; se transformer en serpentine; être transformé en serpentine	serpentinize
altérite (n.f.)	alterite

alunitisation	alunitization
amas (de minerai)	mass (of ore)
amas fusiforme; lentille fusiforme; lentille allongée	pod; ore pod; elongated lentil; fusiform lens
amas minéralisé; minéralisation[2]	mineralization[2]; mineralisation [GBR]
amenuiser et disparaître, s'; s'étrangler; se terminer en biseau	pinch out (v.); thin out (v.)
amincissement progressif jusqu'à disparition	pinching out
amont-pendage	updip (n.)
amont-pendage, à l'; en amont-pendage	up dip (adv.)
ampélite; schiste ampéliteux; schiste ampélitique; schiste noir	black shale; ampelite (obs.)
amygdale (n.f.)	amygdule; amygdale
analyse des sédiments fluviaux; étude des sédiments fluviatiles	stream-sediment analysis; stream-sediment survey
analyse exoscopique; exoscopie	exoscopy; electron microscopy
anastomoser, s'; être anastomosé	anastomose (v.)
anchimétamorphisme	anchimetamorphism
anomalie de gravité négative; anomalie négative de gravité; anomalie négative de la pesanteur	negative gravity anomaly
anomalie de gravité positive; anomalie gravimétrique positive	positive gravity anomaly
anomalie de (la) gravité; anomalie gravimétrique	gravity anomaly; gravitational anomaly
anomalie géochimique	geochemical anomaly

anomalie gravimétrique; anomalie de (la) gravité	gravity anomaly; gravitational anomaly
anomalie gravimétrique positive; anomalie de gravité positive	positive gravity anomaly
anomalie isostatique négative	negative isostatic anomaly
anomalie isostatique positive	positive isostatic anomaly
anomalie magnétique	magnetic anomaly
anomalie magnétique négative	negative magnetic anomaly
anomalie magnétique positive	positive magnetic anomaly
anomalie négative	negative anomaly
anomalie négative de gravité; anomalie négative de la pesanteur; anomalie de gravité négative	negative gravity anomaly
anomalie positive	positive anomaly
anomalie radioactive	radioactivity anomaly
anorthosite (n.f.) gabbroïque	gabbro anorthosite; gabbroic anorthosite
anorthositisation	anorthositization
antécinématique (adj.); protérogène (adj.)	prekinematic; pre-kinematic
anté-minerai; pré-minerai; antérieur à la mise en place du minerai	pre-ore (adj.)
antéminéral; antérieur à la minéralisation; anté-minéral	premineral (adj.)
antérieur à la mise en place du minerai; anté-minerai; pré-minerai	pre-ore (adj.)
anticlinal (n.m.); pli anticlinal	anticline; anticlinal fold

apex; tête; partie apicale; zone apicale	apex
apophyse[1]; ramification	spur (n.); offshoot
apophyse[2]	tongue; apophysis
aquatolyse	aquatolysis
arborescent; arborisé; dendritique	dendritic; arborescent; tree-like; treelike
arête synclinale; fond synclinal; voussure synclinale; auge synclinale	trough of a syncline
argentifère	argentiferous; argentian; silver-bearing
argile de décalcification; argile de décarbonatation	chalk decalcification clay
argile rouge des grands fonds; boue rouge des grands fonds	deep-sea red clay
argilification; argilisation	argillization
argilifié; argilisé	argillized; clay-altered
argilisation; argilification	argillization
argilisé; argilifié	argillized; clay-altered
arséniate (n.m.)	arsenate; arseniate
arséniure (n.m.)	arsenide
ascensionnisme	ascension theory
aspect; habitus; habitus cristallin; faciès cristallographique; faciès[2]	habit; mineral habit
aspect fibreux, d'; de texture fibreuse; fibreux	asbestiform; fibrous
aspect rubané; rubanement	banding

assèchement de formation	formation dewatering
assemblage; association	assemblage; association
assemblage minéral; association minéralogique; association minérale; association de minéraux; assemblage de minéraux	mineral assemblage; mineral association
assimilation magmatique; digestion; assimilation	assimilation; magmatic assimilation; magmatic digestion; magmatic dissolution
assises rouges; formations rouges; couches rouges	redbeds; red beds
association; assemblage	assemblage; association
association de minéraux; assemblage de minéraux; assemblage minéral; association minéralogique; association minérale	mineral assemblage; mineral association
association de minéraux d'altération	alteration assemblage; alteration mineral assemblage
association minérale; association de minéraux; assemblage de minéraux; assemblage minéral; association minéralogique	mineral assemblage; mineral association
association paragénétique; paragenèse	paragenesis
auge synclinale; arête synclinale; fond synclinal; voussure synclinale	trough of a syncline
auréole; halo	aureole; envelope[3]; halo
auréole d'altération; halo d'altération	alteration halo; alteration aureole; alteration envelope
auréole de contact; auréole de métamorphisme de contact	contact metamorphic aureole; contact aureole

auréole de dispersion; auréole de dissémination; halo de dispersion	dispersion halo
auréole de dispersion primaire; auréole primaire	primary dispersion halo; primary halo; genetic halo
auréole de dispersion secondaire; auréole secondaire	secondary dispersion halo; secondary halo
auréole de dissémination; halo de dispersion; auréole de dispersion	dispersion halo
auréole de métamorphisme; auréole métamorphique	metamorphic aureole
auréole de métamorphisme de contact; auréole de contact	contact metamorphic aureole; contact aureole
auréole géochimique; halo géochimique	geochemical halo; geochemical aureole
auréole hydrothermale	hydrothermal aureole
auréole métamorphique; auréole de métamorphisme	metamorphic aureole
auréole primaire; auréole de dispersion primaire	primary dispersion halo; primary halo; genetic halo
auréole secondaire; auréole de dispersion secondaire	secondary dispersion halo; secondary halo
aurifère	auriferous; gold-bearing
authigène; autochtone	authigenic; authigenous; authigenetic; autochthonous
authigenèse	authigenesis
autochtone; authigène	authigenic; authigenous; authigenetic; autochthonous
autochtonie	autochthony
autohydratation	autohydratation
autométamorphisme	autometamorphism

autométasomatose	autometasomatism
aval-pendage	downdip (n.)
aval-pendage, à l'; en aval-pendage	down dip (adv.)
avoir une teneur de; titrer	assay (v.); grade (v.)

B

bactérie désulfurante; bactérie réductrice des sulfates	sulphate-reducing bacterium; sulphur bacterium; sulfate-reducing bacterium; sulfur bacterium
banc de conglomérats aurifères; reef	reef
bande[1]; ruban	band; ribbon
bande[2]; run (n.m.); sillon	run (n.)
bande de cisaillement; zone de cisaillement; zone cisaillée	shear zone; shear belt
baraquements; coron; village minier; camp minier; campement	camp; mining town; mining camp
barre; seuil; saillie	bar (n.)
barre graveleuse; barre de graviers	gravel bar
barre rocheuse	rock bar
basse teneur; faible teneur; teneur faible	low grade[1] (n.); low tenor
basse teneur, à; pauvre; à faible teneur	low-grade (adj.); lean

bassin de dépôt; bassin de sédimentation; bassin sédimentaire	basin of deposition
bassin rempli de saumure; bassin sursalé	brine-filled basin
bassin sédimentaire; bassin de dépôt; bassin de sédimentation	basin of deposition
bassin sursalé; bassin rempli de saumure	brine-filled basin
batée[1] (n.f.)	pan; wash pan
batée[2] (n.f.); lavage à la batée; batéiage	panning
batholite; batholithe	batholith; bathylith
baueritisation; bauéritisation	baueritization
bauxite à bœhmite	boehmitic bauxite
bauxite à gibbsite	gibbsitic bauxite
bauxite allochtone; bauxite secondaire; bauxite resédimentée; bauxite transportée	transported bauxite
bauxite autochtone; bauxite primaire	autochthonous bauxite
bauxite karstique	karst bauxite
bauxite latéritique	lateritic bauxite
bauxite primaire; bauxite autochtone	autochthonous bauxite
bauxite secondaire; bauxite resédimentée; bauxite transportée; bauxite allochtone	transported bauxite
bauxitisation	bauxitization
bilan géochimique	geochemical balance

biofaciès	biofacies
bio-rhexistasie	biorhexistasy
bio-rhexistasique	biorhexistatic
biseau	pinch-out (n.)
bisiallitisation	bisiallitization
bituminisation	bituminization
blanchiment	bleaching
bloc (de minerai); agrégat (de minerai); gros morceau (de minerai)	lump (of ore)
bloc minéralisé; bloc morainique minéralisé	mineralized boulder; mineralised boulder [GBR]
bonanza (n.m.)	bonanza
botryoïde; botryoïdal; en grappes	botryoidal
bouche hydrothermale; cheminée hydrothermale; orifice hydrothermal	hydrothermal vent
boucle cymoïde	cymoid loop
boue rouge des grands fonds; argile rouge des grands fonds	deep-sea red clay
boues métallifères	metalliferous mud
boues noires; vases noires	black mud
boues vertes; vases vertes	green mud
brande (n.f.); fahlbande (n.f.)	fahlband
brèche	breccia; rubblerock
brèche ferrugineuse	canga

brèche minéralisée	mineralized breccia; mineralised breccia [GBR]; ore-hosting breccia
bréchification; formation de brèches	brecciation
bréchiforme; bréchoïde	brecciform; breccioid; brecciated

C

cadre du dépôt; cadre gîtologique	deposit setting
cadre géologique; contexte géologique	geologic(al) setting
cadre gîtologique; cadre du dépôt	deposit setting
cadre structural	structural setting; structural framework
cadre tectonique	tectonic setting; tectonic framework
caisse filonienne; remplissage filonien; remplissage de veine; remplissage de filon	vein filling; vein matter; vein material; veinstuff; lodestuff
calcaire encaissant	host limestone
calcaire oolitique; calcaire oolithique	oolitic limestone; oolite
calcaire phosphatisé	phosphatized limestone; phosphatised limestone [GBR]
calcification	calcification
calcitisation; altération calcitique	calcitization
calcrète (n.f.); calcrete (n.f.)	calcrete; calcicrete
caliche	caliche; soil caliche

camp d'exploitation de l'or	gold camp
camp minier; campement; baraquements; coron; village minier	camp; mining town; mining camp
caractère envahissant (d'une altération)	pervasiveness (of an alteration)
caractère géologique; trait géologique	geologic(al) feature
carbonatation; altération carbonatée	carbonation; carbonatization; carbonate alteration
carbonaté	carbonatized
carbonatite	carbonatite
carbonifère; houiller	carboniferous; coal-bearing
carbonification; carbonisation; houillification	coalification; carbonification; incarbonization; incoalation; bitumenization
carbonifié; carbonisé; houillifié	coalified
carbonisation; houillification; carbonification	coalification; carbonification; incarbonization; incoalation; bitumenization
carbonisé; houillifié; carbonifié	coalified
carte des gîtes minéraux	mineral deposit map
carte métallogénique	metallogenic map
cassure; fracture	fracture
catamorphisme; katamorphisme	catamorphism; katamorphism
ceinture aurifère; ceinture à or	gold belt
ceinture de roches vertes; région de roches vertes; zone de roches vertes	greenstone belt

ceinture métallogénique; zone métallogénique	metallogenic belt
ceinture minérale	mineral belt
cémentation; cimentation	cementation
centre; noyau[1]; zone centrale	core zone
centre de croissance; germe[2]	nucleus[2]
chalcophile (n.m.); élément thiophile; thiophile (n.m.); élément chalcophile	chalcophile element
champ aurifère; champ d'or; district aurifère	goldfield; gold field; gold district; auriferous district; Au district
champ de filons; champ filonien; réseau de filons; réseau filonien	vein network; vein system; complex of veins
champ de nodules	nodule field
champ d'or; district aurifère; champ aurifère	goldfield; gold field; gold district; auriferous district; Au district
champ filonien; réseau de filons; réseau filonien; champ de filons	vein network; vein system; complex of veins
chapeau; roche de couverture; roche-couverture; roche supérieure	cover rock
chapeau de basalte	basalt cap
chapeau (de dôme de sel)	cap rock
chapeau de fer; chapeau d'oxydation; chapeau oxydé; chapeau ferrugineux; colorados	gossan; gozzan; iron hat; colorados; capping
cheminée bréchique; pipe (n.é.) bréchique; pipe (n.é.) de brèche	breccia pipe
cheminée d'altération	alteration pipe

cheminée de kimberlite(s); cheminée kimberlitique; pipe (n.é.) de kimberlite(s)	kimberlite pipe
cheminée diamantifère; pipe (n.é.) de kimberlite diamantifère	diamond pipe; diamond-bearing kimberlite pipe
cheminée hydrothermale; orifice hydrothermal; bouche hydrothermale	hydrothermal vent
cheminée kimberlitique; pipe (n.é.) de kimberlite(s); cheminée de kimberlite(s)	kimberlite pipe
cheminée (minéralisée); pipe (n.é.)	chimney; pipe; ore chimney; ore pipe; neck
cheminée nourricière	feeder[2]; feeder vent; feeding vent
chenal d'accès; voie de cheminement; voie de passage; voie d'accès	feeder[1]; feeding channel; channelway; channel
chert (n.m.)	chert
cherteux	cherty
chertification	chertification
chimisme	chemism
chloritisation	chloritization; chloritisation [GBR]; chloritic alteration
chloritisé	chloritized; chloritised [GBR]
chromite de qualité métallurgique; chromite métallurgique	metallurgical-grade chromite
cimentation; cémentation	cementation
circulation aqueuse; circulation de solutions aqueuses	aqueous fluid dispersion
clarke (n.m.)	clarke; crustal abundance

clarke de concentration	clarke of concentration
classification génétique	genetic classification
classification géochimique	geochemical classification
classification métallogénique	metallogenic classification
claste (n.m.)	clast
coefficient de tonnage	tonnage factor; tonnage-volume factor
coeur; noyau[2]; nucléus; germe[1]	nucleus[1]; core
cogénétique; cogénique	cogenetic; co-genetic
colloïdal	colloidal
colluvial	colluvial
colluvion (n.f.); dépôt colluvial	colluvial deposit; colluvium
colonne minéralisée; colonne de richesse; colonne	ore shoot; oreshoot; shoot (of ore); chute
colorados; chapeau de fer; chapeau d'oxydation; chapeau oxydé; chapeau ferrugineux	gossan; gozzan; iron hat; colorados; capping
comagmatique	comagmatic; consanguineous
combustible minéral	mineral fuel
combustibles minéraux énergétiques; minéraux énergétiques; minéraux à vocation énergétique	energy minerals
comminution	comminution; pulverization; trituration
compaction	compaction
compétence (d'une roche)	competency (of a rock)

complexation chimique; formation d'un complexe chimique	chemical complexation
complexe de carbonatites	carbonatite complex
complexion	complexing
comportement géochimique	geochemical behavio(u)r
composition isotopique du soufre	sulphur isotopic composition
composition minéralogique; constitution minéralogique	mineralogic(al) composition
concentration de nodules	nodule concentration
concentration en minéraux lourds	heavy mineral concentration
concentration épigénétique; concentration épigénique	epigenetic concentration
concentration minérale	mineral concentration
concentration payante; traînée payante	pay streak; paystreak
concentration résiduelle; enrichissement résiduel	residual concentration
concentré de minéraux lourds	heavy mineral concentrate
concrétion	concretion
concrétion ferro-manganésée; concrétion ferromanganique	ferromanganese concretion
concrétion ferrugineuse	ferruginous concretion
concrétion globulaire; concrétion sphérolitique; concrétion globuleuse	globular concretion; spherulitic concretion
condition oxydante	oxidizing condition
condition réductrice	reducing condition
cône alluvial	alluvial fan

conglomérat à galets de quartz; conglomérat de cailloux quartzeux	quartz pebble conglomerate
conglomérat auro-uranifère; conglomérat d'or-uranium	gold-uranium-bearing conglomerate; gold-uranium conglomerate
conglomérat de cailloux quartzeux; conglomérat à galets de quartz	quartz pebble conglomerate
conglomérat d'or-uranium; conglomérat auro-uranifère	gold-uranium-bearing conglomerate; gold-uranium conglomerate
conglomérat métamorphisé	metamorphosed conglomerate; metaconglomerate
conglomérat minéralisé	mineralized conglomerate; mineralised conglomerate [GBR]
conglomérat polymictique	polymictic conglomerate
constituant emprisonné; constituant piégé	entrapped constituent; trapped constituent
constituer l'assise de; être sous-jacent à	underlie
constitution minéralogique; composition minéralogique	mineralogic(al) composition
contamination crustale	crustal contamination
contenu dans; inclus dans; encaissé dans	hosted by
contexte géologique; cadre géologique	geologic(al) setting
contrôle	control (n.)
contrôle chimique	chemical control
contrôle de minéralisation	ore control
contrôle géochimique	geochemical control

contrôle géologique	geologic(al) control
contrôle lithologique	lithologic(al) control
contrôle morphologique; contrôle physiographique	morphologic control; physiographic control
contrôle paléogéographique	paleogeographical control; palaeogeographical control [GBR]
contrôle par des fractures	fracture control
contrôlé par des fractures	fracture-controlled
contrôle physiographique; contrôle morphologique	morphologic control; physiographic control
contrôle stratigraphique	stratigraphic control
contrôle structural	structural control
co-produit; coproduit	co-product; coproduct
cornéenne (n.f.)	hornfels
cornéenne à silicates calciques	calc-silicate hornfels
cornéenne calcique	calcic hornfels
coron; village minier; camp minier; campement; baraquements	camp; mining town; mining camp
corps de minerai; masse de minerai; corps minéralisé; masse minéralisée	orebody; ore body
corps intrusif	intrusive body
corps lenticulaire	lenticular body
corps minéralisé; masse minéralisée; corps de minerai; masse de minerai	orebody; ore body
corps minéralisé à forte teneur	high-grade orebody

corps minéralisé allongé	elongate orebody; elongated orebody
corps minéralisé de remplacement; corps minéralisé de substitution	replacement ore body; replacement orebody
corps minéralisé en forme de cheminée; corps minéralisé en forme de pipe	pipe-like orebody; pipe-shaped orebody
corps minéralisé entre failles bordières; corps minéralisé limité par des failles	fault-bounded orebody
corps minéralisé lenticulaire	lenticular orebody
corps minéralisé limité par des failles; corps minéralisé entre failles bordières	fault-bounded orebody
corps minéralisé plombo-zincifère	lead-zinc orebody
corps minéralisé presque horizontal; corps minéralisé subhorizontal	subhorizontal orebody
corps minéralisé presque vertical; corps minéralisé subvertical	subvertical orebody
corps minéralisé subhorizontal; corps minéralisé presque horizontal	subhorizontal orebody
corps minéralisé subvertical; corps minéralisé presque vertical	subvertical orebody
corps minéralisé tabulaire	tabular orebody
corps stratiforme plissé	folded stratiform body
couche[1]	layer
couche[2]	seam
couche carbonatée	carbonate-bearing bed
couche compétente; lit compétent	competent layer; competent bed

couche de charbon	coal seam; coal bed; coalbed
couche de minerai; couche minéralisée	ore bed
couche oblique; lit oblique	crossbed; cross-bed
couche sous-jacente; substratum	sublayer; underlying bed; substratum
couches rouges; assises rouges; formations rouges	redbeds; red beds
couche supérieure; couche sus-jacente	overlying bed; overlying stratum; superstratum
courant ascendant	ascending flow; uprising flow
crête filonienne	dyke wall; dike wall
cristallisation	crystallization
cristallisation cotectique	cotectic crystallization
cristallisation diagénétique	diagenetic crystallization
cristallisation fractionnée	fractional crystallization; fractional crystallisation [GBR]; fractionation; crystal fractionation
cristalloblaste (n.m.)	crystalloblast
cristaux lamellaires, en; en lamelles	bladed
croiseur (n.m.); filon croiseur	countervein; counterlode; counter lode; cross vein; cross lode; cross course
croûte calcaire	calcareous crust; calc-crust
croûte cobaltifère; encroûtement cobaltifère	cobalt crust
croûte de manganèse	manganese incrustation; manganese crust

croûte ferrugineuse	ferricrust
crustification	crustification
cumulat	cumulate; accumulative rock
cumulus	cumulus
cuprifère	copper-bearing; cupriferous
cycle géochimique	geochemical cycle
cycle métallogénique	metallogenic cycle
cymoïde (n.f.); structure cymoïde	cymoid structure; cymoid curve

damouritisation	damouritization
datation au K-Ar; datation au potassium-argon	K-Ar dating; potassium-argon dating
datation isotopique; datation radiométrique; détermination radiométrique de l'âge; mesure d'âge isotopique	isotopic dating; isotopic age determination; isotope dating; radiometric dating; radiometric age determination
datation paléomagnétique	paleomagnetic dating; palaeomagnetic dating [GBR]
datation par le couple Rb-Sr; méthode (du) Rb-Sr; méthode (du) rubidium-strontium	rubidium-strontium age method; Rb-Sr (age) method; rubidium-strontium dating
datation par le couple uranium-plomb; méthode uranium-plomb	uranium-lead dating; U-Pb dating; uranium-lead age method; U-Pb (age) method; lead-uranium age method

datation radiométrique; détermination radiométrique de l'âge; mesure d'âge isotopique; datation isotopique	isotopic dating; isotopic age determination; isotope dating; radiometric dating; radiometric age determination
décalcification; décalcitisation	decalcification
décarbonatation	decarbonatation
décarbonaté	decarbonated
décoloration (des roches encaissantes d'un gîte)	discoloration; discolouration [GBR]
décomposition	breakdown[1]; decomposition
décomposition chimique	chemical breakdown
découverte; rencontre	strike[2] (n.)
dédolomitisation	dedolomitization; dedolomitisation [GBR]
déficitaire en; pauvre en	-poor
déficitaire en sulfure; pauvre en sulfure	sulphide-poor; sulfide-poor
déformation pénétrative	penetrative deformation
dégagement des gaz; dégazage; dégagement gazeux	degassing
dégagement des matières volatiles; extraction des matières volatiles	devolatilization; boiling off of volatiles
dégagement gazeux; dégagement des gaz; dégazage	degassing
degré; intensité; niveau	grade[3] (n.)
degré d'altération; intensité de l'altération	grade of alteration

degré de métamorphisme; niveau de métamorphisme; intensité du métamorphisme; degré d'intensité du métamorphisme	metamorphic grade; metamorphic rank; grade of metamorphism; rank of metamorphism
degré de métamorphisme plus intense; niveau plus élevé de métamorphisme	higher grade of metamorphism
degré d'intensité du métamorphisme; degré de métamorphisme; niveau de métamorphisme; intensité du métamorphisme	metamorphic grade; metamorphic rank; grade of metamorphism; rank of metamorphism
degré élevé; forte intensité	high grade[2] (n.)
degré inférieur; niveau inférieur; intensité moindre	lower grade[2]
dendrite (n.f.)	dendrite; dendrolite
dendritique; arborescent; arborisé	dendritic; arborescent; tree-like; treelike
départ d'eau; exhaure; épuisement des eaux	dewatering
déplacement latéral; sécrétion latérale; drainage latéral; migration latérale; migration *per lateralum*	lateral secretion
dépôt[1]; gîte; gisement	deposit
dépôt[2]	deposition
dépôt à dominante stratiforme; gîte à dominante stratiforme; gisement à dominante stratiforme	stratiform-dominated deposit
dépôt allochtone; gîte allochtone	allochthonous deposit
dépôt alluvial; alluvion (n.f.); gisement alluvionnaire; gisement alluvial; gîte alluvionnaire; gîte alluvial; dépôt alluvionnaire	alluvium; alluvion; alluvial (n.); alluvial deposit

dépôt aurifère; gîte aurifère; gisement aurifère; dépôt d'or; gîte d'or; gisement d'or	gold deposit; gold-bearing deposit; auriferous deposit
dépôt autochtone; gîte autochtone; gîte en place; gisement en place	autochthonous deposit; *in situ* deposit
dépôt biogénétique; dépôt biogène; dépôt organogène	biogenic deposit; biogenetic deposit; biogenous deposit
dépôt clastique; gîte clastique; gisement clastique	fragmental deposit; clastic deposit
dépôt colloforme	colloform deposit
dépôt colluvial; colluvion (n.f.)	colluvial deposit; colluvium
dépôt concordant; gisement concordant	concordant deposit; conformable deposit
dépôt conglomératique	conglomeratic deposit; conglomerate deposit
dépôt continental; gîte continental	continental deposit
dépôt cuprifère; gîte de cuivre; gisement de cuivre; gîte cuprifère; gisement cuprifère; dépôt de cuivre	copper deposit
dépôt (d'âge) tertiaire; gîte tertiaire; gisement tertiaire	Tertiary deposit
dépôt de couverture; dépôt superficiel; gîte de surface; gîte de couverture	superficial deposit; surficial deposit; surface deposit
dépôt de cuivre; dépôt cuprifère; gîte de cuivre; gisement de cuivre; gîte cuprifère; gisement cuprifère	copper deposit
dépôt de cuivre porphyrique; gisement de cuivre porphyrique; gîte porphyrique de cuivre; gisement porphyrique de cuivre	porphyry copper deposit

dépôt de fer marin; gisement de fer marin	marine iron deposit
dépôt de fer oolithique; gîte de fer oolithique; gisement de fer oolithique	oolitic iron deposit; oölitic iron deposit
dépôt de fumerolles volcaniques	fumerole deposit; fumarole deposit
dépôt de l'or	gold deposition
dépôt de manganèse; gisement de manganèse	manganese deposit
dépôt de marais; dépôt en milieu marécageux	bog deposit
dépôt de minerai; gisement de minerai; gîte de minerai	ore deposit
dépôt de minéraux	mineral deposition
dépôt de nickel; dépôt nickélifère; gîte de nickel; gîte nickélifère; gisement de nickel; gisement nickélifère	nickel deposit; nickeliferous deposit
dépôt de plage	beach deposit
dépôt de plomb-zinc; dépôt plombo-zincifère; gisement de plomb-zinc; gisement plombo-zincifère; gîte de plomb-zinc; gîte plombo-zincifère	lead-zinc deposit; lead and zinc deposit
dépôt de source	spring deposit
dépôt de source chaude	hot-spring deposit
dépôt de source minérale	mineral spring deposit
dépôt de substitution; gisement de substitution; gîte de substitution	replacement deposit
dépôt détritique; gisement détritique; gîte détritique	detrital deposit

dépôt d'évaporites; dépôt évaporitique; dépôt (salin) d'évaporation; gisement d'évaporation	evaporite deposit
dépôt diluvial	diluvial deposit; diluvium
dépôt disséminé; gîte disséminé; gisement disséminé	disseminated deposit
dépôt d'or; gîte d'or; gisement d'or; dépôt aurifère; gîte aurifère; gisement aurifère	gold deposit; gold-bearing deposit; auriferous deposit
dépôt d'or alluvial; gîte d'or alluvionnaire	alluvial gold deposit
dépôt du minerai	ore deposition
dépôt d'uranium; gîte uranifère; gisement uranifère; dépôt uranifère; gisement d'uranium; gîte d'uranium	uranium deposit
dépôt en milieu marécageux; dépôt de marais	bog deposit
dépôt épigénétique; dépôt épigénique; gîte épigénétique; gîte épigénique; gisement épigénétique; gisement épigénique	epigenetic deposit
dépôt épithermal; gîte épithermal; gisement épithermal	epithermal deposit
dépôt évaporitique; dépôt (salin) d'évaporation; gisement d'évaporation; dépôt d'évaporites	evaporite deposit
dépôt exploitable; gisement exploitable; gîte exploitable	mineable deposit; minable deposit; workable deposit
dépôt ferromanganésifère; gisement mixte fer-manganèse	ferromanganese deposit; iron-manganese deposit
dépôt ferrugineux	ferruginous deposit

dépôt filonien épithermal; gîte filonien épithermal; gisement filonien épithermal	epithermal vein deposit
dépôt filonien mésothermal; gisement filonien mésothermal; gîte filonien mésothermal	mesothermal vein deposit
dépôt fluvial; gîte fluviatile; gîte fluvial; dépôt fluviatile	fluvial deposit; fluviatile deposit
dépôt fossile; gîte fossile	fossil deposit
dépôt hydrothermal; gisement hydrothermal; gîte hydrothermal	hydrothermal deposit
dépôt hyperalcalin	peralkaline deposit
dépôt hypothermal; gîte hypothermal; gisement hypothermal	hypothermal deposit
dépôt idiogène; gisement syngénétique; dépôt syngénétique; gîte syngénétique	syngenetic deposit; idiogenous deposit; idiogenetic deposit
dépôt inclus dans une formation ferrifère rubanée; gîte inclus dans une formation de fer rubanée	BIF-hosted deposit
dépôt incrustant	sinter deposit
dépôt infiltrationnel	infiltration deposit
dépôt interstitiel; gîte interstitiel	interstitial deposit
dépôt interstratifié; gisement interstratifié; gîte interstratifié	interbedded deposit; interstratified deposit
dépôt lacustre; gisement lacustre	lacustrine deposit
dépôt lagunaire; gisement lagunaire	lagoonal deposit; lagunar deposit [GBR]
dépôt latéritique; gisement latéritique; gîte latéritique	lateritic deposit

dépôt lenticulaire; gisement lenticulaire; gisement en lentille; gîte en lentille; gîte lenticulaire	lensoid deposit
dépôt magmatique précoce; gîte magmatique précoce; gisement magmatique précoce	early magmatic deposit
dépôt magmatique tardif; dépôt tardimagmatique; gîte magmatique tardif; gîte tardimagmatique; gisement magmatique tardif; gisement tardimagmatique	late magmatic deposit
dépôt marginal; gîte de ségrégations périphériques; gisement de ségrégations périphériques	marginal deposit
dépôt massif; gisement en amas; gisement massif; gîte en amas	massive deposit
dépôt mésothermal; gîte mésothermal; gisement mésothermal	mesothermal deposit; mesothermal ore deposit; mesothermal mineral deposit
dépôt métallifère; gîte métallifère; gisement métallifère	metalliferous deposit; metal-bearing deposit
dépôt minéralisé	mineralized deposit; mineralised deposit [GBR]
dépôt nickélifère; gîte de nickel; gîte nickélifère; gisement de nickel; gisement nickélifère; dépôt de nickel	nickel deposit; nickeliferous deposit
dépôt organogène; dépôt biogénétique; dépôt biogène	biogenic deposit; biogenetic deposit; biogenous deposit
dépôt oxydé; gisement oxydé; gîte d'oxydation	oxidized deposit; oxidised deposit [GBR]
dépôt placérien; gîte de placer; placer; gîte placérien; gisement placérien	placer; placer deposit

dépôt placérien glaciaire; placer glaciaire	glacial placer deposit
dépôt plissé; gîte plissé	folded deposit
dépôt plombifère; gîte plombifère; gîte de plomb; gisement plombifère; gisement de plomb	lead-bearing deposit; lead deposit
dépôt plombo-zincifère; gisement de plomb-zinc; gisement plombo-zincifère; gîte de plomb-zinc; gîte plombo-zincifère; dépôt de plomb-zinc	lead-zinc deposit; lead and zinc deposit
dépôt plutonique; gisement plutonique; gîte plutonique	plutonic deposit
dépôt pneumatolytique; gîte pneumatolytique; gisement pneumatogène; gisement pneumatolytique	pneumatolytic deposit; pneumatogenic deposit
dépôt post-magmatique	postmagmatic deposit
dépôt primaire; gîte primaire; gisement primaire	primary deposit
dépôt pyrométasomatique; gîte pyrométasomatique; gisement pyrométasomatique	pyrometasomatic deposit
dépôt rejeton; rejeton	offset deposit; offset (n.); offset dike
dépôt remobilisé	remobilized deposit; remobilised deposit [GBR]
dépôt résiduel; gîte résiduel; gisement résiduel	residual deposit
dépôt rubané; gisement rubané; gîte rubané	banded deposit
dépôt salin; dépôt salifère	saline deposit; saline (n.)

dépôt (salin) d'évaporation; gisement d'évaporation; dépôt d'évaporites; dépôt évaporitique	evaporite deposit
dépôt sédimentaire; gîte sédimentaire; gisement sédimentaire	sedimentary deposit
dépôts isotopiques	isotopical deposits
dépôt stanno-argentifère; gisement stanno-argentifère; gîte stanno-argentifère	tin-silver deposit
dépôt stratiforme; gîte stratoïde; gisement stratoïde; gîte stratiforme; gisement stratiforme	stratiform deposit
dépôt subaérien	subaerial deposit
dépôt subaquatique	subaqueous deposit
dépôt sulfuré; gisement sulfuré; gîte sulfuré	sulphide deposit; sulfide deposit
dépôt superficiel; gîte de surface; gîte de couverture; dépôt de couverture	superficial deposit; surficial deposit; surface deposit
dépôt syngénétique; gîte syngénétique; dépôt idiogène; gisement syngénétique	syngenetic deposit; idiogenous deposit; idiogenetic deposit
dépôt tabulaire; gîte tabulaire; gisement tabulaire	tabular deposit
dépôt tardimagmatique; gîte magmatique tardif; gîte tardimagmatique; gisement magmatique tardif; gisement tardimagmatique; dépôt magmatique tardif	late magmatic deposit
dépôt uranifère; gisement d'uranium; gîte d'uranium; dépôt d'uranium; gîte uranifère; gisement uranifère	uranium deposit

dépôt volcano-sédimentaire; gisement volcano-sédimentaire; gîte volcano-sédimentaire	volcano-sedimentary deposit
dépôt zoné; gisement zoné; gîte zoné	zoned deposit
désagrégation; désintégration	breakdown[2]
désagrégation mécanique; destruction mécanique; désintégration mécanique	mechanical weathering; mechanical breakdown; disintegration; disaggregation; physical weathering
descendant radioactif; produit fils; produit de filiation	daughter; daughter product; decay product; radioactive decay product
descensionnisme	descension theory
déshydratation	dehydration
désilicification; désilification	desilication; desilification
désintégration; désagrégation	breakdown[2]
désintégration mécanique; désagrégation mécanique; destruction mécanique	mechanical weathering; mechanical breakdown; disintegration; disaggregation; physical weathering
désintégration (radioactive)	decay; radioactive decay
destruction mécanique; désintégration mécanique; désagrégation mécanique	mechanical weathering; mechanical breakdown; disintegration; disaggregation; physical weathering
détection de blocs minéralisés; détection de boulders; repérage de blocs minéralisés; repérage de boulders conducteurs	boulder tracing
détermination radiométrique de l'âge; mesure d'âge isotopique; datation isotopique; datation radiométrique	isotopic dating; isotopic age determination; isotope dating; radiometric dating; radiometric age determination

diaclase (n.f.); joint	joint (n.); rock joint
diadochie; substitution diadochique	diadochic replacement; diadochy
diagenèse	diagenesis
diagenèse d'enfouissement	burial diagenesis
diagenèse précoce	early diagenesis
diagenèse tardive	late diagenesis
diagénétique	diagenetic; postdepositional
diaphtorèse; métamorphisme régressif; rétrométamorphisme; rétromorphose; rétromorphisme	retrograde metamorphism; retrogressive metamorphism; diaphthoresis
diatrème (n.m.)	diatreme
différenciation (magmatique)	differentiation; magma differentiation; magmatic differentiation; magmatic fractionation
différenciation métamorphique	metamorphic differentiation
différenciation par gravité; séparation par gravité	gravity fractionation; gravitational differentiation
diffusion chimique	chemical diffusion
digestion; assimilation; assimilation magmatique	assimilation; magmatic assimilation; magmatic digestion; magmatic dissolution
diramation en queue de cheval	horsetailing; horse-tailing
direction	strike[1] (n.)
discordance, en	nonconformably; unconformably
dislocation; formation de faille(s)	faultage; faulting
dispersion primaire	primary dispersion; primary geochemical dispersion

dispersion secondaire	secondary dispersion; secondary geochemical dispersion
dispositif en queue de cheval; structure en queue de cheval; queue de cheval	horsetail structure; horse-tail structure
disposition zonale; disposition zonaire; répartition en zones; disposition en zones; répartition zonale; répartition zonaire	zonal distribution; zonal arrangement
dissémination; éparpillement	dissemination
dissolution	dissolution
dissolution chimique	chemical dissolution
distance métallotectique	metallotectic distance
district	district
district aurifère; champ aurifère; champ d'or	goldfield; gold field; gold district; auriferous district; Au district
district aurifère du Witwatersrand; district aurifère du Rand	Witwatersrand goldfield; Rand goldfield
district métallifère	metalliferous district
district minéralisé	mineralized district; mineralised district [GBR]
district minier	mining district
district nickélifère	nickel field
district plombifère	lead district
district plombo-zincifère	lead-zinc district
documentation géologique	geologic(al) records
dolomitisation	dolomitization; dolomitisation [GBR]; dolomization
dolomitisation tardive	late dolomitization

dolomitisé	dolomitized; dolomitised [GBR]
domaine du métamorphisme	metamorphic domain
données (n.f.plur.) géochimiques	geochemical data
données (n.f.plur.) géochronologiques	geochronologic(al) data
données (n.f.plur.) métallogéniques	metallogenic data
données (n.f.plur.) sédimentologiques	sedimentological data
dragage	dredging
drainage latéral; migration latérale; migration *per lateralum*; déplacement latéral; sécrétion latérale	lateral secretion
druse (n.f.)	druse
dyke (n.m.); filon rocheux intrusif	dike; dyke [GBR]
dyke (n.m.) de minerai	ore dike; ore dyke [GBR]

eau acide	acid water; acidic water
eau calcique	calcic water
eau carboniquée (néol.); eau riche en CO_2; eau chargée de gaz carbonique	carbonated water
eau chlorurée	chloride water
eau de métamorphisme; eau métamorphique	metamorphic water

eau hydrothermale	hydrothermal water
eau hypersaline; saumure	brine; natural brine; hypersaline water
eau interstitielle	interstitial water
eau juvénile	juvenile water
eau magmatique	magmatic water
eau métamorphique; eau de métamorphisme	metamorphic water
eau météorique	meteoric water
eau météorique circulante; eau météorique en migration	circulating meteoric water
eau riche en CO_2; eau chargée de gaz carbonique; eau carboniquée (néol.)	carbonated water
échange cationique; échange de base	cation exchange; base exchange
échantillon global; échantillon industriel	bulk sample
échantillonnage au hasard; échantillonnage aléatoire	random sampling
échantillonnage massif	bulk sampling
échelle du dépôt; échelle du gisement	deposit scale
échelle du district (minier)	district scale
échelle du filon	vein scale
échelle du gisement; échelle du dépôt	deposit scale
échelle régionale	regional scale

éclat métallique	metallic luster; metallic lustre [GBR]
effet de filtre presse	filter pressing; filtration pressing; filtration differentiation
effet deutérique	deuteric effect
efflorescence	bloom (n.); efflorescence
efflorescence du phosphate	phosphate bloom
Eh; potentiel d'oxydoréduction; potentiel d'oxydo-réduction; potentiel redox	oxidation-reduction potential; redox potential; Eh
élément chalcophile; chalcophile (n.m.); élément thiophile; thiophile (n.m.)	chalcophile element
élément de filiation; élément fils; élément fille	daughter(-)element
élément des terres rares	rare-earth element; REE
élément dispersé; élément disséminé; élément diffus	dispersed element
élément en trace(s); élément(-)trace	trace element
élément fils; élément fille; élément de filiation	daughter(-)element
élément générateur de minerais; élément minéralisateur	ore-forming element
élément lithophile; lithophile (n.m.)	lithophile element
élément(-)mère; élément(-)parent; élément(-)père	parent element; parent (n.)
élément métallique	metallic element
élément minéralisateur; élément générateur de minerais	ore-forming element

élément natif	native element
élément(-)parent; élément(-)père; élément(-)mère	parent element; parent (n.)
élément sidérophile; sidérophile (n.m.)	siderophile element
élément thiophile; thiophile (n.m.); élément chalcophile; chalcophile (n.m.)	chalcophile element
élément(-)trace; élément en trace(s)	trace element
éléphant; gisement géant; énorme gisement; monstre gîtologique; aberration métallogénique; monstre	giant (n.); giant deposit; elephant (fig.)
éluvion (n.f.); gîte éluvial; gîte d'éluvion; gîte éluvionnaire	eluvial deposit; eluvium
encaissant (adj.); hôte (adj.); porteur (adj.)	host (adj.); enclosing
encaissant (n.m.); hôte[1] (n.m.); support	host[1] (n.)
encaissant (n.m.) sédimentaire	sedimentary host
encaissé dans; contenu dans; inclus dans	hosted by
enchevêtrement; réseau de filons anastomosés	anastomosing network
enclave	inclusion[1]; enclave [GBR]
enclave syngénétique	autolith; cognate xenolith; cognate inclusion; endogenous inclusion
encroûtement cobaltifère; croûte cobaltifère	cobalt crust
endogène	endogenetic; endogenic; endogenous

endomorphisme; endométamorphisme	endomorphism; endometamorphism; endomorphic metamorphism
endoskarn (n.m.)	endoskarn
enfoncer, s'; plonger; s'incliner	dip (v.)
énorme gisement; monstre gîtologique; aberration métallogénique; monstre; éléphant; gisement géant	giant (n.); giant deposit; elephant (fig.)
enrichissement[1]; valorisation[1]	enrichment[1]; beneficiation
enrichissement[2]	enrichment[2]
enrichissement résiduel; concentration résiduelle	residual concentration
enrichissement secondaire	secondary enrichment
enrichissement supergène	supergene enrichment
entourage géologique; milieu géologique; environnement géologique	geologic(al) environment
envahir; recouvrir; se superposer	overprint (v.)
enveloppe[1]	envelope[1]
enveloppe[2]	envelope[2]
environnement eugéosynclinal; milieu eugéosynclinal	eugeosynclinal environment
environnement géologique; entourage géologique; milieu géologique	geologic(al) environment
environnement lithologique; milieu lithologique	lithologic(al) environment
environnement marin; milieu marin	marine environment
épaisseur; puissance; ouverture[3]	thickness

épaisseur d'un filon; puissance d'un filon; ouverture d'un filon; puissance d'une veine	vein thickness
éparpillement; dissémination	dissemination
épidiagenèse	epidiagenesis
épidotisation	epidotization
épigénie; épigénisation	epigenesis
épisyénitisation	episyenitization
épitaxial	epitaxic; epitaxial; epitactic
épitaxie	epitaxy
épithermal	epithermal
épizonal	epizonal
épizone	epizone
éponte (n.f.)	vein wall; wall
éponte inférieure; mur	footwall; foot wall; floor
éponte libre	free wall
éponte supérieure; éponte toit; toit	hanging wall; hanging side; hanger; roof; top wall
époque métallogénique	metallogenic epoch; metallogenetic epoch
épuisé	mined out; worked out; exhausted; depleted
épuisement (des réserves)	depletion (of reserves)
épuisement des eaux; départ d'eau; exhaure	dewatering
espèce minérale	mineral species

essaim de dykes; groupe de dykes; essaim de filons de roches	dike swarm; dyke swarm [GBR]
état natif	native state
état remanié	reworked condition
étranglement (gén.); étreinte (gén.); resserrement (gén.)	nip (n.) (spec.)
étranglement; pincement; secteur rétréci; resserrement	pinch (n.)
étrangler, s'; se terminer en biseau; s'amenuiser et disparaître	pinch out (v.); thin out (v.)
être anastomosé; s'anastomoser	anastomose (v.)
étreinte (gén.); resserrement (gén.); étranglement (gén.)	nip (n.) (spec.)
être ramifié; se ramifier	branch (v.)
être sous-jacent à; constituer l'assise de	underlie
être transformé en serpentine; s'altérer en serpentine; se serpentiniser; se transformer en serpentine	serpentinize
étude des sédiments fluviatiles; analyse des sédiments fluviaux	stream-sediment analysis; stream-sediment survey
étude géochimique	geochemical study
étude métallogénique	metallogenic study
évaluation des réserves de minerai	ore reserve estimate
évaporite (n.f.)	evaporite; evaporate (n.); saline residue
évaporitique	evaporitic
événement géologique; fait géologique; phénomène géologique	geologic(al) event

exhaure; épuisement des eaux; départ d'eau	dewatering
exogène	exogenetic; exogenic; exogenous
exomorphisme; exométamorphisme	exomorphism; exometamorphism; exomorphic metamorphism
exoscopie; analyse exoscopique	exoscopy; electron microscopy
exoskarn (n.m.)	exoskarn
exploitabilité	mineability
exploitable; susceptible d'être exploité	mineable; minable; workable
exploitation à ciel ouvert; mine à ciel ouvert; exploitation par découverte; exploitation en découverte	opencast mine; open(-)pit mine; opencut mine; strip mine
exploitation de l'or	gold mining
exploitation des filons; exploitation filonienne	vein mining
exploitation des placers	placer mining; placer working
exploitation économique; exploitation rentable	economic mining; economic working; profitable exploitation
exploitation en découverte; exploitation à ciel ouvert; mine à ciel ouvert; exploitation par découverte	opencast mine; open(-)pit mine; opencut mine; strip mine
exploitation filonienne; exploitation des filons	vein mining
exploitation par découverte; exploitation en découverte; exploitation à ciel ouvert; mine à ciel ouvert	opencast mine; open(-)pit mine; opencut mine; strip mine
exploitation rentable; exploitation économique	economic mining; economic working; profitable exploitation

exploration géochimique; prospection géochimique	geochemical prospecting; geochemical exploration
exploration géophysique; prospection géophysique	geophysical prospecting; geophysical exploration
exploration minérale; prospection minérale	mineral exploration
exploration sismique; sismique (n.f.); prospection sismique; méthode sismique de prospection	seismic prospecting; seismic exploration
exsolution	exsolution; unmixing
extraction des matières volatiles; dégagement des matières volatiles	devolatilization; boiling off of volatiles

fabrique (n.f.)	fabric; rock fabric
faciès[1]	facies
faciès[2]; aspect; habitus; habitus cristallin; faciès cristallographique	habit; mineral habit
faciès à hornblende-cornéennes; faciès hornblende-cornéennes	hornblende-hornfels facies
faciès cristallographique; faciès[2]; aspect; habitus; habitus cristallin	habit; mineral habit
faciès d'altération	alteration facies
faciès de métamorphisme; faciès minéral; faciès minéralogique; faciès métamorphique	metamorphic facies; mineral facies; densofacies
faciès des cornéennes	hornfels facies

faciès des schistes verts; faciès schistes verts	greenschist facies
faciès fibreux	fibrous habit
faciès hornblende-cornéennes; faciès à hornblende-cornéennes	hornblende-hornfels facies
faciès lithologique; lithofaciès	lithofacies; lithologic(al) facies
faciès métamorphique; faciès de métamorphisme; faciès minéral; faciès minéralogique	metamorphic facies; mineral facies; densofacies
faciès oxydé; faciès oxyde	oxide facies
faciès schistes verts; faciès des schistes verts	greenschist facies
faciès silicaté	silicate facies
faciès sulfuré	sulphide facies; sulfide facies
fahlbande (n.f.); brande (n.f.)	fahlband
faible intensité; faible degré	low grade[2] (n.); low rank
faiblement incliné; à faible pendage	gently inclined; gently dipping
faible métamorphisme; léger métamorphisme	low-grade metamorphism; low-rank metamorphism
faible pendage, à; faiblement incliné	gently inclined; gently dipping
faible teneur; teneur faible; basse teneur	low grade[1] (n.); low tenor
faible teneur, à; à basse teneur; pauvre	low-grade (adj.); lean
faille; paraclase (n.f.) (vieilli)	fault; paraclase (obs.)
faille minéralisatrice	mineralizing fault
faille oblique; faille transversale	cross fault

faisceau de diaclases	joint set
faisceau minéralisé	ore cluster
fait géologique; phénomène géologique; événement géologique	geologic(al) event
farine d'or; or fin farineux	flour gold
faux chapeau de fer	false gossan
faux litage	crossbedding; cross-bedding; diagonal bedding; oblique bedding; false bedding (obs.)
favorable	favorable; favourable [GBR]
Fe^{++}; fer ferreux	ferrous iron
Fe^{+++}; fer ferrique	ferric iron
feldspathisation; altération feldspathique	feldspathization
felsique	felsic
fénitisation; formation de fénites	fenitization
fénitisé	fenitized
fer ferreux; Fe^{++}	ferrous iron
fer ferrique; Fe^{+++}	ferric iron
fer métal; fer métallique	metallic iron; metal iron
ferrallitisation; ferralitisation; latéritisation (vieilli); latérisation (vieilli); altération ferrallitique; altération latéritique (vieilli)	ferrallitization; ferrallization
ferrifère	ferriferous; iron-bearing
ferrobactérie; ferro-bactérie	iron bacterium; iron-oxidizing bacterium; iron-precipitating bacterium

ferromagnésien; ferro-magnésien	ferromagnesian
ferruginisation; altération ferrugineuse	ferrugination; ferruginization
ferruginisé	ferruginated; ferruginized
feuillet; lamina (n.f.); lamine (n.f.); straticule (n.f.); lamination	lamination; lamina; straticule
feuilletage; foliation	foliation
feuilletage oblique; lamination entrecroisée	cross-lamination; diagonal lamination; oblique lamination
feuilleté (adj.); en feuillets; laminaire; laminé (adj.)	laminated; laminate; laminar
fibre transversale	cross fiber; cross fibre [GBR]
fibreux; d'aspect fibreux; de texture fibreuse	asbestiform; fibrous
filière	lode[1]
filon; veine	vein
filon à étain; filon stannifère	tin vein; tin lode
filon à fibres longitudinales	slip-fiber vein; slip-fibre vein [GBR]
filon à fort pendage; filon à pendage fort; filon en dressant; filon fortement incliné	steeply inclined vein; steeply dipping vein; steep vein; rake vein
filon à géodes (spéc.)	hollow lode (gen.)
filon à pendage fort; filon en dressant; filon fortement incliné; filon à fort pendage	steeply inclined vein; steeply dipping vein; steep vein; rake vein
filon apical; filon en selle	saddle vein
filon argentifère	silver-bearing vein

filon à texture rubanée; filon rubané	banded vein; ribbon vein
filon aurifère; veine aurifère	auriferous vein; gold-bearing vein; gold vein
filon aveugle; filon non affleurant; filon sans affleurement	blind vein; blind lode
filon bien ouvert; filon puissant; veine puissante	thick vein
filon branchu; filon ramifié	branching vein; branch vein
filon bréchoïde; filon bréchique; filon bréchiforme	brecciated vein; breccia vein
filon clastique	clastic dike; clastic dyke
filon complexe	composite vein; composite lode
filon conducteur	indicator vein
filon-couche; sill (n.m.)	sill; bedded vein; bed vein
filon-couche de minerai; sill de minerai	ore sill; sill of ore
filon croiseur; croiseur (n.m.)	countervein; counterlode; counter lode; cross vein; cross lode; cross course
filon crustifié	crustified vein; healed vein
filon de cassure; veine de fracture; veine de cassure; filon de fracture	fracture vein
filon de contact	contact vein
filon de fissure; veine de fissure	fissure vein
filon de fracture; filon de cassure; veine de fracture; veine de cassure	fracture vein
filon de minerai; veine minéralisée; veine de minerai; filon minéralisé[1]	ore vein; ore lode

filon de nickel-cobalt; veine nickélo-cobaltifère	nickel-cobalt vein
filon d'épaisseur irrégulière	wavy vein
filon de plomb-zinc; filon plombo-zincifère	lead-zinc vein
filon de quartz; veine de quartz; filon quartzeux; veine quartzeuse	quartz vein; quartz lode
filon de quartz aurifère; veine de quartz aurifère	auriferous quartz vein; gold-bearing quartz vein
filon de remplacement; filon de substitution	replacement vein; replacement lode
filon de remplissage	filling vein
filon de ségrégation	segregated vein; segregated lode; segregation vein
filon de substitution; filon de remplacement	replacement vein; replacement lode
filon d'extension	extensional vein
filon d'imprégnation	impregnation vein
filon discordant	discordant vein
filon du type diaclase	joint vein
filon du type faille; filon faille	fault vein
filon en baïonnette; filon en zigzag	step vein; step reef [AUS]
filon en dressant; filon fortement incliné; filon à fort pendage; filon à pendage fort	steeply inclined vein; steeply dipping vein; steep vein; rake vein
filon en forme de chambres	chambered vein; chambered lode
filon en nappes; filon feuilleté	sheeted vein
filon en queue de cheval; filon ramifié en queue de cheval	horsetail vein

filon en selle; filon apical	saddle vein
filon en zigzag; filon en baïonnette	step vein; step reef [AUS]
filon épithermal; veine épithermale	epithermal vein; epithermal lode
filon faille; filon du type faille	fault vein
filon feuilleté; filon en nappes	sheeted vein
filon fortement incliné; filon à fort pendage; filon à pendage fort; filon en dressant	steeply inclined vein; steeply dipping vein; steep vein; rake vein
filon hydrothermal	hydrothermal vein; hydrothermal lode
filon hypothermal	hypothermal vein
filon infiltrationnel	infiltration vein
filon interstratifié	interbedded vein; interstratified vein
filon intragranitique	intragranitic vein
filon intraplutonique	intraplutonic vein
filon intrusif	intrusive vein
filon lenticulaire	lenticular vein
filon(-)mère; filon source; filon principal	mother lode; master lode; main lode; main vein
Filon mère de Californie; Mother Lode (n.m.) de Californie	Mother Lode of California
filon mésothermal	mesothermal vein; mesothermal lode
filon métallifère; veine métallifère	metalliferous vein
filon métallique	metallic vein
filon métasomatique	metasomatic vein

filon minéralisé[1]; filon de minerai; veine minéralisée; veine de minerai	ore vein; ore lode
filon minéralisé[2]; filon minéral	mineral vein
filonnet; veinule	veinlet
filonnet de quartz; veinule de quartz; veinule quartzeuse	quartz veinlet
filon non affleurant; filon sans affleurement; filon aveugle	blind vein; blind lode
filon plat; flat; lentille aplatie; lentille plate	flat[1] (n.) (of ore)
filon plombifère	lead vein
filon plombo-zincifère; filon de plomb-zinc	lead-zinc vein
filon principal; filon(-)mère; filon source	mother lode; master lode; main lode; main vein
filon productif; veine productive	quick vein; productive vein
filon puissant; veine puissante; filon bien ouvert	thick vein
filon quartzeux; veine quartzeuse; filon de quartz; veine de quartz	quartz vein; quartz lode
filon ramifié; filon branchu	branching vein; branch vein
filon ramifié en queue de cheval; filon en queue de cheval	horsetail vein
filon rocheux intrusif; dyke (n.m.)	dike; dyke [GBR]
filon rubané; filon à texture rubanée	banded vein; ribbon vein
filons anastomosés	anastomosing veins; linked veins
filon sans affleurement; filon aveugle; filon non affleurant	blind vein; blind lode

filon satellite	satellitic vein
filons en échelle; filons en gradins; veines en escalier	ladder veins; ladder lodes; ladder reefs
filons en échelons; veines en échelons; veines en tuiles de toit; filons se relayant en échelons	en-echelon veins
filons en gradins; veines en escalier; filons en échelle	ladder veins; ladder lodes; ladder reefs
filon source; filon principal; filon(-)mère	mother lode; master lode; main lode; main vein
filons se relayant en échelons; filons en échelons; veines en échelons; veines en tuiles de toit	en-echelon veins
filon stannifère; filon à étain	tin vein; tin lode
filon stérile	barren vein; barren lode; hungry lode
filon terminé en biseau	gash vein[2]
filon transverse; veine transversale	cross-cutting vein; crossvein
fissure	fissure
fissure minéralisée à courte extension verticale	gash vein[1]
flat; lentille aplatie; lentille plate; filon plat	flat[1] (n.) (of ore)
fluide ascendant; fluide montant	ascending fluid
fluide corrosif	corrosive fluid
fluide cuprifère	cupriferous fluid; copper-bearing fluid
fluide hydrothermal	hydrothermal fluid
fluide magmatique-hydrothermal	magmatic-hydrothermal fluid

fluide métallifère	metalliferous fluid; metal-bearing fluid
fluide métamorphique	metamorphic fluid
fluide métasomatique	metasomatic fluid
fluide minéralisateur; fluide minéralisant	mineralizing fluid; ore-forming fluid; ore fluid
fluide minéralisé	mineral-bearing fluid
fluide montant; fluide ascendant	ascending fluid
fluide oxydant	oxidizing fluid
foliation; feuilletage	foliation
fond géochimique	background
fond rocheux; substratum rocheux; roche du substratum; substrat rocheux; sous-sol rocheux; soubassement rocheux; roche sous-jacente; roche en place	bedrock; bed rock; ledge rock [USA]
fond synclinal; voussure synclinale; auge synclinale; arête synclinale	trough of a syncline
formation de brèches; bréchification	brecciation
formation de faille(s); dislocation	faultage; faulting
formation de fénites; fénitisation	fenitization
formation de fer rubanée; formation ferrifère rubanée	banded iron formation; BIF; bif
formation des minerais; genèse des minerais	ore genesis; ore formation; ore-forming process
formation d'un complexe chimique; complexation chimique	chemical complexation

forage — drilling, boring

formation ferrifère	iron formation; iron-bearing formation
formation ferrifère à faciès carbonaté	carbonate-facies iron formation; carbonate banded iron formation; carbonate BIF
formation ferrifère à faciès oxydé; formation ferrifère à faciès oxyde	oxide facies iron formation; oxide facies BIF
formation ferrifère à faciès silicaté	silicate-facies iron formation
formation ferrifère à faciès sulfuré	sulphide-facies iron formation; sulfide-facies iron formation; sulphide facies BIF
formation ferrifère à silicate-carbonate	SCIF; silicate-carbonate iron formation
formation ferrifère du type Clinton	Clinton ironstone
formation ferrifère du type du lac Supérieur	Lake Superior-type iron formation; Lake Superior-type banded iron formation; Lake Superior-type BIF; Superior type BIF; Superior BIF
formation ferrifère rubanée; formation de fer rubanée	banded iron formation; BIF; bif
formation ferrifère (rubanée) du type Algoma	Algoma-type banded iron formation; Algoma-type BIF; Algoma-type iron formation; Algoma iron formation; Algoman iron formation
formations rouges; couches rouges; assises rouges	redbeds; red beds
forme de rein, en; réniforme; en rognons	kidney-shaped; kidney-like; reniform
former des efflorescences	bloom (v.); effloresce
forte intensité; degré élevé	high grade[2] (n.)

forte teneur; teneur élevée; haute teneur	high grade[1] (n.)
forte teneur, à; à haute teneur; riche; à teneur élevée	high-grade (adj.); rich
fort pendage; pente forte	steep dip
fracturation hydraulique	hydraulic fracturing; hydrofracturing
fracture; cassure	fracture
fracture filonienne	lode[3]
fracture ouverte	open fracture
framboïdal	framboidal
front basique	basic front; mafic front
fumeur noir	black smoker
fusiforme; podiforme (à éviter)	podiform; podlike; fusiform
fusion partielle	partial melting; partial fusion

gamme de pH	pH range
gangue	gangue; matrix
gangue argileuse	clayey matrix; clayey gangue; clay matrix; clay gangue
gangue à silicates calciques	calc-silicate gangue
gangue calcaire	calcareous gangue; calcareous matrix
gangue calcique	calcic gangue; calcic matrix

gangue carbonatée	carbonate matrix; carbonate gangue
gangue quartzeuse; gangue de quartz	quartzose matrix; quartzose gangue; quartz matrix; quartz gangue
gangue réactive	reactive gangue
gangue sans valeur	worthless gangue
gemme (n.f.)	gem stone; gemstone
genèse des minerais; formation des minerais	ore genesis; ore formation; ore-forming process
génétique (adj.)	genetic
géochimie	geochemistry
géode (n.f.)	geode
géologie économique	economic geology
géologie minière	mining geology
géothermomètre; thermomètre géologique	geothermometer; geologic thermometer
géothermométrie; thermométrie géologique	geothermometry; geologic thermometry
germe[1]; coeur; noyau[2]; nucléus	nucleus[1]; core
germe[2]; centre de croissance	nucleus[2]
germination; nucléation	nucleation; nucleus formation
geysérite (n.f.)	siliceous sinter; sinter; geyserite
gisement; dépôt[1]; gîte	deposit
gisement à basse teneur; gisement à faible teneur	low(-)grade deposit

gisement à dominante stratiforme; dépôt à dominante stratiforme; gîte à dominante stratiforme	stratiform-dominated deposit
gisement à faible teneur; gisement à basse teneur	low(-)grade deposit
gisement à gibbsite; gîte à gibbsite	gibbsitic deposit
gisement à jaspéroïdes; gîte à jaspéroïdes	jasperoidal deposit
gisement alluvionnaire; gisement alluvial; gîte alluvionnaire; gîte alluvial; dépôt alluvionnaire; dépôt alluvial; alluvion (n.f.)	alluvium; alluvion; alluvial (n.); alluvial deposit
gisement alluvionnaire métallifère	alluvial ore deposit
gisement antécambrien; gisement précambrien	Precambrian deposit
gisement associé à une zone de cisaillement; gîte de zone de cisaillement	shear-zone deposit; sheeted-zone deposit
gisement associé au volcanisme; gisement lié au volcanisme; gîte associé à des roches volcaniques	volcanic-related deposit
gisement à tonnage important	large tonnage deposit
gisement aurifère; dépôt d'or; gîte d'or; gisement d'or; dépôt aurifère; gîte aurifère	gold deposit; gold-bearing deposit; auriferous deposit
gisement auro-argentifère; gîte d'or-argent	gold-silver deposit
gisement autométasomatique; gîte autométasomatique	autometasomatic deposit
gisement aveugle; gîte non affleurant; gîte aveugle; gisement non affleurant	blind deposit

gisement biochimique; gîte biochimique	biochemical deposit
gisement caché; gîte caché	concealed deposit
gisement clastique; dépôt clastique; gîte clastique	fragmental deposit; clastic deposit
gisement concordant; dépôt concordant	concordant deposit; conformable deposit
gisement cuprifère; dépôt de cuivre; dépôt cuprifère; gîte de cuivre; gisement de cuivre; gîte cuprifère	copper deposit
gisement d'âge secondaire	Secondary deposit
gisement d'altération; gîte d'altération	alteration deposit
gisement dans les calcaires	limestone-hosted deposit
gisement dans les grès	sandstone-hosted deposit
gisement dans les roches sédimentaires; gîte inclus dans les formations sédimentaires; gîte inclus dans des sédiments; gisement encaissé dans les formations sédimentaires; gisement dans les sédiments	sediment-hosted deposit
gisement dans les schistes argileux; gîte inclus dans les schistes argileux	shale-hosted deposit
gisement dans les sédiments; gisement dans les roches sédimentaires; gîte inclus dans les formations sédimentaires; gîte inclus dans des sédiments; gisement encaissé dans les formations sédimentaires	sediment-hosted deposit

gisement dans les terrains métamorphiques; gisement dans les séries métamorphiques	metamorphic-hosted deposit
gisement de cassure; gîte de fracture; gîte de cassure; gisement de fracture	fracture deposit
gisement de cémentation; gîte de cémentation	cementation deposit
gisement de chromite fusiforme; gîte de chromite fusiforme	podiform chromite deposit
gisement de contact; gîte de contact	contact deposit
gisement de cuivre; gîte cuprifère; gisement cuprifère; dépôt de cuivre; dépôt cuprifère; gîte de cuivre	copper deposit
gisement de cuivre porphyrique; gîte porphyrique de cuivre; gisement porphyrique de cuivre; dépôt de cuivre porphyrique	porphyry copper deposit
gisement de cupronickel; gisement de nickel-cuivre; gîte de nickel-cuivre; gisement de Cu-Ni; gîte cupro-nickélifère	copper-nickel deposit; Cu-Ni deposit; nickel-copper deposit; Ni-Cu deposit
gisement de fer	iron deposit
gisement de fer marin; dépôt de fer marin	marine iron deposit
gisement de fer oolithique; dépôt de fer oolithique; gîte de fer oolithique	oolitic iron deposit; oölitic iron deposit
gisement de fracture; gisement de cassure; gîte de fracture; gîte de cassure	fracture deposit

gisement de la vallée du Mississippi; gisement du type Mississippi Valley; gîte de type Mississippi Valley	Mississippi Valley-type deposit; MVT deposit
gisement de manganèse; dépôt de manganèse	manganese deposit
gisement de minerai; gîte de minerai; dépôt de minerai	ore deposit
gisement de nickel; gisement nickélifère; dépôt de nickel; dépôt nickélifère; gîte de nickel; gîte nickélifère	nickel deposit; nickeliferous deposit
gisement de nickel-cuivre; gîte de nickel-cuivre; gisement de Cu-Ni; gîte cupro-nickélifère; gisement de cupronickel	copper-nickel deposit; Cu-Ni deposit; nickel-copper deposit; Ni-Cu deposit
gisement de phosphate; gîte de phosphate	phosphatic deposit
gisement de plomb; dépôt plombifère; gîte plombifère; gîte de plomb; gisement plombifère	lead-bearing deposit; lead deposit
gisement de plomb-zinc; gisement plombo-zincifère; gîte de plomb-zinc; gîte plombo-zincifère; dépôt de plomb-zinc; dépôt plombo-zincifère	lead-zinc deposit; lead and zinc deposit
gisement de remaniements; gîte remanié	reworked deposit
gisement de ségrégations périphériques; dépôt marginal; gîte de ségrégations périphériques	marginal deposit
gisement de skarns; gîte skarnifère; gîte de skarns; gisement skarnifère	skarn deposit

gisement de soufre élémentaire; gisement de soufre-élément; gîte de soufre-élément; gîte de soufre élémentaire	elemental sulphur deposit; elemental sulfur deposit
gisement de substitution; gîte de substitution; dépôt de substitution	replacement deposit
gisement de sulfures massifs; gisement sulfuré massif; gîte de sulfures massifs	massive sulphide deposit; massive sulfide deposit
gisement d'étain; gîte d'étain; gisement stannifère; gîte stannifère	tin deposit; stanniferous deposit
gisement détritique; gîte détritique; dépôt détritique	detrital deposit
gisement de tungstène; gîte de tungstène	tungsten deposit
gisement de type couches rouges; gîte de type assises rouges	redbed-type deposit
gisement de type « roll »; gîte en forme de croissant	roll-type deposit; C-shaped deposit; crescentic deposit
gisement d'évaporation; dépôt d'évaporites; dépôt évaporitique; dépôt (salin) d'évaporation	evaporite deposit
gisement de zinc; gîte zincifère	zinc deposit
gisement diagénétique; gîte diagénétique	diagenetic deposit
gisement disséminé; dépôt disséminé; gîte disséminé	disseminated deposit
gisement d'or; dépôt aurifère; gîte aurifère; gisement aurifère; dépôt d'or; gîte d'or	gold deposit; gold-bearing deposit; auriferous deposit
gisement d'origine magmatique; gîte minéral magmatique; gisement magmatique; gîte magmatique	magmatic deposit; magmatic ore deposit

gisement d'uranium; gîte d'uranium; dépôt d'uranium; gîte uranifère; gisement uranifère; dépôt uranifère	uranium deposit
gisement du type Mississippi Valley; gîte de type Mississippi Valley; gisement de la vallée du Mississippi	Mississippi Valley-type deposit; MVT deposit
gisement en amas; gisement massif; gîte en amas; dépôt massif	massive deposit
gisement encaissé dans les formations sédimentaires; gisement dans les sédiments; gisement dans les roches sédimentaires; gîte inclus dans les formations sédimentaires; gîte inclus dans des sédiments	sediment-hosted deposit
gisement en couches; gisement lité	bedded deposit
gisement en lentille; gîte en lentille; gîte lenticulaire; dépôt lenticulaire; gisement lenticulaire	lensoid deposit
gisement en pipe(s); gîte en pipe(s); gîte en cheminée; gîte en forme de pipe; gîte en forme de cheminée	pipe deposit; chimney deposit
gisement en place; dépôt autochtone; gîte autochtone; gîte en place	autochthonous deposit; *in situ* deposit
gisement en plateure; plateure (n.f.); plateur (n.m.)	flat^2 (n.)
gisement en poches; gîte en poches	pocket deposit
gisement épibatholitique; gîte épibatholitique	epibatholithic deposit

gisement épigénétique; gisement épigénique; dépôt épigénétique; dépôt épigénique; gîte épigénétique; gîte épigénique	epigenetic deposit
gisement épithermal; dépôt épithermal; gîte épithermal	epithermal deposit
gisement exhalatif; gisement volcanique exhalatif; gîte exhalatif; gîte volcanique exhalatif	exhalative deposit; exhalation deposit; volcanic exhalative deposit
gisement exploitable; gîte exploitable; dépôt exploitable	mineable deposit; minable deposit; workable deposit
gisement exploité; gîte exploité	mined deposit
gisement exploité à ciel ouvert; gîte exploité à ciel ouvert; gisement exploité en découverte	opencast deposit; opencut deposit
gisement faillé	faulted deposit
gisement filonien; gîte filonien	lode deposit; vein deposit
gisement filonien épithermal; dépôt filonien épithermal; gîte filonien épithermal	epithermal vein deposit
gisement filonien mésothermal; gîte filonien mésothermal; dépôt filonien mésothermal	mesothermal vein deposit
gisement géant; énorme gisement; monstre gîtologique; aberration métallogénique; monstre; éléphant	giant (n.); giant deposit; elephant (fig.)
gisement hydrothermal; gîte hydrothermal; dépôt hydrothermal	hydrothermal deposit
gisement hypabyssal; gîte subvolcanique; gîte hypabyssal; gisement subvolcanique	subvolcanic deposit; hypabyssal deposit
gisement hypothermal; dépôt hypothermal; gîte hypothermal	hypothermal deposit

gisement igné; gîte igné	igneous deposit
gisement inclus dans la roche carbonatée; gîte inclus dans la roche carbonatée; gisement sur roches carbonatées; gîte sur roches carbonatées	carbonate-hosted deposit
gisement inexploité; gîte inexploité	dormant deposit
gisement interstratifié; gîte interstratifié; dépôt interstratifié	interbedded deposit; interstratified deposit
gisement intragranitique; gîte intragranitique	intragranitic deposit
gisement intramagmatique; gîte intramagmatique	intramagmatic deposit
gisement intraplutonique; gîte intraplutonique	intraplutonic deposit
gisement intrusif; gîte intrusif	intrusive deposit
gisement jeune; gisement tardif; gisement récent	late deposit
gisement lacustre; dépôt lacustre	lacustrine deposit
gisement lagunaire; dépôt lagunaire	lagoonal deposit; lagunar deposit [GBR]
gisement latéritique; gîte latéritique; dépôt latéritique	lateritic deposit
gisement lenticulaire; gisement en lentille; gîte en lentille; gîte lenticulaire; dépôt lenticulaire	lensoid deposit
gisement leptothermal; gîte leptothermal	leptothermal deposit
gisement lié à des événements structuraux; gîte régi par des facteurs structuraux; gîte déterminé par des facteurs structuraux	structurally-controlled deposit

gisement lié à des intrusions; gîte lié à des intrusions	intrusion-related deposit
gisement lié à des karsts	karst-related deposit
gisement lié à une strate	strata-bound deposit; stratabound deposit
gisement lié au volcanisme; gîte associé à des roches volcaniques; gisement associé au volcanisme	volcanic-related deposit
gisement lité; gisement en couches	bedded deposit
gisement magmatique; gîte magmatique; gisement d'origine magmatique; gîte minéral magmatique	magmatic deposit; magmatic ore deposit
gisement magmatique précoce; dépôt magmatique précoce; gîte magmatique précoce	early magmatic deposit
gisement magmatique tardif; gisement tardimagmatique; dépôt magmatique tardif; dépôt tardimagmatique; gîte magmatique tardif; gîte tardimagmatique	late magmatic deposit
gisement massif; gîte en amas; dépôt massif; gisement en amas	massive deposit
gisement mésothermal; dépôt mésothermal; gîte mésothermal	mesothermal deposit; mesothermal ore deposit; mesothermal mineral deposit
gisement métallifère; dépôt métallifère; gîte métallifère	metalliferous deposit; metal-bearing deposit
gisement métallique; gîte métallique	metal deposit; metallic deposit
gisement métamorphique; gîte métamorphique	metamorphic deposit
gisement métamorphisé	metamorphosed deposit

gisement métasomatique; gisement par métasomatose; gîte métasomatique	metasomatic deposit
gisement métasomatique de contact; gîte métasomatique de contact	contact metasomatic deposit
gisement minéral; gîte minéral	mineral deposit
gisement minier	mining field
gisement mixte fer-manganèse; dépôt ferromanganésifère	ferromanganese deposit; iron-manganese deposit
gisement nickélifère; dépôt de nickel; dépôt nickélifère; gîte de nickel; gîte nickélifère; gisement de nickel	nickel deposit; nickeliferous deposit
gisement non affleurant; gisement aveugle; gîte non affleurant; gîte aveugle	blind deposit
gisement non métallifère	nonmetalliferous deposit
gisement non stratiforme	nonstratiform deposit
gisement ophiolitique; gîte ophiolitique	ophiolitic deposit
gisement oxydé; gîte d'oxydation; dépôt oxydé	oxidized deposit; oxidised deposit [GBR]
gisement par métasomatose; gîte métasomatique; gisement métasomatique	metasomatic deposit
gisement pegmatitique; gîte de pegmatite(s); gîte pegmatitique	pegmatite deposit
gisement pénéconcordant; gîte pénéconcordant	peneconcordant deposit
gisement péribatholitique; gîte péribatholitique	peribatholithic deposit

gisement périmagmatique; gîte périmagmatique	perimagmatic deposit
gisement périplutonique; gîte périplutonique	periplutonic deposit
gisement placérien; dépôt placérien; gîte de placer; placer; gîte placérien	placer; placer deposit
gisement platinifère; gîte de platine	platinum deposit
gisement plombifère; gisement de plomb; dépôt plombifère; gîte plombifère; gîte de plomb	lead-bearing deposit; lead deposit
gisement plombo-zincifère; gîte de plomb-zinc; gîte plombo-zincifère; dépôt de plomb-zinc; dépôt plombo-zincifère; gisement de plomb-zinc	lead-zinc deposit; lead and zinc deposit
gisement plus riche; gîte à plus forte teneur	higher grade deposit
gisement plutonique; gîte plutonique; dépôt plutonique	plutonic deposit
gisement pneumatolytique; dépôt pneumatolytique; gîte pneumatolytique; gisement pneumatogène	pneumatolytic deposit; pneumatogenic deposit
gisement polymétallique; gîte polymétallique	polymetallic deposit
gisement polymétamorphique; gîte polymétamorphique	polymetamorphic deposit
gisement porphyrique; gîte porphyrique	porphyry deposit
gisement porphyrique de cuivre; dépôt de cuivre porphyrique; gisement de cuivre porphyrique; gîte porphyrique de cuivre	porphyry copper deposit

gisement post-tectonique; gîte posttectonique	posttectonic deposit; post-tectonic deposit
gisement précambrien; gisement antécambrien	Precambrian deposit
gisement pré-orogénique; gîte anté-orogénique; gîte préorogénique	preorogenic deposit; pre-orogenic deposit
gisement pré-tectonique; gîte antétectonique; gîte prétectonique	pretectonic deposit; pre-tectonic deposit
gisement primaire; dépôt primaire; gîte primaire	primary deposit
gisement pyrométasomatique; dépôt pyrométasomatique; gîte pyrométasomatique	pyrometasomatic deposit
gisement récent; gisement jeune; gisement tardif	late deposit
gisement reconnu	known deposit
gisement rentable; gîte rentable	economic deposit
gisement résiduel; dépôt résiduel; gîte résiduel	residual deposit
gisement rubané; gîte rubané; dépôt rubané	banded deposit
gisement secondaire; gîte secondaire	secondary deposit
gisement sédimentaire; dépôt sédimentaire; gîte sédimentaire	sedimentary deposit
gisement sédimentaire exhalatif	sedimentary-exhalative deposit; SEDEX deposit
gisement skarnifère; gisement de skarns; gîte skarnifère; gîte de skarns	skarn deposit
gisement sous-marin	submarine deposit

gisement stannifère; gîte stannifère; gisement d'étain; gîte d'étain	tin deposit; stanniferous deposit
gisement stanno-argentifère; gîte stanno-argentifère; dépôt stanno-argentifère	tin-silver deposit
gisement stratiforme; dépôt stratiforme; gîte stratoïde; gisement stratoïde; gîte stratiforme	stratiform deposit
gisement strictement aurifère; gîte essentiellement aurifère	gold-only deposit
gisement subaffleurant; gîte de subsurface; gîte subaffleurant	near-surface deposit; suboutcropping deposit
gisement subconcordant; gîte subconcordant	subconcordant deposit
gisement subvolcanique; gisement hypabyssal; gîte subvolcanique; gîte hypabyssal	subvolcanic deposit; hypabyssal deposit
gisement sulfuré; gîte sulfuré; dépôt sulfuré	sulphide deposit; sulfide deposit
gisement sulfuré massif; gîte de sulfures massifs; gisement de sulfures massifs	massive sulphide deposit; massive sulfide deposit
gisement sulfuré polymétallique	polymetallic sulphide deposit
gisement supergène; gîte supergène	supergene deposit
gisement sur roches carbonatées; gîte sur roches carbonatées; gisement inclus dans la roche carbonatée; gîte inclus dans la roche carbonatée	carbonate-hosted deposit
gisement sur roches silicatées; gîte sur roches silicatées	silicate-hosted deposit
gisement syndiagénétique	syndiagenetic deposit

gisement syngénétique; dépôt syngénétique; gîte syngénétique; dépôt idiogène	syngenetic deposit; idiogenous deposit; idiogenetic deposit
gisement synsédimentaire; gîte synsédimentaire	synsedimentary deposit
gisement tabulaire; dépôt tabulaire; gîte tabulaire	tabular deposit
gisement tardif; gisement récent; gisement jeune	late deposit
gisement tardimagmatique; dépôt magmatique tardif; dépôt tardimagmatique; gîte magmatique tardif; gîte tardimagmatique; gisement magmatique tardif	late magmatic deposit
gisement télémagmatique; gîte télémagmatique	telemagmatic deposit
gisement téléthermal; gîte téléthermal	telethermal deposit
gisement tertiaire; dépôt (d'âge) tertiaire; gîte tertiaire	Tertiary deposit
gisement uranifère; dépôt uranifère; gisement d'uranium; gîte d'uranium; dépôt d'uranium; gîte uranifère	uranium deposit
gisement volcanique	volcanic deposit
gisement volcanique exhalatif; gîte exhalatif; gîte volcanique exhalatif; gisement exhalatif	exhalative deposit; exhalation deposit; volcanic exhalative deposit
gisement volcano-sédimentaire; gîte volcano-sédimentaire; dépôt volcano-sédimentaire	volcano-sedimentary deposit
gisement xénothermal; gîte xénothermal	xenothermal deposit

gisement zoné; gîte zoné; dépôt zoné	zoned deposit
gîte; gisement; dépôt[1]	deposit
gîte à dominante stratiforme; gisement à dominante stratiforme; dépôt à dominante stratiforme	stratiform-dominated deposit
gîte à gibbsite; gisement à gibbsite	gibbsitic deposit
gîte à jaspéroïdes; gisement à jaspéroïdes	jasperoidal deposit
gîte allochtone; dépôt allochtone	allochthonous deposit
gîte alluvionnaire; gîte alluvial; dépôt alluvionnaire; dépôt alluvial; alluvion (n.f.); gisement alluvionnaire; gisement alluvial	alluvium; alluvion; alluvial (n.); alluvial deposit
gîte à métamorphisme régional	regionally metamorphosed deposit
gîte anté-orogénique; gîte préorogénique; gisement pré-orogénique	preorogenic deposit; pre-orogenic deposit
gîte antétectonique; gîte prétectonique; gisement pré-tectonique	pretectonic deposit; pre-tectonic deposit
gîte apical; gîte en selle; selle	saddle reef; saddle
gîte à plus forte teneur; gisement plus riche	higher grade deposit
gîte apomagmatique	apomagmatic deposit
gîte associé à des roches volcaniques; gisement associé au volcanisme; gisement lié au volcanisme	volcanic-related deposit
gîte associé à une discordance; gîte lié à une discordance	unconformity-associated deposit; unconformity deposit

gîte aurifère; gisement aurifère; dépôt d'or; gîte d'or; gisement d'or; dépôt aurifère	gold deposit; gold-bearing deposit; auriferous deposit
gîte autochtone; gîte en place; gisement en place; dépôt autochtone	autochthonous deposit; *in situ* deposit
gîte autométasomatique; gisement autométasomatique	autometasomatic deposit
gîte aveugle; gisement non affleurant; gisement aveugle; gîte non affleurant	blind deposit
gîte biochimique; gisement biochimique	biochemical deposit
gîte biostasique	biostatic deposit
gîte caché; gisement caché	concealed deposit
gîte catathermal; gîte katathermal	katathermal deposit
gîte clastique; gisement clastique; dépôt clastique	fragmental deposit; clastic deposit
gîte continental; dépôt continental	continental deposit
gîte cryptomagmatique; gîte kryptomagmatique	kryptomagmatic deposit; cryptomagmatic deposit
gîte cuprifère; gisement cuprifère; dépôt de cuivre; dépôt cuprifère; gîte de cuivre; gisement de cuivre	copper deposit
gîte cupro-nickélifère; gisement de cupronickel; gisement de nickel-cuivre; gîte de nickel-cuivre; gisement de Cu-Ni	copper-nickel deposit; Cu-Ni deposit; nickel-copper deposit; Ni-Cu deposit
gîte d'âge triasique; gîte du Trias	Triassic deposit
gîte d'altération; gisement d'altération	alteration deposit

gîte de cassure; gisement de fracture; gisement de cassure; gîte de fracture	fracture deposit
gîte de cémentation; gisement de cémentation	cementation deposit
gîte de chromite fusiforme; gisement de chromite fusiforme	podiform chromite deposit
gîte de concentration mécanique	mechanical concentration deposit
gîte de contact; gisement de contact	contact deposit
gîte de couverture; dépôt de couverture; dépôt superficiel; gîte de surface	superficial deposit; surficial deposit; surface deposit
gîte de cuivre; gisement de cuivre; gîte cuprifère; gisement cuprifère; dépôt de cuivre; dépôt cuprifère	copper deposit
gîte de fer oolithique; gisement de fer oolithique; dépôt de fer oolithique	oolitic iron deposit; oölitic iron deposit
gîte de ferrotitane	titanium-iron deposit
gîte de fracture; gîte de cassure; gisement de fracture; gisement de cassure	fracture deposit
gîte de haute température	high-temperature deposit
gîte de kimberlites; gîte kimberlitique	kimberlite deposit
gîte d'éluvion; gîte éluvionnaire; éluvion (n.f.); gîte éluvial	eluvial deposit; eluvium
gîte de métamorphisme de contact; gîte métamorphique de contact	contact-metamorphic deposit
gîte de minerai; dépôt de minerai; gisement de minerai	ore deposit

gîte de nickel; gîte nickélifère; gisement de nickel; gisement nickélifère; dépôt de nickel; dépôt nickélifère	nickel deposit; nickeliferous deposit
gîte de nickel-cuivre; gisement de Cu-Ni; gîte cupro-nickélifère; gisement de cupronickel; gisement de nickel-cuivre	copper-nickel deposit; Cu-Ni deposit; nickel-copper deposit; Ni-Cu deposit
gîte de nickel résiduel	residual nickel deposit; residual deposit of nickel
gîte de pegmatite(s); gîte pegmatitique; gisement pegmatitique	pegmatite deposit
gîte de phosphate; gisement de phosphate	phosphatic deposit
gîte de placer; placer; gîte placérien; gisement placérien; dépôt placérien	placer; placer deposit
gîte de platine; gisement platinifère	platinum deposit
gîte de plomb; gisement plombifère; gisement de plomb; dépôt plombifère; gîte plombifère	lead-bearing deposit; lead deposit
gîte de plomb-zinc; gîte plombo-zincifère; dépôt de plomb-zinc; dépôt plombo-zincifère; gisement de plomb-zinc; gisement plombo-zincifère	lead-zinc deposit; lead and zinc deposit
gîte de ségrégation (magmatique)	magmatic(-)segregation deposit
gîte de ségrégations périphériques; gisement de ségrégations périphériques; dépôt marginal	marginal deposit
gîte de skarns; gisement skarnifère; gisement de skarns; gîte skarnifère	skarn deposit

gîte de soufre élémentaire; gisement de soufre élémentaire; gisement de soufre-élément; gîte de soufre-élément	elemental sulphur deposit; elemental sulfur deposit
gîte de substitution; dépôt de substitution; gisement de substitution	replacement deposit
gîte de subsurface; gîte subaffleurant; gisement subaffleurant	near-surface deposit; suboutcropping deposit
gîte de sulfures massifs; gisement de sulfures massifs; gisement sulfuré massif	massive sulphide deposit; massive sulfide deposit
gîte de surface; gîte de couverture; dépôt de couverture; dépôt superficiel	superficial deposit; surficial deposit; surface deposit
gîte d'étain; gisement stannifère; gîte stannifère; gisement d'étain	tin deposit; stanniferous deposit
gîte déterminé par des facteurs structuraux; gisement lié à des événements structuraux; gîte régi par des facteurs structuraux	structurally-controlled deposit
gîte détritique; dépôt détritique; gisement détritique	detrital deposit
gîte de tungstène; gisement de tungstène	tungsten deposit
gîte de type assises rouges; gisement de type couches rouges	redbed-type deposit
gîte de type Mississippi Valley; gisement de la vallée du Mississippi; gisement du type Mississippi Valley	Mississippi Valley-type deposit; MVT deposit
gîte de zone de cisaillement; gisement associé à une zone de cisaillement	shear-zone deposit; sheeted-zone deposit

gîte diagénétique; gisement diagénétique	diagenetic deposit
gîte d'illuvion; gîte illuvionnaire; illuvion (n.f.); gîte illuvial	illuvial deposit; illuvium
gîte d'imprégnation; imprégnation[1]	impregnation[1]; impregnated deposit
gîte d'inclusion(s)	inclusion deposit; inclusion-bearing deposit
gîte disséminé; gisement disséminé; dépôt disséminé	disseminated deposit
gîte d'or; gisement d'or; dépôt aurifère; gîte aurifère; gisement aurifère; dépôt d'or	gold deposit; gold-bearing deposit; auriferous deposit
gîte d'or alluvionnaire; dépôt d'or alluvial	alluvial gold deposit
gîte d'or-argent; gisement auro-argentifère	gold-silver deposit
gîte d'origine volcanique	volcanogenic deposit; volcanigenic deposit
gîte d'oxydation; dépôt oxydé; gisement oxydé	oxidized deposit; oxidised deposit [GBR]
gîte d'uranium; dépôt d'uranium; gîte uranifère; gisement uranifère; dépôt uranifère; gisement d'uranium	uranium deposit
gîte du Trias; gîte d'âge triasique	Triassic deposit
gîte du type kupferschiefer	kupferschiefer-type deposit; kupferschiefer deposit
gîte éluvial; gîte d'éluvion; gîte éluvionnaire; éluvion (n.f.)	eluvial deposit; eluvium
gîte en amas; dépôt massif; gisement en amas; gisement massif	massive deposit

gîte en forme de cheminée; gisement en pipe(s); gîte en pipe(s); gîte en cheminée; gîte en forme de pipe	pipe deposit; chimney deposit
gîte en forme de croissant; gisement de type « roll »	roll-type deposit; C-shaped deposit; crescentic deposit
gîte en forme de pipe; gîte en forme de cheminée; gisement en pipe(s); gîte en pipe(s); gîte en cheminée	pipe deposit; chimney deposit
gîte en gouttière; gouttière[2]	reverse saddle; inverted saddle; trough reef
gîte en lentille; gîte lenticulaire; dépôt lenticulaire; gisement lenticulaire; gisement en lentille	lensoid deposit
gîte en pipe(s); gîte en cheminée; gîte en forme de pipe; gîte en forme de cheminée; gisement en pipe(s)	pipe deposit; chimney deposit
gîte en place; gisement en place; dépôt autochtone; gîte autochtone	autochthonous deposit; *in situ* deposit
gîte en poches; gisement en poches	pocket deposit
gîte en selle; selle; gîte apical	saddle reef; saddle
gîte épibatholitique; gisement épibatholitique	epibatholithic deposit
gîte épigénétique; gîte épigénique; gisement épigénétique; gisement épigénique; dépôt épigénétique; dépôt épigénique	epigenetic deposit
gîte épithermal; gisement épithermal; dépôt épithermal	epithermal deposit
gîte essentiellement aurifère; gisement strictement aurifère	gold-only deposit

gîte exhalatif; gîte volcanique exhalatif; gisement exhalatif; gisement volcanique exhalatif	exhalative deposit; exhalation deposit; volcanic exhalative deposit
gîte exploitable; dépôt exploitable; gisement exploitable	mineable deposit; minable deposit; workable deposit
gîte exploité; gisement exploité	mined deposit
gîte exploité à ciel ouvert; gisement exploité en découverte; gisement exploité à ciel ouvert	opencast deposit; opencut deposit
gîte filonien; gisement filonien	lode deposit; vein deposit
gîte filonien épithermal; gisement filonien épithermal; dépôt filonien épithermal	epithermal vein deposit
gîte filonien feuilleté	sheeted vein deposit
gîte filonien mésothermal; dépôt filonien mésothermal; gisement filonien mésothermal	mesothermal vein deposit
gîte fissural	fissure deposit; fissure-type deposit
gîte fluvial; dépôt fluviatile; dépôt fluvial; gîte fluviatile	fluvial deposit; fluviatile deposit
gîte formant couverture; gîte formant manteau	blanket-like deposit; blanket deposit; sheet deposit
gîte fossile; dépôt fossile	fossil deposit
gîte hydrothermal; dépôt hydrothermal; gisement hydrothermal	hydrothermal deposit
gîte hypabyssal; gisement subvolcanique; gisement hypabyssal; gîte subvolcanique	subvolcanic deposit; hypabyssal deposit
gîte hypothermal; gisement hypothermal; dépôt hypothermal	hypothermal deposit

gîte igné; gisement igné	igneous deposit
gîte illuvial; gîte d'illuvion; gîte illuvionnaire; illuvion (n.f.)	illuvial deposit; illuvium
gîte inclus dans des sédiments; gisement encaissé dans les formations sédimentaires; gisement dans les sédiments; gisement dans les roches sédimentaires; gîte inclus dans les formations sédimentaires	sediment-hosted deposit
gîte inclus dans la roche carbonatée; gisement sur roches carbonatées; gîte sur roches carbonatées; gisement inclus dans la roche carbonatée	carbonate-hosted deposit
gîte inclus dans les carbonatites	carbonatite-hosted deposit
gîte inclus dans les formations sédimentaires; gîte inclus dans des sédiments; gisement encaissé dans les formations sédimentaires; gisement dans les sédiments; gisement dans les roches sédimentaires	sediment-hosted deposit
gîte inclus dans les formations volcaniques	volcanic-hosted deposit
gîte inclus dans les schistes argileux; gisement dans les schistes argileux	shale-hosted deposit
gîte inclus dans une formation de fer rubanée; dépôt inclus dans une formation ferrifère rubanée	BIF-hosted deposit
gîte inexploité; gisement inexploité	dormant deposit
gîte interstitiel; dépôt interstitiel	interstitial deposit
gîte interstratifié; dépôt interstratifié; gisement interstratifié	interbedded deposit; interstratified deposit

gîte intragranitique; gisement intragranitique	intragranitic deposit
gîte intramagmatique; gisement intramagmatique	intramagmatic deposit
gîte intraplutonique; gisement intraplutonique	intraplutonic deposit
gîte intrusif; gisement intrusif	intrusive deposit
gîte katathermal; gîte catathermal	katathermal deposit
gîte kimberlitique; gîte de kimberlites	kimberlite deposit
gîte kryptomagmatique; gîte cryptomagmatique	kryptomagmatic deposit; cryptomagmatic deposit
gîte latéritique; dépôt latéritique; gisement latéritique	lateritic deposit
gîte lenticulaire; dépôt lenticulaire; gisement lenticulaire; gisement en lentille; gîte en lentille	lensoid deposit
gîte le plus riche	highest grade deposit
gîte leptothermal; gisement leptothermal	leptothermal deposit
gîte lié à des intrusions; gisement lié à des intrusions	intrusion-related deposit
gîte lié à une discordance; gîte associé à une discordance	unconformity-associated deposit; unconformity deposit
gîte magmatique; gisement d'origine magmatique; gîte minéral magmatique; gisement magmatique	magmatic deposit; magmatic ore deposit
gîte magmatique précoce; gisement magmatique précoce; dépôt magmatique précoce	early magmatic deposit

gîte magmatique tardif; gîte tardimagmatique; gisement magmatique tardif; gisement tardimagmatique; dépôt magmatique tardif; dépôt tardimagmatique	late magmatic deposit
gîte mercurifère	mercury deposit; Hg deposit
gîte mésothermal; gisement mésothermal; dépôt mésothermal	mesothermal deposit; mesothermal ore deposit; mesothermal mineral deposit
gîte métallifère; gisement métallifère; dépôt métallifère	metalliferous deposit; metal-bearing deposit
gîte métallique; gisement métallique	metal deposit; metallic deposit
gîte métamorphique; gisement métamorphique	metamorphic deposit
gîte métamorphique de contact; gîte de métamorphisme de contact	contact-metamorphic deposit
gîte métasomatique; gisement métasomatique; gisement par métasomatose	metasomatic deposit
gîte métasomatique de contact; gisement métasomatique de contact	contact metasomatic deposit
gîte minéral; gisement minéral	mineral deposit
gîte minéral magmatique; gisement magmatique; gîte magmatique; gisement d'origine magmatique	magmatic deposit; magmatic ore deposit
gîte monométallique; gîte unimétallique	monometallic deposit
gîte nickélifère; gisement de nickel; gisement nickélifère; dépôt de nickel; dépôt nickélifère; gîte de nickel	nickel deposit; nickeliferous deposit

gîte non affleurant; gîte aveugle; gisement non affleurant; gisement aveugle	blind deposit
gîte non concordant	nonconformable deposit
gîte ophiolitique; gisement ophiolitique	ophiolitic deposit
gîte orthomagmatique	orthomagmatic deposit
gîte pegmatitique; gisement pegmatitique; gîte de pegmatite(s)	pegmatite deposit
gîte pénéconcordant; gisement pénéconcordant	peneconcordant deposit
gîte péribatholitique; gisement péribatholitique	peribatholithic deposit
gîte périmagmatique; gisement périmagmatique	perimagmatic deposit
gîte périplutonique; gisement périplutonique	periplutonic deposit
gîte placérien; gisement placérien; dépôt placérien; gîte de placer; placer	placer; placer deposit
gîte plissé; dépôt plissé	folded deposit
gîte plombifère; gîte de plomb; gisement plombifère; gisement de plomb; dépôt plombifère	lead-bearing deposit; lead deposit
gîte plombo-zincifère; dépôt de plomb-zinc; dépôt plombo-zincifère; gisement de plomb-zinc; gisement plombo-zincifère; gîte de plomb-zinc	lead-zinc deposit; lead and zinc deposit
gîte plutonique; dépôt plutonique; gisement plutonique	plutonic deposit

gîte pneumatolytique; gisement pneumatogène; gisement pneumatolytique; dépôt pneumatolytique	pneumatolytic deposit; pneumatogenic deposit
gîte polymétallique; gisement polymétallique	polymetallic deposit
gîte polymétamorphique; gisement polymétamorphique	polymetamorphic deposit
gîte porphyrique; gisement porphyrique	porphyry deposit
gîte porphyrique de cuivre; gisement porphyrique de cuivre; dépôt de cuivre porphyrique; gisement de cuivre porphyrique	porphyry copper deposit
gîte postorogénique	postorogenic deposit; post-orogenic deposit
gîte posttectonique; gisement post-tectonique	posttectonic deposit; post-tectonic deposit
gîte préorogénique; gisement pré-orogénique; gîte anté-orogénique	preorogenic deposit; pre-orogenic deposit
gîte prétectonique; gisement pré-tectonique; gîte antétectonique	pretectonic deposit; pre-tectonic deposit
gîte primaire; gisement primaire; dépôt primaire	primary deposit
gîte pyrométasomatique; gisement pyrométasomatique; dépôt pyrométasomatique	pyrometasomatic deposit
gîte régi par des facteurs structuraux; gîte déterminé par des facteurs structuraux; gisement lié à des événements structuraux	structurally-controlled deposit
gîte remanié; gisement de remaniements	reworked deposit

gîte rentable; gisement rentable	economic deposit
gîte résiduel; gisement résiduel; dépôt résiduel	residual deposit
gîte rubané; dépôt rubané; gisement rubané	banded deposit
gîte secondaire; gisement secondaire	secondary deposit
gîte sédimentaire; gisement sédimentaire; dépôt sédimentaire	sedimentary deposit
gîte skarnifère; gîte de skarns; gisement skarnifère; gisement de skarns	skarn deposit
gîte stannifère; gisement d'étain; gîte d'étain; gisement stannifère	tin deposit; stanniferous deposit
gîte stanno-argentifère; dépôt stanno-argentifère; gisement stanno-argentifère	tin-silver deposit
gîte stratiforme; gisement stratiforme; dépôt stratiforme; gîte stratoïde; gisement stratoïde	stratiform deposit
gîte subaffleurant; gisement subaffleurant; gîte de subsurface	near-surface deposit; suboutcropping deposit
gîte subconcordant; gisement subconcordant	subconcordant deposit
gîte subvolcanique; gîte hypabyssal; gisement subvolcanique; gisement hypabyssal	subvolcanic deposit; hypabyssal deposit
gîte sulfuré; dépôt sulfuré; gisement sulfuré	sulphide deposit; sulfide deposit
gîte sulfuré de plomb	lead sulfide deposit; lead sulphide deposit

gîte supergène; gisement supergène	supergene deposit
gîte sur roches carbonatées; gisement inclus dans la roche carbonatée; gîte inclus dans la roche carbonatée; gisement sur roches carbonatées	carbonate-hosted deposit
gîte sur roches silicatées; gisement sur roches silicatées	silicate-hosted deposit
gîte syngénétique; dépôt idiogène; gisement syngénétique; dépôt syngénétique	syngenetic deposit; idiogenous deposit; idiogenetic deposit
gîte synsédimentaire; gisement synsédimentaire	synsedimentary deposit
gîte tabulaire; gisement tabulaire; dépôt tabulaire	tabular deposit
gîte tardimagmatique; gisement magmatique tardif; gisement tardimagmatique; dépôt magmatique tardif; dépôt tardimagmatique; gîte magmatique tardif	late magmatic deposit
gîte télémagmatique; gisement télémagmatique	telemagmatic deposit
gîte télescopé	telescoped deposit
gîte téléthermal; gisement téléthermal	telethermal deposit
gîte tertiaire; gisement tertiaire; dépôt (d'âge) tertiaire	Tertiary deposit
gîte unimétallique; gîte monométallique	monometallic deposit
gîte uranifère; gisement uranifère; dépôt uranifère; gisement d'uranium; gîte d'uranium; dépôt d'uranium	uranium deposit

gîte volcanique de sulfures massifs	volcanic massive sulphide deposit
gîte volcanique exhalatif; gisement exhalatif; gisement volcanique exhalatif; gîte exhalatif	exhalative deposit; exhalation deposit; volcanic exhalative deposit
gîte volcano-sédimentaire; dépôt volcano-sédimentaire; gisement volcano-sédimentaire	volcano-sedimentary deposit
gîte xénothermal; gisement xénothermal	xenothermal deposit
gîte zincifère; gisement de zinc	zinc deposit
gîte zoné; dépôt zoné; gisement zoné	zoned deposit
gîtologie; science gîtologique	gitology
gîtologue (n.é.)	gitologist
glauconitisation	glauconitization
glyptogenèse	glyptogenesis
gouttière[1]	gutter
gouttière[2]; gîte en gouttière	reverse saddle; inverted saddle; trough reef
grain	grain
grain d'or	gold grain
grains enchevêtrés	intergrown grains
grain(s) fin(s), à	fine-grained
grain(s) grossier(s), à; à gros grain; grossier	coarse; coarse-grained
granite intrusif; granite magmatique; granite circonscrit	intruded granite; intrusive granite
granitisation; granitification	granitization; granitisation [GBR]; granitification

granule (n.m.)	granule
granulitisation	granulitization
graphitisation	graphitization
grappes, en; botryoïde; botryoïdal	botryoidal
gravier aurifère	wash gravel
gravier payant	pay gravel
greisen (n.m.)	greisen
greisenification; greisenisation	greisenization; greisenisation [GBR]; greisening
greisenifié; greisenisé	greisenized; greisenised [GBR]
greisenisation; greisenification	greisenization; greisenisation [GBR]; greisening
greisenisé; greisenifié	greisenized; greisenised [GBR]
grenatisation	garnetization
gros grain, à; grossier; à grain(s) grossier(s)	coarse; coarse-grained
gros morceau (de minerai); bloc (de minerai); agrégat (de minerai)	lump (of ore)
grossier; grain(s) grossier(s), à; à gros grain	coarse; coarse-grained
groupe de dykes; essaim de filons de roches; essaim de dykes	dike swarm; dyke swarm [GBR]
guide (n.m.); indicateur (n.m.); indice[1]	guide (n.); indicator; indication
guide à la prospection; guide pour la prospection	prospecting guide

guide de recherche; guide d'exploration; guide pour la recherche (minérale); guide dans la recherche	exploration guide; mineral exploration guide
guide géochimique; indicateur géochimique; traceur géochimique	geochemical guide; pathfinder
guide géologique; indicateur géologique	geologic(al) guide
guide géophysique; indicateur géophysique	geophysical guide
guide lithologique	lithologic(al) guide
guide minéralogique	mineralogic(al) guide
guide morphologique; guide physiographique	morphologic guide; physiographic guide
guide paléogéographique; indicateur paléogéographique	paleogeographical guide; palaeogeographical guide [GBR]
guide physiographique; guide morphologique	morphologic guide; physiographic guide
guide pour la prospection; guide à la prospection	prospecting guide
guide pour la recherche (minérale); guide dans la recherche; guide de recherche; guide d'exploration	exploration guide; mineral exploration guide
guide stratigraphique	stratigraphic guide
guide structural	structural guide
guide vers le minerai; guide vers la minéralisation; indicateur de minéralisation	guide to ore; ore guide
gummites (n.f.plur.)	gummites
gypsifère	gypsiferous; gypsum-bearing
gypsification	gypsification

habitus; habitus cristallin; faciès cristallographique; faciès[2]; aspect	habit; mineral habit
halmyrolyse; altération sous-marine	halmyrolysis; halmyrosis; submarine weathering
halmyrolytique	halmyrolytic
halo; auréole	aureole; envelope[3]; halo
halo d'altération; auréole d'altération	alteration halo; alteration aureole; alteration envelope
halo de dispersion; auréole de dispersion; auréole de dissémination	dispersion halo
halo géochimique; auréole géochimique	geochemical halo; geochemical aureole
haute teneur; forte teneur; teneur élevée	high grade[1] (n.)
haute teneur, à; riche; à teneur élevée; à forte teneur	high-grade (adj.); rich
hématisation	hematitization; hematization
hématisé	hematized
hématite (n.f.) rouge	red hematite; red haematite; red iron ore
hématite rouge en rognons; minerai de fer en rognons	kidney iron ore
hololeucocrate (adj.)	hololeucocratic
holomélanocrate (adj.)	holomafic; holomelanocratic; hypermelanic

horizon	horizon
horizon conducteur	conductive horizon
horizon minéralisé	mineralized horizon; mineralised horizon [GBR]
hôte (adj.); porteur (adj.); encaissant (adj.)	host (adj.); enclosing
hôte[1] (n.m.); support; encaissant (n.m.)	host[1] (n.)
hôte[2] (n.m.); minéral hôte; minéral porteur; palasome (n.m.)	host mineral; enclosing mineral; host[2] (n.); palasome; palosome
houiller; carbonifère	carboniferous; coal-bearing
houillification; carbonification; carbonisation	coalification; carbonification; incarbonization; incoalation; bitumenization
houillifié; carbonifié; carbonisé	coalified
hydatogène	hydatogenic; hydatogenetic; hydatogenous
hydatogenèse	hydatogenesis
hydratation	hydration; hydrous alteration
hydrate de fer; hydroxyde de fer	iron hydroxide
hydrogénétique	hydrogenic; hydrogenetic; hydrogenous
hydrolysat	hydrolyzate; hydrolysate
hydrolyse	hydrolysis; hydrolytic alteration; hydrolytic decomposition
hydrothermalisme; activité hydrothermale	hydrothermal activity; hydrothermal processes
hydrothermalite; solution hydrothermale; hydrothermalyte	hydrothermal solution

hydroxyde; oxyde hydraté	hydroxide
hydroxyde de fer; hydrate de fer	iron hydroxide
hydroxyde ferrique; oxyde ferrique hydraté	ferric hydroxide; hydrated ferric oxide
hypogène	hypogene
hystérogène; post-cinématique; postcinématique	postkinematic; post-kinematic

I

illitisation; altération en illite; altération illitique	illitization
illuvion (n.f.); gîte illuvial; gîte d'illuvion; gîte illuvionnaire	illuvial deposit; illuvium
imagerie multispectrale	multispectral imagery; multispectral imaging
imprégnation[1]; gîte d'imprégnation	impregnation[1]; impregnated deposit
imprégnation[2]	impregnation[2]; pore-space filling
imprégnation[3]; pénétration	permeation
imprégnation diffuse	disseminated impregnation
inaltérable; inattaquable	unalterable; unattackable
inaltérable par les agents atmosphériques; inattaquable par les agents atmosphériques	unweatherable
inaltéré; non altéré	unaltered
inattaquable; inaltérable	unalterable; unattackable

inattaquable par les agents atmosphériques; inaltérable par les agents atmosphériques	unweatherable
incliner, s'; s'enfoncer; plonger	dip (v.)
inclus dans; encaissé dans; contenu dans	hosted by
inclusion	inclusion[2]
inclusion aqueuse	aqueous inclusion
inclusion carbonée	carbonaceous inclusion
inclusion charbonneuse	carbon inclusion
inclusion fluide	fluid inclusion
inclusion gazeuse	gas inclusion; gaseous inclusion
inclusion globulaire; inclusion globuleuse; inclusion sphérolitique	globular inclusion; spherulitic inclusion
inclusion liquide	liquid inclusion
inclusion secondaire	secondary inclusion
inclusion solide	solid inclusion
inclusion sphérolitique; inclusion globulaire; inclusion globuleuse	globular inclusion; spherulitic inclusion
inclusion vitreuse	glass inclusion
indicateur (n.m.); indice[1]; guide (n.m.)	guide (n.); indicator; indication
indicateur de l'or	gold guide
indicateur de minéralisation; guide vers le minerai; guide vers la minéralisation	guide to ore; ore guide
indicateur géochimique; traceur géochimique; guide géochimique	geochemical guide; pathfinder

indicateur géologique; guide géologique	geologic(al) guide
indicateur géophysique; guide géophysique	geophysical guide
indicateur métallogénique	metallogenic guide
indicateur paléogéographique; guide paléogéographique	paleogeographical guide; palaeogeographical guide [GBR]
indice[1]; guide (n.m.); indicateur (n.m.)	guide (n.); indicator; indication
indice[2]	show (n.)
induré (gén.)	baked (spec.)
injection; intrusion	injection; intrusion
intense altération; altération intense	pervasive alteration
intensité; niveau; degré	grade[3] (n.)
intensité de l'altération; degré d'altération	grade of alteration
intensité du métamorphisme; degré d'intensité du métamorphisme; degré de métamorphisme; niveau de métamorphisme	metamorphic grade; metamorphic rank; grade of metamorphism; rank of metamorphism
intensité moindre; degré inférieur; niveau inférieur	lower grade[2]
intercalation stérile	horse
intercroissance	intergrowth
interface eau-sédiment	sediment-water interface
intersection de filons; intersection de veines	vein intersection

interstratifié (n.m.); minéral argileux interstratifié; minéral interstratifié	mixed-layer clay mineral; mixed-layer mineral
intraformationnel	intraformational
intrusion; injection	injection; intrusion
intrusion alcaline	alkalic intrusion
intrusion anorthositique; intrusion d'anorthosite	anorthosite intrusion; anorthositic intrusion
intrusion associée	associated intrusion
intrusion comagmatique	comagmatic intrusion
intrusion d'anorthosite; intrusion anorthositique	anorthosite intrusion; anorthositic intrusion
intrusion de gabbro; intrusion gabbroïque	gabbro intrusion; gabbroic intrusion
intrusion granitique	granitic intrusion; granite intrusion; granitoid intrusion
intrusion ignée	igneous intrusion; igneous intrusive
intrusion laccolitique; intrusion laccolithique	laccolith intrusion
intrusion lopolitique	lopolithic intrusion
intrusion mafique	mafic intrusion
intrusion magmatique	magmatic intrusion
intrusion tardi-orogénique	late orogenic intrusion
inversion de minéralisation	inversion of mineralization
inversion oxyatmosphérique	oxyatmoversion; oxy-atmo inversion
invité (n.m.); métasome; minéral inclus; minéral invité	metasome; guest; hosted mineral

irrégulier	patchy
isotope de l'oxygène	oxygen isotope
isotope de l'uranium	uranium isotope
isotope du plomb	lead isotope
isotope radioactif; radio-isotope	radioactive isotope; radioisotope
isotope radiogénique	radiogenic isotope
isotope stable	stable isotope

J

jeu de veines	lode[2]; lead (n.)
joint; diaclase (n.f.)	joint (n.); rock joint
juvénile (adj.)	juvenile (adj.)

K

kaolinisation; altération kaolinique	kaolinization; kaolinisation [GBR]
kaolinisé	kaolinized; kaolinised [GBR]
kaolinitisation	kaolinitization
karstification; altération karstique	karstification
karstifié	karstified
katamorphisme; catamorphisme	catamorphism; katamorphism
kimberlite (n.f.)	kimberlite

kimberlite (n.f.) diamantifère	diamantiferous kimberlite; diamond-bearing kimberlite; diamondiferous kimberlite
kupferschiefer (n.m.inv.); schiste cuprifère allemand; schiste cuprifère d'Allemagne; schiste cuprifère	kupferschiefer

labile	labile
laccolite (n.m.); laccolithe (n.m.) (rare)	laccolith; laccolite (obs.)
lac salé	salt lake; brine lake
lamelle	blade
lamelle d'exsolution; lamelle exsolvée	exsolution lamella; exsolved lamella; unmixing lamella
lamelles, en; en cristaux lamellaires	bladed
lamina (n.f.); lamine (n.f.); straticule (n.f.); lamination; feuillet	lamination; lamina; straticule
laminaire; laminé (adj.); feuilleté (adj.); en feuillets	laminated; laminate; laminar
lamination; feuillet; lamina (n.f.); lamine (n.f.); straticule (n.f.)	lamination; lamina; straticule
lamination entrecroisée; feuilletage oblique	cross-lamination; diagonal lamination; oblique lamination
laminé (adj.); en feuilleté (adj.); feuillets; laminaire	laminated; laminate; laminar

lamine (n.f.); straticule (n.f.); lamination; feuillet; lamina (n.f.)	lamination; lamina; straticule
lanthanides (n.m.plur.); série du lanthane	lanthanides
latérisation (vieilli); altération ferrallitique; altération latéritique (vieilli); ferrallitisation; ferralitisation; latéritisation (vieilli)	ferrallitization; ferrallization
latérite (n.f.)	laterite
latéritisation (vieilli); latérisation (vieilli); altération ferrallitique; altération latéritique (vieilli); ferrallitisation; ferralitisation	ferrallitization; ferrallization
lavage	washing
lavage à la batée; batéiage; batée[2] (n.f.)	panning
lave acide	acid lava
lave basique	basic lava
lave mafique	mafic lava
léger métamorphisme; faible métamorphisme	low-grade metamorphism; low-rank metamorphism
lenticulaire; en lentille(s)	lenticular; lenslike; lensoid; lentiform
lentille	lens
lentille allongée; amas fusiforme; lentille fusiforme	pod; ore pod; elongated lentil; fusiform lens
lentille aplatie; lentille plate; filon plat; flat	flat[1] (n.) (of ore)
lentille cymoïde	cymoid lens

lentille de minerai; lentille minéralisée	ore lens
lentille fusiforme; lentille allongée; amas fusiforme	pod; ore pod; elongated lentil; fusiform lens
lentille minéralisée; lentille de minerai	ore lens
lentille plate; filon plat; flat; lentille aplatie	flat[1] (n.) (of ore)
lentille(s), en; lenticulaire	lenticular; lenslike; lensoid; lentiform
lessivage; lixiviation	leaching; leaching process; lixiviation
levé (n.m.) de résistivité électrique; lever (n.m.) de résistivité électrique	resistivity survey
levé électromagnétique	electromagnetic survey; EM survey
levé (n.m.) géochimique; lever (n.m.) géochimique	geochemical survey
levé (n.m.) géochimique régional; lever (n.m.) géochimique régional	regional geochemical survey
levé (n.m.) géophysique; lever (n.m.) géophysique	geophysical survey
levé (n.m.) gravimétrique; lever (n.m.) gravimétrique	gravity survey
levé (n.m.) magnétique; lever (n.m.) magnétique	magnetic survey
levé (n.m.) magnétique au sol; lever (n.m.) magnétique au sol	ground magnetic survey
levé (n.m.) radiométrique; lever (n.m) radiométrique	radiometric survey

levé (n.m.) radiométrique au sol; lever (n.m.) radiométrique au sol	ground radiometric survey
lever (n.m.) de résistivité électrique; levé (n.m.) de résistivité électrique	resistivity survey
lever (n.m.) géochimique; levé (n.m.) géochimique	geochemical survey
lever (n.m.) géochimique régional; levé (n.m.) géochimique régional	regional geochemical survey
lever (n.m.) géophysique; levé (n.m.) géophysique	geophysical survey
lever (n.m.) gravimétrique; levé (n.m.) gravimétrique	gravity survey
lever (n.m.) magnétique; levé (n.m.) magnétique	magnetic survey
lever (n.m.) magnétique au sol; levé (n.m.) magnétique au sol	ground magnetic survey
lever (n.m.) radiométrique; levé (n.m.) radiométrique	radiometric survey
lever (n.m.) radiométrique au sol; levé (n.m.) radiométrique au sol	ground radiometric survey
libelle (n.f.)	air bubble
lieu de départ; site d'origine; site de départ; lieu d'origine	generative site
lieu de dépôt; site de dépôt	depositional site; site of deposition
lieu d'origine; lieu de départ; site d'origine; site de départ	generative site
limnite (n.f.); minerai de fer des marais	bog iron ore; limnite
limonitisation; altération en limonite	limonitization

linéament	lineament
liquide d'anatexie	anatectic melt
liquide de fusion; phase fondue	melt (n.)
lit	bed
litage	bedding
lit compétent; couche compétente	competent layer; competent bed
lit de sables noirs	black sand bed
lithification	lithification; lithifaction
lithinifère	lithium-bearing
lithofaciès; faciès lithologique	lithofacies; lithologic(al) facies
lithologie des roches encaissantes; lithologie de l'encaissant	host lithology
lithophile (n.m.); élément lithophile	lithophile element
lit oblique; couche oblique	crossbed; cross-bed
lixiviation; lessivage	leaching; leaching process; lixiviation
lopolite (n.m.)	lopolith

macro-rubanement	macrobanding
magma à l'origine des carbonatites; magma générateur de carbonatites	carbonatite magma
magma ascendant	ascending magma; uprising magma

magma basique	basic magma
magma calco-alcalin; magma calcoalcalin	calc-alkaline magma
magma d'origine mantellique; magma d'origine mantélique	mantle-derived magma
magma générateur de carbonatites; magma à l'origine des carbonatites	carbonatite magma
magma générateur de minerais; magma minéralisateur	ore-forming magma
magma minéralisé	ore magma
magma parent; magma paternel	parental magma; parent magma
magmatisme	magmatism
mamelonné	mammillary; mammillated; mammilated; mammillate; mammilate
manganèse des marais	bog manganese
manifestation hydrothermale; phénomène hydrothermal	hydrothermal event
manifestation magmatique; phénomène magmatique	magmatic event
manifestation métallogénique; phénomène métallogénétique	metallogenic event
manto[1]	manto[1]; manto deposit
manto[2]	manto[2]
martitisation	martitization
masse de minerai; corps minéralisé; masse minéralisée; corps de minerai	orebody; ore body
masse grenue	granular mass

masse minéralisée; corps de minerai; masse de minerai; corps minéralisé	orebody; ore body
massif (intrusif); stock	stock (n.)
matériau exotique; matériau de provenance lointaine	exotic material
matériau mantellique; matériel mantellique; matériau mantélique; matériel mantélique	mantle material
matériel crustal	crustal material
matériel mantellique; matériau mantélique; matériel mantélique; matériau mantellique	mantle material
matrice; pâte; pâte matrice	groundmass
matrice silteuse	silty matrix
mélanosome; minéral foncé; minéral noir	dark mineral; dark-colored mineral
mercurifère	mercury-bearing; mercuriferous
mesure d'âge isotopique; datation isotopique; datation radiométrique; détermination radiométrique de l'âge	isotopic dating; isotopic age determination; isotope dating; radiometric dating; radiometric age determination
métal	metal
métal commun; métal usuel	base metal
métal de la mine de platine; métal platinoïde; platinoïde	platinoid; platinum metal; platinoid element
métal exploitable; métal susceptible d'être exploité	mineable metal; minable metal
métallifère	metalliferous; metal-bearing
métallisation	metallization; metalization

métallogenèse	metallogenesis
métallogénétique; métallogénique	metallogenetic; metallogenic
métallogénie; science métallogénique	metallogeny
métallogénique; métallogénétique	metallogenetic; metallogenic
métallogéniste (n.é.)	metallogenist
métalloïde; non-métal	nonmetal
métallotecte (n.m.)	metallotect
métallotecte favorable; métallotecte positif	positive metallotect
métallotecte négatif	negative metallotect
métallotecte positif; métallotecte favorable	positive metallotect
métallotecte régional	regional metallotect
métal natif; métal vierge	native metal
métal noble	noble metal
métal platinoïde; platinoïde; métal de la mine de platine	platinoid; platinum metal; platinoid element
métal précieux	precious metal
métal rare	rare metal
métal récupérable	recoverable metal
métal susceptible d'être exploité; métal exploitable	mineable metal; minable metal
métal usuel; métal commun	base metal
métal vierge; métal natif	native metal
métamictisation	metamictization

métamorphisé	metamorphosed
métamorphisme de contact	contact metamorphism
métamorphisme d'enfouissement; métamorphisme statique	burial metamorphism
métamorphisme général; métamorphisme régional	regional metamorphism
métamorphisme hydrothermal	hydrothermal metamorphism
métamorphisme intense	high-grade metamorphism; high-rank metamorphism
métamorphisme plus intense	higher grade metamorphism; higher rank metamorphism
métamorphisme polyphasé; polymétamorphisme	polymetamorphism; superimposed metamorphism
métamorphisme prograde; métamorphisme progressif	prograde metamorphism; progressive metamorphism
métamorphisme régional; métamorphisme général	regional metamorphism
métamorphisme régressif; rétrométamorphisme; rétromorphose; rétromorphisme; diaphtorèse	retrograde metamorphism; retrogressive metamorphism; diaphthoresis
métamorphisme statique; métamorphisme d'enfouissement	burial metamorphism
métasomatique	metasomatic
métasomatose	metasomatism; metasomatic process
métasomatose alcaline	alkali metasomatism
métasomatose anionique	anion metasomatism
métasomatose cationique	cation metasomatism
métasomatose de contact	contact metasomatism

métasomatose hydrothermale	hydrothermal metasomatism
métasomatose magnésienne	magnesian metasomatism
métasomatose potassique	K metasomatism; potassium metasomatism
métasomatose sodique	sodic metasomatism; sodium metasomatism; soda metasomatism; Na metasomatism
métasome; minéral inclus; minéral invité; invité (n.m.)	metasome; guest; hosted mineral
météorisation; altération atmosphérique; altération météorique	weathering; weathering process
météorisation chimique; altération chimique météorique	chemical weathering
météorisation différentielle; altération météorique sélective; altération météorique différentielle; météorisation sélective	differential weathering; selective weathering
météorisation profonde; altération météorique profonde	deep weathering
météorisation sélective; météorisation différentielle; altération météorique sélective; altération météorique différentielle	differential weathering; selective weathering
météorisation superficielle; altération superficielle météorique	superficial weathering; surface weathering
météorisation tardive; altération météorique tardive	late weathering
météorisé	weathered
méthode de datation par les isotopes radioactifs potassium-argon; méthode potassium-argon; méthode K-Ar	K-Ar age method; K-Ar method; potassium-argon age method

méthode de la polarisation spontanée; méthode des potentiels spontanés	self-potential prospecting; spontaneous potential prospecting; SP prospecting; self-potential survey; SP survey
méthode de résistivité électrique	resistivity method; electrical resistivity method
méthode des potentiels spontanés; méthode de la polarisation spontanée	self-potential prospecting; spontaneous potential prospecting; SP prospecting; self-potential survey; SP survey
méthode (du) rubidium-strontium; datation par le couple Rb-Sr; méthode (du) Rb-Sr	rubidium-strontium age method; Rb-Sr (age) method; rubidium-strontium dating
méthode géophysique	geophysical method
méthode potassium-argon; méthode K-Ar; méthode de datation par les isotopes radioactifs potassium-argon	K-Ar age method; K-Ar method; potassium-argon age method
méthode sismique de prospection; exploration sismique; sismique (n.f.); prospection sismique	seismic prospecting; seismic exploration
méthode uranium-plomb; datation par le couple uranium-plomb	uranium-lead dating; U-Pb dating; uranium-lead age method; U-Pb (age) method; lead-uranium age method
microfossile bactérien	bacterial microfossil
migration ascendante; mouvement *per ascensum*; mouvement ascendant; migration *per ascensum*	upward movement
migration chimique	chemical transport
migration de saumure; migration d'eau hypersaline	brine migration

migration descendante; mouvement *per descensum*; mouvement descendant; migration *per descendum*	downward movement
migration des minéraux	migration of minerals
migration latérale; migration *per lateralum*; déplacement latéral; sécrétion latérale; drainage latéral	lateral secretion
migration *per ascensum*; migration ascendante; mouvement *per ascensum*; mouvement ascendant	upward movement
migration *per descendum*; migration descendante; mouvement *per descensum*; mouvement descendant	downward movement
migration *per lateralum*; déplacement latéral; sécrétion latérale; drainage latéral; migration latérale	lateral secretion
milieu anoxique	anoxic environment
milieu cratonique	cratonic environment; cratonal environment
milieu deltaïque	deltaic environment
milieu de sédimentation; milieu du dépôt; milieu sédimentaire	depositional environment; environment of deposition
milieu eugéosynclinal; environnement eugéosynclinal	eugeosynclinal environment
milieu euxinique; milieu restreint humide	euxinic environment; restricted humid environment
milieu générateur de minerais; milieu minéralisateur	ore-forming environment
milieu géochimique	geochemical environment

milieu géologique; environnement géologique; entourage géologique	geologic(al) environment
milieu granitique	granitic environment
milieu lacustre	lacustrine environment
milieu lagunaire	lagoonal environment; lagunar environment [GBR]
milieu lithologique; environnement lithologique	lithologic(al) environment
milieu marin; environnement marin	marine environment
milieu minéralisateur; milieu générateur de minerais	ore-forming environment
milieu oxydant	oxidizing environment
milieu paralique	paralic environment
milieu réducteur	reducing environment
milieu restreint humide; milieu euxinique	euxinic environment; restricted humid environment
milieu sédimentaire; milieu de sédimentation; milieu du dépôt	depositional environment; environment of deposition
milieu sédimentologique	sedimentological environment
milieu supergène	supergene environment
mine à ciel ouvert; exploitation par découverte; exploitation en découverte; exploitation à ciel ouvert	opencast mine; open(-)pit mine; opencut mine; strip mine
mine de plomb et de zinc; mine de plomb-zinc	lead-zinc mine; lead and zinc mine
minerai	ore
minerai aggloméré	sintered ore

minerai à l'état diffus; minerai disséminé	disseminated ore
minerai alluvial	wash ore
minerai à teneur plus faible; minerai à plus faible teneur	lower-grade ore
minerai à vue; minerai reconnu; minerai démontré	measured ore; proved ore; developed ore; ore in sight; blocked out ore
minerai bréchique; minerai bréchoïde; minerai bréchiforme	breccia ore; brecciated ore
minerai brut; tout-venant (n.m.inv.)	crude ore
minerai carbonaté	carbonate ore
minerai clastique	fragmental ore; clastic ore
minerai cobaltifère; minerai de cobalt	cobalt-bearing ore; cobalt ore; cobaltiferous ore
minerai commercial; minerai économique	economic ore
minerai complexe	complex ore
minerai conglomératique	conglomerate ore
minerai cru	raw ore
minerai cuprifère	copper ore
minerai cupro-plombo-zincifère	copper-zinc-lead ore
minerai cupro-stannifère	copper-tin ore
minerai d'argent	silver ore
minerai de cobalt; minerai cobaltifère	cobalt-bearing ore; cobalt ore; cobaltiferous ore
minerai de cuivre porphyrique; minerai porphyrique de cuivre	porphyry copper ore

minerai de fer	iron ore
minerai de fer argileux	clay ironstone
minerai de fer des marais; limnite (n.f.)	bog iron ore; limnite
minerai de fer en rognons; hématite rouge en rognons	kidney iron ore
minerai de fer oolitique; minerai de fer oolithique	oolitic iron ore
minerai de manganèse	manganese ore
minerai de mercure	mercury ore
minerai démontré; minerai à vue; minerai reconnu	measured ore; proved ore; developed ore; ore in sight; blocked out ore
minerai de nickel	nickel ore
minerai de placer; minerai placérien	placer ore
minerai de plomb	lead ore; lead-bearing ore
minerai de plomb et de zinc; minerai de plomb-zinc; minerai plombo-zincifère	lead-zinc ore; lead and zinc ore
minerai de skarn(s)	skarn ore
minerai détritique	detrital ore
minerai de tungstène	tungsten ore
minerai de vanadium	vanadium ore
minerai de zinc	zinc ore; ore of zinc
minerai d'imprégnation	impregnation ore
minerai disséminé; minerai à l'état diffus	disseminated ore

minerai d'or	gold ore
minerai d'origine marine	marine-derived ore
minerai d'uranium	uranium ore
minerai économique; minerai commercial	economic ore
minerai en cocarde	cockade ore; cocarde ore; ring ore; sphere ore
minerai en filon; minerai filonien	vein ore
minerai en filonnets; minerai en veinules	veinlet ore
minerai en grains	granular ore
minerai en graviers; minerai graveleux	gravel ore
minerai en morceaux; minerai gros; minerai grossier; minerai grumeleux	lump ore; lumpy ore
minerai en pisolithes; minerai pisolithique; minerai pisolitique	pisolitic ore
minerai enrichi	enriched ore; beneficiated ore
minerai en rognons	kidney ore
minerai en stockwerk	stockwork ore
minerai en veinules; minerai en filonnets	veinlet ore
minerai éruptif	eruptive ore
minerai exploitable	mineable ore; minable ore; workable ore; exploitable ore
minerai exploité	mined ore; worked ore
minerai filonien; minerai en filon	vein ore

minerai fissural	fissure ore
minerai graveleux; minerai en graviers	gravel ore
minerai grossier; minerai grumeleux; minerai en morceaux; minerai gros	lump ore; lumpy ore
minerai hydrothermal	hydrothermal ore
minerai hypogène	hypogene ore
minerai manganésifère	manganiferous ore
minerai massif	massive ore
minerai métallifère	metalliferous ore; metal-bearing ore
minerai métallique	metallic ore
minerai mis à jour par les sondages	drill-indicated ore
minerai oolitique; minerai oolithique	oolitic ore
minerai originel; minerai primaire	primary ore
minerai oxydé	oxidized ore; oxidised ore [GBR]
minerai pisolitique; minerai en pisolithes; minerai pisolithique	pisolitic ore
minerai placérien; minerai de placer	placer ore
minerai plombo-zincifère; minerai de plomb et de zinc; minerai de plomb-zinc	lead-zinc ore; lead and zinc ore
minerai polymétallique	polymetallic ore
minerai porphyrique de cuivre; minerai de cuivre porphyrique	porphyry copper ore

minerai possible; minerai potentiel	possible ore; potential ore
minerai présumé; minerai probable	inferred ore; probable ore
minerai primaire; minerai originel	primary ore
minerai probable; minerai présumé	inferred ore; probable ore
minerai proprement dit; minéral valorisable; minéral de minerai; véritable minerai	ore mineral
minerai reconnu; minerai démontré; minerai à vue	measured ore; proved ore; developed ore; ore in sight; blocked out ore
minerai rubané	banded ore; ribbon ore
minerai secondaire	secondary ore
minerai sédimentaire	sedimentary ore
minerai siliceux	siliceous ore
minerai sulfuré	sulphide ore; sulfide ore
minerai sulfuré de métal usuel; minerai sulfuré de métal commun	base-metal sulphide ore; base-metal sulfide ore
minerai sulfuré massif	massive sulphide ore; massive sulfide ore
minerai supergène	supergene ore
minerai synchrone	synchronous ore
minéral (n.m.)	mineral (n.)
minéral accessoire	accessory mineral
minéral à faciès typomorphe; minéral typomorphe	typomorphic mineral
minéral allochtone; minéral allogène; minéral allothigène	allogene[1]; allothigene; allothogene

minéral allogène; minéral allothigène; minéral allochtone	allogene[1]; allothigene; allothogene
minéral altéré	altered mineral
minéral amorphe	amorphous mineral
minéral anhydre	anhydrous mineral
minéral antistress; minéral anti-stress	antistress mineral; anti-stress mineral
minéral argileux interstratifié; minéral interstratifié; interstratifié (n.m.)	mixed-layer clay mineral; mixed-layer mineral
minéral à structure cristalline; minéral cristallin	crystalline mineral
minéral authigène; minéral autochtone	authigenic mineral; authigene (n.)
minéral à valeur commerciale; minéral commercial	economic mineral
minéral biogénétique; minéral biogène; minéral organogène	biogenic mineral; biogenetic mineral; biogenous mineral
minéral calcique	calcic mineral
minéral clair; minéral pâle	light mineral[1]; light-colored mineral
minéral colloïdal	colloidal mineral
minéral commercial; minéral à valeur commerciale	economic mineral
minéral cristallin; minéral à structure cristalline	crystalline mineral
minéral cristallisé	crystallized mineral
minéral cryptocristallin	cryptocrystalline mineral

minéral cuprifère	copper-bearing mineral; cupriferous mineral; copper mineral
minéral d'altération	alteration mineral
minéral d'argent	silver mineral
minéral de basse température	low temperature mineral
minéral de contact; minéral métamorphique de contact	contact mineral
minéral de diagenèse; minéral diagénétique	diagenetic mineral
minéral de druse; minéral drusique	drusy mineral
minéral de gangue; minéral de la gangue	gangue mineral
minéral de haute température	high-temperature mineral
minéral de la gangue; minéral de gangue	gangue mineral
minéral de métamorphisme; minéral du métamorphisme	metamorphic mineral
minéral de minerai; véritable minerai; minerai proprement dit; minéral valorisable	ore mineral
minéral de néoformation; minéral néoformé	neogenic mineral
minéral dense; minéral lourd	heavy mineral; heavy (n.)
minéral de placer; minéral placérien	placer mineral
minéral de plomb et de zinc; minéral plombo-zincifère	lead-zinc mineral; lead and zinc mineral
minéral de skarn(s)	skarn mineral
minéral détritique	detrital mineral

minéral diagénétique; minéral de diagenèse	diagenetic mineral
minéral drusique; minéral de druse	drusy mineral
minéral du groupe des silicates calciques	calc-silicate mineral
minéral du manganèse; minéral manganésé	manganese mineral
minéral du métamorphisme; minéral de métamorphisme	metamorphic mineral
minéral dur	hard mineral
minéral en grains	granular mineral
minéral essentiel	essential mineral
minéral fémique	femic mineral
minéral feuilleté; minéral folié	foliated mineral; foliaceous mineral
minéral fibreux	fibrous mineral
minéral folié; minéral feuilleté	foliated mineral; foliaceous mineral
minéral foncé; minéral noir; mélanosome	dark mineral; dark-colored mineral
minéral formé tardivement; minéral tardimagmatique; minéral tardif	late-formed mineral; late magmatic mineral
minéral générateur de minerai	ore-forming mineral
minéral hôte; minéral porteur; palasome (n.m.); hôte[2] (n.m.)	host mineral; enclosing mineral; host[2] (n.); palasome; palosome
minéral hydraté	hydrous mineral
minéral hydrothermal	hydrothermal mineral

minéral inclus; minéral invité; invité (n.m.); métasome	metasome; guest; hosted mineral
minéral industriel	industrial mineral
minéral interstratifié; interstratifié (n.m.); minéral argileux interstratifié	mixed-layer clay mineral; mixed-layer mineral
minéral invité; invité (n.m.); métasome; minéral inclus	metasome; guest; hosted mineral
minéralisateur (n.m.); agent minéralisateur; vecteur de minéralisation; substance minéralisante	mineralizer; mineralizing agent
minéralisation[1]	mineralization[1]; mineralisation [GBR]
minéralisation[2]; amas minéralisé	mineralization[2]; mineralisation [GBR]
minéralisation à contrôle lithologique	lithologically controlled mineralization
minéralisation associée; minéralisation affiliée	associated mineralization
minéralisation concordante (avec la stratification)	concordant mineralization
minéralisation contrôlée par des failles	fault-controlled mineralization
minéralisation de skarn(s)	skarn mineralization; skarn-related mineralization
minéralisation de stockwerk	stockwork mineralization
minéralisation de type fissural	fissure-type mineralization
minéralisation diffuse; minéralisation disséminée	dispersed mineralization; disseminated mineralization
minéralisation filonienne	vein mineralization

minéralisation hydrothermale	hydrothermal mineralization
minéralisation hypogène	hypogene mineralization
minéralisation juvénile	juvenile mineralization
minéralisation néoformée	neomineralization
minéralisation stannifère	tin mineralization
minéralisation stratiforme; minéralisation stratoïde	stratiform mineralization
minéralisation subaffleurante	near-surface mineralization; suboutcropping mineralization
minéralisé	ore-bearing
minéraliser	mineralize; mineralise [GBR]
minéral léger	light mineral[2]
minéral lithogénétique	rock-forming mineral; lithogenetic mineral; lithogenic mineral
minéral lourd; minéral dense	heavy mineral; heavy (n.)
minéral manganésé; minéral du manganèse	manganese mineral
minéral métallifère	metalliferous mineral
minéral métallique	metallic mineral
minéral métamicte	metamict mineral
minéral métamorphique de contact; minéral de contact	contact mineral
minéral métasomatique	metasomatic mineral
minéral métastable	metastable mineral
minéral migrateur	migrating mineral
minéral néoformé; minéral de néoformation	neogenic mineral

minéral noir; mélanosome; minéral foncé	dark mineral; dark-colored mineral
minéralogie	mineralogy
minéralogie d'altération	alteration mineralogy
minéralogie des minerais	ore mineralogy
minéralogie symptomatique	diagnostic mineralogy
minéral opaque	opaque mineral
minéral organogène; minéral biogénétique; minéral biogène	biogenic mineral; biogenetic mineral; biogenous mineral
minéral originel; minéral primaire	primary mineral; original mineral
minéral pâle; minéral clair	light mineral[1]; light-colored mineral
minéral placérien; minéral de placer	placer mineral
minéral plombifère	lead mineral
minéral plombo-zincifère; minéral de plomb et de zinc	lead-zinc mineral; lead and zinc mineral
minéral pneumatolytique; minéral pneumatogène	pneumatolytic mineral; pneumatogenic mineral
minéral porteur; palasome (n.m.); hôte[2] (n.m.); minéral hôte	host mineral; enclosing mineral; host[2] (n.); palasome; palosome
minéral précoce	early-formed mineral; early magmatic mineral
minéral primaire; minéral originel	primary mineral; original mineral
minéral prograde	prograde mineral
minéral radioactif; minéral radio-actif	radioactive mineral
minéral réfractaire	refractory mineral

minéral secondaire	secondary mineral
minéral silicaté	silicate mineral
minéral stress	stress mineral
minéral sulfuré	sulphide mineral; sulfide mineral
minéral supergène	supergene mineral
minéral symptomatique	diagnostic mineral; symptomatic mineral
minéral tardif; minéral formé tardivement; minéral tardimagmatique	late-formed mineral; late magmatic mineral
minéral tendre	soft mineral
minéral translucide	translucent mineral
minéral transparent	transparent mineral
minéral typomorphe; minéral à faciès typomorphe	typomorphic mineral
minéral ubiquiste	ubiquitous mineral
minéral uranifère	uranium mineral; uranium-bearing mineral; uraniferous mineral
minéral utile	valuable mineral; useful mineral
minéral valorisable; minéral de minerai; véritable minerai; minerai proprement dit	ore mineral
minéraux argileux; minéraux des argiles; minéraux de l'argile	clay minerals
minéraux associés	associated minerals
minéraux à vocation énergétique; combustibles minéraux énergétiques; minéraux énergétiques	energy minerals

minéraux de l'argile; minéraux argileux; minéraux des argiles	clay minerals
minéraux énergétiques; minéraux à vocation énergétique; combustibles minéraux énergétiques	energy minerals
minéraux non métalliques	nonmetallics; nonmetallic minerals
minérogenèse	minerogenesis
minérogénétique; minérogénique	minerogenic; minerogenetic
minette (n.f.)	minette ironstone; minette ore
mobilisation (des minéraux)	mobilization
mobilisation métamorphique	metamorphic mobilization
modèle de dégazage/granulitisation	degassing/granulitization model
modèle épigénétique; modèle épigénique	epigenetic model; epigenetic pattern
modèle exhalatif	exhalative model
modèle génétique	genetic model
modification diagénétique; altération diagénétique; transformation diagénétique	diagenetic alteration; diagenetic change
monominéral (adj.); uniminéral (adj.)	monomineralic; monomineralllic
mononodule	mononodule
monosiallitisation	monosiallitization
monstre gîtologique; aberration métallogénique; monstre; éléphant; gisement géant; énorme gisement	giant (n.); giant deposit; elephant (fig.)
morts-terrains; recouvrement	overburden; top
Mother Lode (n.m.) de Californie; Filon mère de Californie	Mother Lode of California

mouche; nid; poche de minerai; poche minéralisée; poche	ore pocket; pocket; kidney; nest (of ore); bunch (of ore)
mouvement ascendant; migration *per ascensum*; migration ascendante; mouvement *per ascensum*	upward movement
mouvement descendant; migration *per descendum*; migration descendante; mouvement *per descensum*	downward movement
mouvement *per ascensum*; mouvement ascendant; migration *per ascensum*; migration ascendante	upward movement
mouvement *per descensum*; mouvement descendant; migration *per descendum*; migration descendante	downward movement
mouvement post-minéral; mouvement ultérieur à la minéralisation; mouvement post-minéralisation	post-mineral movement
mur; éponte inférieure	footwall; foot wall; floor
muscovitisation	muscovitization
mylonitisation	mylonitization; mylonization
mylonitisé	mylonitized; mylonized

nappe alluviale	alluvial blanket; alluvial sheet
néoblaste (n.m.)	neoblast

néoformation; néogenèse	neogenesis; neoformation
néoformation de minéraux; néoformation minérale; néogenèse de minéraux; néogenèse minérale	mineral neogenesis; mineral neoformation
néogenèse; néoformation	neogenesis; neoformation
néogenèse de minéraux; néogenèse minérale; néoformation de minéraux; néoformation minérale	mineral neogenesis; mineral neoformation
néosome (n.m.)	neosome
nickélifère	nickeliferous; nickel-bearing
nid; poche de minerai; poche minéralisée; poche; mouche	ore pocket; pocket; kidney; nest (of ore); bunch (of ore)
niveau; degré; intensité	grade[3] (n.)
niveau de métamorphisme; intensité du métamorphisme; degré d'intensité du métamorphisme; degré de métamorphisme	metamorphic grade; metamorphic rank; grade of metamorphism; rank of metamorphism
niveau inférieur; intensité moindre; degré inférieur	lower grade[2]
niveau plus élevé de métamorphisme; degré de métamorphisme plus intense	higher grade of metamorphism
nodule	nodule
nodule calcaire	calcareous nodule
nodule de manganèse; nodule de Mn; nodule manganésé	manganese nodule
nodule phosphaté	phosphatic nodule
nodule polymétallique	polymetallic nodule
noduleux	nodular
non altéré; inaltéré	unaltered

non altéré par les agents atmosphériques; non météorisé	unweathered
non Bessemer	non-bessemer; non-Bessemer
non-métal; métalloïde	nonmetal
non météorisé; non altéré par les agents atmosphériques	unweathered
non rentable	noneconomic
nourrissage	feeding
noyau[1]; zone centrale; centre	core zone
noyau[2]; nucléus; germe[1]; coeur	nucleus[1]; core
nucléation; germination	nucleation; nucleus formation
nucléus; germe[1]; coeur; noyau[2]	nucleus[1]; core

occurrence; venue	occurrence
occurrence minérale; venue minérale; venue minéralisée; occurrence minéralisée	mineral occurrence
occurrence naturelle; venue naturelle	natural occurrence
oolite (n.f.); oolithe (n.f.)	oolith; oölith; ooid
ophiolite (n.f.)	ophiolite
or à grain(s) fin(s); or fin	fine gold; fine-grained gold
or alluvionnaire; or alluvial	alluvial gold; stream gold

or comme sous-produit; or récupéré comme sous-produit	by-product gold; byproduct gold
or de paléoplacers; or paléoplacérien	paleoplacer gold
or des placers; or placérien	placer gold
or filonien	lode gold; vein gold
or fin; or à grain(s) fin(s)	fine gold; fine-grained gold
or fin farineux; farine d'or	flour gold
orifice hydrothermal; bouche hydrothermale; cheminée hydrothermale	hydrothermal vent
origine chimique (des pépites)	chemical origin (of nuggets)
origine détritique	detrital origin
origine hydrothermale	hydrothermal origin
origine mantellique; origine mantélique	mantle source
or paléoplacérien; or de paléoplacers	paleoplacer gold
or placérien; or des placers	placer gold
or récupéré comme sous-produit; or comme sous-produit	by-product gold; byproduct gold
or sulfuré	sulphide gold; sulfide gold
orthocumulat	orthocumulate rock; orthocumulate (n.)
orthomagmatique	orthomagmatic; orthotectic
oscillation de pH; variation du pH	pH change; pH variation
ouralitisation	uralitization; uralitisation [GBR]
ouverture[1]	opening

ouverture[2]; renflement; segment ouvert	swell (n.); swelling (n.); make (n.)
ouverture[3]; épaisseur; puissance	thickness
ouverture d'un filon; puissance d'une veine; épaisseur d'un filon; puissance d'un filon	vein thickness
oxydation	oxidative alteration; oxidation
oxyde	oxide mineral; oxide
oxyde de fer	iron oxide; Fe oxide; oxide of iron
oxyde de manganèse	manganese oxide; oxide of manganese
oxyde ferreux	ferrous oxide
oxyde ferrique	ferric oxide
oxyde ferrique hydraté; hydroxyde ferrique	ferric hydroxide; hydrated ferric oxide
oxyde hydraté; hydroxyde	hydroxide
oxyde métallique	metallic oxide; metal oxide
oxydes des terres rares; oxydes de lanthanides; terres rares	rare earths
oxydoréduction; oxydo-réduction; Redox	oxidation-reduction; Redox

palasome (n.m.); hôte[2] (n.m.); minéral hôte; minéral porteur	host mineral; enclosing mineral; host[2] (n.); palasome; palosome
paléoplacer	paleoplacer; palaeoplacer [GBR]

paléoplacer aurifère; paléoplacer d'or	gold paleoplacer
paléosome (n.m.)	paleosome; palaeosome [GBR]
paraclase (n.f.) (vieilli); faille	fault; paraclase (obs.)
paragenèse; association paragénétique	paragenesis
particule colloïdale	colloidal particle
partie apicale; zone apicale; apex; tête	apex
pâte matrice; matrice; pâte	groundmass
pauvre; à faible teneur; à basse teneur	low-grade (adj.); lean
pauvre en; déficitaire en	-poor
pauvre en sulfure; déficitaire en sulfure	sulphide-poor; sulfide-poor
pegmatite zonée	zoned pegmatite
pendage	dip (n.)
pendage faible	gentle dip
pénécontemporain	penecontemporaneous
pénétration; imprégnation[3]	permeation
pente forte; fort pendage	steep dip
pépite	nugget
pépite alluvionnaire; pépite d'alluvions	alluvial nugget
pépite d'or	gold nugget
pépitique	nuggety
perforant	boring (adj.)

pétrogenèse	petrogenesis; petrogeny
pétrogénétique	petrogenic; petrogenetic
pétrographie	petrography
pétrologie	petrology
pH	pH
phase fondue; liquide de fusion	melt (n.)
phénomène d'altération	alteration event; alteration phenomenon
phénomène géologique; événement géologique; fait géologique	geologic(al) event
phénomène hydrothermal; manifestation hydrothermale	hydrothermal event
phénomène magmatique; manifestation magmatique	magmatic event
phénomène métallogénétique; manifestation métallogénique	metallogenic event
phénomène minéralisateur; phénomène minéralisant	mineralizing event
phosphate de chaux osseux	bone phosphate of lime; BPL
phosphatisation	phosphatization; phosphatisation [GBR]
pincement; secteur rétréci; resserrement; étranglement	pinch (n.)
pipe (n.é.); cheminée (minéralisée)	chimney; pipe; ore chimney; ore pipe; neck
pipe (n.é.) bréchique; pipe (n.é.) de brèche; cheminée bréchique	breccia pipe
pipe (n.é.) de kimberlite diamantifère; cheminée diamantifère	diamond pipe; diamond-bearing kimberlite pipe

pipe (n.é.) de kimberlite(s); cheminée de kimberlite(s); cheminée kimberlitique	kimberlite pipe
placer; gîte placérien; gisement placérien; dépôt placérien; gîte de placer	placer; placer deposit
placer à étain	tin placer
placer alluvionnaire; placer alluvial	alluvial placer; stream placer
placer antécambrien; placer précambrien	Precambrian placer
placer aurifère; placer d'or	gold placer
placer colluvial	colluvial placer
placer de diamant; placer diamantifère	diamond placer
placer de plage	beach placer; seabeach placer
placer diamantifère; placer de diamant	diamond placer
placer diffus; placer disséminé	disseminated placer
placer d'or; placer aurifère	gold placer
placer d'uranium	uranium placer; uraniferous placer
placer éluvial	eluvial placer; eluvial placer deposit
placer enfoui	buried placer
placer en terrasse	bench placer; terrace placer; river-bar placer
placer éolien	eolian placer; aeolian placer
placer fossile	fossil placer

placer glaciaire; dépôt placérien glaciaire	glacial placer deposit
placer glaciogénique	glaciogenic placer
placer interglaciaire	interglacial placer
placer lacustre	lake-bed placer; lakebed placer
placer lithifié	lithified placer
placer marin	marine placer
placer métamorphisé	metamorphosed placer
placer non consolidé	unconsolidated placer
placer précambrien; placer antécambrien	Precambrian placer
placer résiduel	residual placer; residual placer deposit
plan de litage	bedding plane; bed plane
plateur (n.m.); gisement en plateure; plateure (n.f.)	flat[2] (n.)
platinifère	platiniferous; platinum-bearing
platinoïde; métal de la mine de platine; métal platinoïde	platinoid; platinum metal; platinoid element
pli anticlinal; anticlinal (n.m.)	anticline; anticlinal fold
plomb du type J	J-type lead; Joplin-type lead
plomb inclus dans les grès	sandstone lead; sandstone-hosted lead
plomb métal; plomb métallique	metallic lead; metal lead
plomb radiogénique	radiogenic lead
plongement	plunge (n.); pitch (n.); rake (n.)
plonger; s'incliner; s'enfoncer	dip (v.)

plus basse teneur; teneur plus faible; plus faible teneur	lower grade[1]
pneumatolyse; altération pneumatolytique	pneumatolysis; pneumatolytic alteration
pneumatolyte (n.m.)	pneumatolytic gas
poche de minerai; poche minéralisée; poche; mouche; nid	ore pocket; pocket; kidney; nest (of ore); bunch (of ore)
podiforme (à éviter); fusiforme	podiform; podlike; fusiform
polarisation provoquée; polarisation induite	induced polarization; IP
pôle; terme extrême[1]	end(-)member
polygénique; polygène	polygenetic; polygenic; polygenous; polygene
polymétamorphisme; métamorphisme polyphasé	polymetamorphism; superimposed metamorphism
polyminéral (adj.)	polymineralic; polymirerallic
polynodule	polynodule
porphyre cuprifère; porphyre de cuivre	copper porphyry
porteur (adj.); encaissant (adj.); hôte (adj.)	host (adj.); enclosing
post-cinématique; postcinématique; hystérogène	postkinematic; post-kinematic
postérieur à la mise en place du filon; post-filonien	post-vein (adj.)
postérieur à la mise en place du minerai; post-minerai	post-ore (adj.)
post-filonien; postérieur à la mise en place du filon	post-vein (adj.)

post-minerai; postérieur à la mise en place du minerai	post-ore (adj.)
potentiel d'oxydoréduction; potentiel d'oxydo-réduction; potentiel redox; Eh	oxidation-reduction potential; redox potential; Eh
poussière d'or	gold dust
précipitation chimique; précipitation de substances chimiques	chemical precipitation
précipitation des métaux	metal precipitation
précipitation de substances chimiques; précipitation chimique	chemical precipitation
précipitation de sulfures	sulphide precipitation
précipitation distale	distal precipitation
précipitation proximale	proximal precipitation
pré-minerai; antérieur à la mise en place du minerai; anté-minerai	pre-ore (adj.)
processus contrôlé par la composition chimique; processus déterminé par des facteurs chimiques	chemically controlled process
processus d'altération	alteration process
processus déterminé par des facteurs chimiques; processus contrôlé par la composition chimique	chemically controlled process
processus diagénétique	diagenetic process
processus endothermique	endothermic process
processus exothermique	exothermic process
processus géochimique	geochemical process

processus métallogénique	metallogenic process
processus supergène	supergene process
produit d'altération; produit de décomposition	alteration product
produit de filiation; descendant radioactif; produit fils	daughter; daughter product; decay product; radioactive decay product
produit de récupération; sous-produit	by-product; byproduct
produit fils; produit de filiation; descendant radioactif	daughter; daughter product; decay product; radioactive decay product
produit isotopique fils	daughter isotopic product
produits (n.m.plur.) solubles	soluble products (n.pl.)
produit valorisable	upgradable product
profil d'altération	alteration profile
profil d'altération météorique	weathering profile
propylitisation; altération propylitique	propylitic alteration; propylitization
prospecter	prospect (v.)
prospection	prospecting; prospection
prospection alluvionnaire; prospection alluviale	alluvial prospecting
prospection de surface; prospection superficielle	surface prospecting
prospection électrique	electrical prospecting
prospection électromagnétique	electromagnetic prospecting
prospection géobotanique	geobotanical prospecting; geobotanical exploration

prospection géochimique; exploration géochimique	geochemical prospecting; geochemical exploration
prospection géologique	geologic(al) prospecting
prospection géophysique; exploration géophysique	geophysical prospecting; geophysical exploration
prospection gravimétrique	gravitational prospecting; gravity prospecting
prospection magnétique	magnetic prospecting; magnetic method
prospection minérale; exploration minérale	mineral exploration
prospection par boulders minéralisés; recherche de boulders minéralisés	boulder prospecting
prospection radiométrique; radioprospection	radiometric prospecting
prospection sismique; méthode sismique de prospection; exploration sismique; sismique (n.f.)	seismic prospecting; seismic exploration
prospection superficielle; prospection de surface	surface prospecting
protérogène (adj.); antécinématique (adj.)	prekinematic; pre-kinematic
protore (n.m.)	protore
provenance locale (des matériaux)	local derivation (of materials)
provenance lointaine (des matériaux)	exotic derivation (of materials)
province à étain; province stannifère	tin province
province à étain et tungsténifère; province stanno-tungstifère	tin-tungsten province

province aurifère	gold province
province géochimique	geochemical province
province métallogénique	metallogenic province; metallogenetic province
province minéralogique; province minérale	mineral province
province plombo-zincifère	lead-zinc province
province stannifère; province à étain	tin province
province stanno-tungsténifère; province à étain et tungstène	tin-tungsten province
pseudo-affleurement; subaffleurement	suboutcrop; sub-outcrop; blind apex
pseudomorphe (adj.); pseudomorphique	pseudomorphic; pseudomorphous
pseudomorphe (n.m.)	pseudomorph (n.); false form
pseudomorphose	pseudomorphism
puissance (d'un gisement)	size (of a deposit)
puissance; ouverture[3]; épaisseur	thickness
puissance des couches	seam thickness
puissance d'un filon; ouverture d'un filon; puissance d'une veine; épaisseur d'un filon	vein thickness
puits de reconnaissance	test pit; test hole; trial pit [GBR]
pyriteux[1]; pyritifère	pyrite-bearing; pyritiferous
pyriteux[2]	pyritic
pyritifère; pyriteux[1]	pyrite-bearing; pyritiferous
pyritisation; altération pyriteuse	pyritization; pyritisation [GBR]

pyritiser	pyritize; pyritise [GBR]
pyrométamorphisme	pyrometamorphism
pyrométasomatose	pyrometasomatism
pyroxène ouralitisé	uralitized pyroxene

qualité	grade² (n.)
qualité chimique (de chromite)	chemical grade (of chromite)
qualité métallurgique	metallurgical grade
qualité réfractaire	refractory grade
quantité infime; quantité infinitésimale; quantité négligeable	trace amount; trace quantity
quartzifère; quartzique	quartzic; quartziferous; quartz-bearing
quartz stérile	bull quartz; dead quartz
queue de cheval; dispositif en queue de cheval; structure en queue de cheval	horsetail structure; horse-tail structure

racine	root
radio-isotope; isotope radioactif	radioactive isotope; radioisotope
radioprospection; prospection radiométrique	radiometric prospecting

rameau de cheminées nourricières	feeder stockwork
ramification; apophyse[1]	spur (n.); offshoot
ramifier, se; être ramifié	branch (v.)
rapport composés ferriques/composés ferreux	ferric/ferrous ratio
recherche de boulders minéralisés; prospection par boulders minéralisés	boulder prospecting
recouvrement; morts-terrains	overburden; top
recouvrir; se superposer; envahir	overprint (v.)
recristallisation	recrystallization
recristallisation métamorphique	metamorphic recrystallization
recristalliser	recrystallize
redéposer	redeposit
redépôt	redeposition
Redox; oxydoréduction; oxydo-réduction	oxidation-reduction; Redox
réducteur (n.m.); agent réducteur	reducing agent; reductant
réduction	reduction
réduction chimique	chemical reduction
reef; banc de conglomérats aurifères	reef
région de roches vertes; zone de roches vertes; ceinture de roches vertes	greenstone belt
rejeton; dépôt rejeton	offset deposit; offset (n.); offset dike
rejets; résidus	tailings

remanié	reworked
remaniement; reprise	reworking
remobilisation	remobilization; remobilisation [GBR]
remplacement; substitution	replacement
remplacement métasomatique; substitution métasomatique	metasomatic replacement
remplacement sélectif	selective replacement; preferential replacement
remplissage (d'un filon)	infilling (of a vein)
remplissage bréchiforme; remplissage de brèche; remplissage bréchoïde	breccia filling
remplissage de cassure(s); remplissage de fracture(s)	fracture filling
remplissage de diaclases	joint filling
remplissage de faille(s)	fault filling
remplissage de filon; caisse filonienne; remplissage filonien; remplissage de veine	vein filling; vein matter; vein material; veinstuff; lodestuff
remplissage de fissure(s)	fissure filling
remplissage de fracture(s); remplissage de cassure(s)	fracture filling
remplissage filonien; remplissage de veine; remplissage de filon; caisse filonienne	vein filling; vein matter; vein material; veinstuff; lodestuff
rencontre; découverte	strike[2] (n.)
renflement; segment ouvert; ouverture[2]	swell (n.); swelling (n.); make (n.)

réniforme; en rognons; en forme de rein	kidney-shaped; kidney-like; reniform
répartition en zones; disposition en zones; répartition zonale; répartition zonaire; disposition zonale; disposition zonaire	zonal distribution; zonal arrangement
repérage de blocs minéralisés; repérage de boulders conducteurs; détection de blocs minéralisés; détection de boulders	boulder tracing
reposer en concordance sur	conformably overlay
reprise; remaniement	reworking
réseau cristallin	crystal lattice
réseau de diaclases	joint system
réseau de filons; réseau filonien; champ de filons; champ filonien	vein network; vein system; complex of veins
réseau de filons anastomosés; enchevêtrement	anastomosing network
réseau filonien; champ de filons; champ filonien; réseau de filons	vein network; vein system; complex of veins
réserves (n.f.plur.)	reserves (n.pl.)
réserves (n.f.plur.) connues	known reserves (n.pl.)
réserves (n.f.plur.) de minerai	ore reserves (n.pl.)
réserves (n.f.plur.) mondiales	global reserves (n.pl.)
résidus; rejets	tailings
resserrement (gén.); étranglement (gén.); étreinte (gén.)	nip (n.) (spec.)
resserrement; étranglement; pincement; secteur rétréci	pinch (n.)
ressources (n.f.plur.) inexploitées	dormant resources (n.pl.)

ressources (n.f.plur.) minérales	mineral resources (n.pl.)
ressources (n.f.plur.) raisonnablement assurées	Reasonably Assured Resources (n.pl.)
ressources supplémentaires estimées	estimated additional resources
ressources (n.f.plur.) uranifères	uranium resources (n.pl.)
rétrométamorphisme; rétromorphose; rétromorphisme; diaphtorèse; métamorphisme régressif	retrograde metamorphism; retrogressive metamorphism; diaphthoresis
riche; à teneur élevée; à forte teneur; à haute teneur	high-grade (adj.); rich
riche en	-rich
roche	rock
roche à degré moyen de métamorphisme; roche moyennement métamorphisée	medium-grade metamorphosed rock; medium-grade metamorphic rock
roche à fort métamorphisme; roche très métamorphisée; roche fortement métamorphisée	high-grade metamorphic rock; highly metamorphosed rock
roche allochtone; roche allogène; roche allothigène	allogene[2]; allothigene; allothogene; allochthonous rock
roche altérée	altered rock
roche carbonatée	carbonate rock
roche carbonée	carbonaceous rock; carbonolite
roche chimique; roche d'origine chimique	chemical rock
roche-couverture; roche supérieure; chapeau; roche de couverture	cover rock

roche de gangue; roche de la gangue	gangue rock
roche diaclasée	jointed rock
roche diamantifère	diamantiferous rock; diamond-bearing rock; diamondiferous rock
roche d'origine chimique; roche chimique	chemical rock
roche dure	hard rock
roche du substratum; substrat rocheux; sous-sol rocheux; soubassement rocheux; roche sous-jacente; roche en place; fond rocheux; substratum rocheux	bedrock; bed rock; ledge rock [USA]
roche encaissante[1]	country rock; country; surrounding rock
roche encaissante[2]	wall rock; wallrock
roche encaissante altérée	altered wall rock; altered wallrock
roche en place; fond rocheux; substratum rocheux; roche du substratum; substrat rocheux; sous-sol rocheux; soubassement rocheux; roche sous-jacente	bedrock; bed rock; ledge rock [USA]
roche faiblement métamorphisée; roche peu métamorphisée	low-grade metamorphic rock; low-grade metamorphosed rock; low-rank metamorphic rock; low-rank metamorphosed rock
roche ferrugineuse	ironstone
roche ferrugineuse rubanée	banded ironstone
roche fortement métamorphisée; roche à fort métamorphisme; roche très métamorphisée	high-grade metamorphic rock; highly metamorphosed rock

roche fraîche; roche saine; roche non altérée; roche inaltérée	fresh rock; unaltered rock; unweathered rock
roche(-)hôte; roche réceptrice; roche(-)hôtesse; roche porteuse; roche(-)support	host rock
roche hôte carbonato-pélitique	carbonate-pelite host rock
roche(-)hôtesse; roche porteuse; roche(-)support; roche(-)hôte; roche réceptrice	host rock
roche(-)hôtesse métamorphique	metamorphic host rock
roche inaltérée; roche fraîche; roche saine; roche non altérée	fresh rock; unaltered rock; unweathered rock
roche intermédiaire; roche neutre	intermediate rock
roche mafique	mafic rock
roche(-)mère	parent rock; mother rock; source rock
roche métasomatique	metasomatite; metasomatic rock
roche métasomatisée	metasomatised rock
roche moyennement métamorphisée; roche à degré moyen de métamorphisme	medium-grade metamorphosed rock; medium-grade metamorphic rock
roche neutre; roche intermédiaire	intermediate rock
roche non altérée; roche inaltérée; roche fraîche; roche saine	fresh rock; unaltered rock; unweathered rock
roche peu métamorphisée; roche faiblement métamorphisée	low-grade metamorphic rock; low-grade metamorphosed rock; low-rank metamorphic rock; low-rank metamorphosed rock
roche porteuse; roche(-)support; roche(-)hôte; roche réceptrice; roche(-)hôtesse	host rock

roche résiduelle	residuum; residue
roche saine; roche non altérée; roche inaltérée; roche fraîche	fresh rock; unaltered rock; unweathered rock
roche silicatée	silicated rock
roche sous-jacente; roche en place; fond rocheux; substratum rocheux; roche du substratum; substrat rocheux; sous-sol rocheux; soubassement rocheux	bedrock; bed rock; ledge rock [USA]
roche stérile; stérile (n.m.)	dead ground; barren ground; barren rock; waste rock; waste; deads (n.pl.)
roche supérieure; chapeau; roche de couverture; roche-couverture	cover rock
roche(-)support; roche(-)hôte; roche réceptrice; roche(-)hôtesse; roche porteuse	host rock
roche tendre	soft rock
roche très métamorphisée; roche fortement métamorphisée; roche à fort métamorphisme	high-grade metamorphic rock; highly metamorphosed rock
roche verte	greenstone
roche volcanique basique; volcanite basique; vulcanite basique	basic volcanic rock
rognons, en; en forme de rein; réniforme	kidney-shaped; kidney-like; reniform
rouvrir, se	swell out (v.)
ruban; bande[1]	band; ribbon
rubanement; aspect rubané	banding
rubanement colloforme	colloform banding

rubanement crustiforme	crustiform banding; crustified banding
ruissellement diffus	rain wash; rainwash
run (n.m.); sillon; bande[2]	run (n.)

S

sable ferrugineux	iron sand
sable noir	black sand
saillie; barre; seuil	bar (n.)
salbande (n.f.)	gouge (n.); selvage; selvedge; pug; salband
salbande argileuse	clay gouge
salique	salic
sans minerais	non-ore; non-ore-bearing
saumure; eau hypersaline	brine; natural brine; hypersaline water
saumure chaude	hot brine
saumure circulante; saumure en migration	circulating brine; migrating brine
saumure de bassin(s)	basinal brine
saumure en migration; saumure circulante	circulating brine; migrating brine
saumure géothermique	geothermal brine
saumure métallifère	metalliferous brine; metal-bearing brine

saumure oxique	oxic brine
saussuritisation	saussuritization; saussuritisation [GBR]
saussuritisé	saussuritized; saussuritised [GBR]
schéma zonal	zonal pattern; zonation pattern; zonal scheme
schiste ampéliteux; schiste ampélitique; schiste noir; ampélite	black shale; ampelite (obs.)
schiste charbonneux; schiste houiller	carbonaceous shale; coaly shale
schiste cuprifère; kupferschiefer (n.m.inv.); schiste cuprifère allemand; schiste cuprifère d'Allemagne	kupferschiefer
schiste houiller; schiste charbonneux	carbonaceous shale; coaly shale
schiste noduleux	knotted schist; knotted slate
schiste noir; ampélite; schiste ampéliteux; schiste ampélitique	black shale; ampelite (obs.)
schiste noir charbonneux	black carbonaceous shale
schiste tacheté	spotted schist; maculose schist
science gîtologique; gîtologie	gitology
science métallogénique; métallogénie	metallogeny
sécrétion latérale; drainage latéral; migration latérale; migration *per lateralum*; déplacement latéral	lateral secretion
secteur rétréci; resserrement; étranglement; pincement	pinch (n.)
sédimentation	sediment deposition; sedimentation

sédimentation chimique	chemical sedimentation
sédimentation marine	marine sedimentation
sédiment aurifère	auriferous sediment; gold-bearing sediment
sédiment carbonaté	carbonate sediment
sédiment carboné	carbonaceous sediment
sédiment chimique	chemical sediment
sédiment clastique	clastic sediment; mechanical sediment
sédiment formé par précipitation chimique	chemically precipitated sediment
sédiment immature	immature sediment
sédiment manganésifère	manganiferous sediment
sédiment métallifère	metalliferous sediment
sédiment pélitique	pelitic sediment
segment ouvert; ouverture[2]; renflement	swell (n.); swelling (n.); make (n.)
ségrégation magmatique; ségrégation du magma	magmatic segregation; segregation
selle; gîte apical; gîte en selle	saddle reef; saddle
sel métallique	metallic salt
séparation par gravité; différenciation par gravité	gravity fractionation; gravitational differentiation
séquence paragénétique; succession paragénétique; succession minérale	paragenetic sequence; paragenetic order; mineral sequence
séricitisation; altération en séricite; altération séricíteuse	sericitic alteration; sericitization

séricitisé	sericitized
série du lanthane; lanthanides (n.m.plur.)	lanthanides
serpentineux	serpentinous
serpentinisation	serpentinization
serpentiniser, se; se transformer en serpentine; être transformé en serpentine; s'altérer en serpentine	serpentinize
seuil; saillie; barre	bar (n.)
siallitisation	siallitization
siallitisé	siallitized
sidérophile (n.m.); élément sidérophile	siderophile element
signature géochimique	geochemical signature
signature magnétique	magnetic signature
silicatation; altération en silicates	silication
silicate calcique	calcsilicate; calc-silicate
silicification	silicification; silification
silicifié	silicified
sill (n.m.); filon-couche	sill; bedded vein; bed vein
sill de minerai; filon-couche de minerai	ore sill; sill of ore
sillon; bande[2]; run (n.m.)	run (n.)
sismique (n.f.); prospection sismique; méthode sismique de prospection; exploration sismique	seismic prospecting; seismic exploration
site de départ; lieu d'origine; lieu de départ; site d'origine	generative site

site de dépôt; lieu de dépôt	depositional site; site of deposition
site d'origine; site de départ; lieu d'origine; lieu de départ	generative site
skarn (n.m.)	skarn
skarn (n.m.) à magnétite	magnetite skarn
skarn (n.m.) à silicates calciques	calc-silicate skarn
skarn (n.m.) à tungstène	tungsten skarn; W skarn
skarn (n.m.) de contact	contact skarn
skarn (n.m.) de rétrométamorphisme	retrograde skarn
skarnification	skarnification; skarn formation
skarnifié; transformé en skarns	skarnified
skarn magnésien	magnesian skarn
sol à croûte	crust soil
sol ferrallitique; sol ferralitique	ferralitic soil; ferralite; ferrallite
solution ascendante	ascending solution; uprising solution
solution chaude	hot solution
solution chimique	chemical solution
solution cuprifère	copper-bearing solution; cupriferous solution
solution de saumure; solution hypersaline; solution salée	brine solution
solution descendante; solution *per descensum*; solution *per descendum*	descending solution; downward-moving solution
solution hydrothermale; hydrothermalyte; hydrothermalite	hydrothermal solution

solution hydrothermale carbonatée	carbonate-bearing hydrothermal solution
solution hypersaline; solution salée; solution de saumure	brine solution
solution hypogène	hypogene solution
solution ionique	ionic solution
solution métallifère	metalliferous solution; metal-bearing solution
solution minéralisatrice; solution minéralisante	mineralizing solution; ore-forming solution; ore solution
solution minéralisée	mineral-bearing solution
solution *per descendum*; solution descendante; solution *per descensum*	descending solution; downward-moving solution
solution salée; solution de saumure; solution hypersaline	brine solution
solution tardimagmatique; solution tardi-magmatique	late magmatic solution
soubassement rocheux; roche sous-jacente; roche en place; fond rocheux; substratum rocheux; roche du substratum; substrat rocheux; sous-sol rocheux	bedrock; bed rock; ledge rock [USA]
source hydrothermale	hydrothermal spring
sous-jacent	subjacent; underlying
sous-produit; produit de récupération	by-product; byproduct
sous-sol rocheux; soubassement rocheux; roche sous-jacente; roche en place; fond rocheux; substratum rocheux; roche du substratum; substrat rocheux	bedrock; bed rock; ledge rock [USA]

stabile	stabile
stade hydrothermal	hydrothermal stage
stade pneumatolytique	pneumatolytic stage
stannifère	stanniferous; tin-bearing
stérile (n.m.); roche stérile	dead ground; barren ground; barren rock; waste rock; waste; deads (n.pl.)
stock; massif (intrusif)	stock (n.)
stockwerk (n.m.)	stockwork; stockwork deposit; network deposit
strate	stratum
straticule (n.f.); lamination; feuillet; lamina (n.f.); lamine (n.f.)	lamination; lamina; straticule
stratification	stratification
stratification oblique; stratification entrecroisée	cross-stratification; diagonal stratification
strie	stria
structure à cônes emboîtés; structure en écailles; structure imbriquée; structure en cônes imbriqués	cone-in-cone structure
structure à épontes jointives; structure en dents de peigne	comb structure; combed structure
structure à étranglement et ouverture; structure à resserrement et ouverture; structure à pincement et ouverture	pinch-and-swell structure
structure bréchiforme; texture bréchique; structure bréchique; texture bréchoïde; structure bréchoïde; texture bréchiforme	brecciated structure; brecciated texture

structure columnaire; structure prismatique; structure prismée	columnar structure; prismatic structure
structure concrétionnée	concretionary structure
structure cristalloblastique	crystalloblastic texture
structure cymoïde; cymoïde (n.f.)	cymoid structure; cymoid curve
structure d'exsolution; texture d'exsolution	exsolution texture
structure diablastique; texture diablastique	diablastic texture; diablastic structure
structure directionnelle	directional structure
structure encapuchonnée; zonage; zonation; structure zonée; structure zonaire	zoning[1]; zonal structure
structure en cocarde(s); texture en cocarde(s)	cockade structure
structure en cônes imbriqués; structure à cônes emboîtés; structure en écailles; structure imbriquée	cone-in-cone structure
structure en dents de peigne; structure à épontes jointives	comb structure; combed structure
structure en écailles; structure imbriquée; structure en cônes imbriqués; structure à cônes emboîtés	cone-in-cone structure
structure en queue de cheval; queue de cheval; dispositif en queue de cheval	horsetail structure; horse-tail structure
structure fibreuse; texture fibreuse	fibrous texture; fibrous structure
structure granulaire	granule texture
structure grenue; texture grenue	granular texture

structure imbriquée; structure en cônes imbriqués; structure à cônes emboîtés; structure en écailles	cone-in-cone structure
structure oeillée; texture oeillée	augen structure; augenlike structure; augen texture; eyed structure; eyed texture
structure prismatique; structure prismée; structure columnaire	columnar structure; prismatic structure
structure relique	mimetic structure; inherited structure
structure rubanée; texture rubanée	banded structure; ribbon structure
structure zonaire; structure encapuchonnée; zonage; zonation; structure zonée	zoning[1]; zonal structure
subaffleurement; pseudo-affleurement	suboutcrop; sub-outcrop; blind apex
substance minéralisante; minéralisateur (n.m.); agent minéralisateur; vecteur de minéralisation	mineralizer; mineralizing agent
substitution; remplacement	replacement
substitution diadochique; diadochie	diadochic replacement; diadochy
substitution hydrothermale	hydrothermal replacement
substitution métasomatique; remplacement métasomatique	metasomatic replacement
substrat rocheux; sous-sol rocheux; soubassement rocheux; roche sous-jacente; roche en place; fond rocheux; substratum rocheux; roche du substratum	bedrock; bed rock; ledge rock [USA]
substratum; couche sous-jacente	sublayer; underlying bed; substratum

substratum rocheux; roche du substratum; substrat rocheux; sous-sol rocheux; soubassement rocheux; roche sous-jacente; roche en place; fond rocheux	bedrock; bed rock; ledge rock [USA]
subvertical	near-vertical; subvertical
succession paragénétique; succession minérale; séquence paragénétique	paragenetic sequence; paragenetic order; mineral sequence
succession zonale	zonal sequence
sulfosel; sulfo-sel	sulpho-salt; sulfosalt; sulphosalt
sulfosel d'argent	Ag sulphosalt; silver sulphosalt
sulfuration	sulphidation; sulfidation; sulphidization; sulfidization; sulfurization; sulphurization
sulfure	sulphide; sulfide
sulfure de cuivre	copper sulphide; copper sulfide
sulfure de métal usuel; sulfure de métal commun	base metal sulphide; base metal sulfide
sulfure disséminé	disseminated sulphide; disseminated sulfide
sulfure massif d'origine volcanique	volcanogenic massive sulphide; VMS
sulfure métallique	metallic sulphide; metal sulphide; metallic sulfide; metal sulfide
sulfure secondaire	secondary sulfide; secondary sulphide
superposer, se; envahir; recouvrir	overprint (v.)
superposition; surimpression	overprinting (n.)
support; encaissant (n.m.); hôte[1] (n.m.)	host[1] (n.)

support calcaire	limestone host
surimpression; superposition	overprinting (n.)
susceptible d'être exploité; exploitable	mineable; minable; workable
syndiagenèse	syndiagenesis
syngenèse	syngenesis
système géothermique	geothermal system

T

tactite (n.f.)	tactite
télédétection	remote sensing
télescopage	telescoping
tellurure d'or	gold telluride
température de l'eutectique; température eutectique	eutectic temperature
température d'exsolution	exsolution temperature
température eutectique; température de l'eutectique	eutectic temperature
température eutectoïde	eutectoid temperature
teneur	grade[1] (n.); tenor
teneur de coupure; teneur(-)limite (d'exploitabilité)	cut-off grade; cutoff grade
teneur d'exploitabilité; teneur exploitable	workable grade
teneur du minerai	ore grade

teneur économique; teneur rentable	economic grade
teneur élevée; haute teneur; forte teneur	high grade[1] (n.)
teneur élevée, à; à forte teneur; à haute teneur; riche	high-grade (adj.); rich
teneur en éléments traces	trace element content; trace content
teneur en minerai subéconomique; teneur subéconomique	sub-ore grade; subeconomic grade
teneur exploitable; teneur d'exploitabilité	workable grade
teneur faible; basse teneur; faible teneur	low grade[1] (n.); low tenor
teneur(-)limite (d'exploitabilité); teneur de coupure	cut-off grade; cutoff grade
teneur moyenne (du minerai)	average grade (of ore)
teneur plus faible; plus faible teneur; plus basse teneur	lower grade[1]
teneur rentable; teneur économique	economic grade
teneur subéconomique; teneur en minerai subéconomique	sub-ore grade; subeconomic grade
terme extrême[1]; pôle	end(-)member
terme extrême[2]; terme ultime	end product
terminer en biseau, se; s'amenuiser et disparaître; s'étrangler	pinch out (v.); thin out (v.)
terrain prometteur	kindly ground; likely ground; prospective terrain
terres rares; oxydes des terres rares; oxydes de lanthanides	rare earths

tête; partie apicale; zone apicale; apex	apex
texture	texture
texture bréchiforme; structure bréchiforme; texture bréchique; structure bréchique; texture bréchoïde; structure bréchoïde	brecciated structure; brecciated texture
texture crustiforme	crustiform texture
texture d'exsolution; structure d'exsolution	exsolution texture
texture diablastique; structure diablastique	diablastic texture; diablastic structure
texture en cocarde(s); structure en cocarde(s)	cockade structure
texture eutectique	eutectic texture
texture eutectoïde	eutectoid texture
texture fibreuse; structure fibreuse	fibrous texture; fibrous structure
texture fibreuse, de; fibreux; d'aspect fibreux	asbestiform; fibrous
texture grenue; structure grenue	granular texture
texture litée	bedded structure; bedded texture
texture oeillée; structure oeillée	augen structure; augenlike structure; augen texture; eyed structure; eyed texture
texture rubanée; structure rubanée	banded structure; ribbon structure
thermodynamométamorphisme	dynamothermal metamorphism
thermomètre géologique; géothermomètre	geothermometer; geologic thermometer
thermométrie géologique; géothermométrie	geothermometry; geologic thermometry

thiophile (n.m.); élément chalcophile; chalcophile (n.m.); élément thiophile	chalcophile element
titanifère	titaniferous; titanium-bearing
titrer; avoir une teneur de	assay (v.); grade (v.)
toit; éponte supérieure; éponte toit	hanging wall; hanging side; hanger; roof; top wall
tonnage	tonnage
tonnage exploitable; tonnage d'exploitabilité	workable tonnage
tourmalinisation	tourmalinization; tourmalinisation [GBR]
tourmalinisé	tourmalinized; tourmalinised [GBR]
tout-venant (n.m.inv.); minerai brut	crude ore
traceur	tracer
traceur géochimique; guide géochimique; indicateur géochimique	geochemical guide; pathfinder
traînée (de minerai)	streak (n.); ore streak
traînée parallèle	stringer; string
traînée payante; concentration payante	pay streak; paystreak
trait géologique; caractère géologique	geologic(al) feature
transformation chimique; altération chimique	chemical alteration
transformation diagénétique; modification diagénétique; altération diagénétique	diagenetic alteration; diagenetic change

transformé en skarns; skarnifié	skarnified
transformer en serpentine, se; être transformé en serpentine; s'altérer en serpentine; se serpentiniser	serpentinize
transporteur; agent de transport	ore carrier; carrier of mineralization; carrier
travaux d'exploration	exploratory work; exploratory working; exploration work
tungsténifère; wolframifère	tungsten-bearing; wolfram-bearing
type Algoma, du; algomien	Algoman (adj.); Algoma-type
type gîtologique; type de gisement	deposit type

uniminéral (adj.); monominéral (adj.)	monomineralic; monominerallic
uranifère	uraniferous; uranium-bearing
uranium appauvri	depleted uranium
uranium comme co-produit	co-product uranium
uranium inclus dans les grès	sandstone uranium; sandstone-hosted uranium

vacuolaire	vuggy
vacuole	vug

valeur métallotectique	metallotectic value
valorisation[1]; enrichissement[1]	enrichment[1]; beneficiation
valorisation[2]	upgrading
vanadifère	vanadium-bearing; vanadiferous
variation chimique; variation de composition chimique	chemical change
variation du pH; oscillation de pH	pH change; pH variation
vases noires; boues noires	black mud
vases vertes; boues vertes	green mud
vecteur de minéralisation; substance minéralisante; minéralisateur (n.m.); agent minéralisateur	mineralizer; mineralizing agent
veine; filon	vein
veine aurifère; filon aurifère	auriferous vein; gold-bearing vein; gold vein
veine de cassure; filon de fracture; filon de cassure; veine de fracture	fracture vein
veine de fissure; filon de fissure	fissure vein
veine de fracture; veine de cassure; filon de fracture; filon de cassure	fracture vein
veine de minerai; filon minéralisé[1]; filon de minerai; veine minéralisée	ore vein; ore lode
veine de quartz; filon quartzeux; veine quartzeuse; filon de quartz	quartz vein; quartz lode
veine de quartz aurifère; filon de quartz aurifère	auriferous quartz vein; gold-bearing quartz vein
veine épithermale; filon épithermal	epithermal vein; epithermal lode

veine métallifère; filon métallifère	metalliferous vein
veine minéralisée; veine de minerai; filon minéralisé[1]; filon de minerai	ore vein; ore lode
veine nickélo-cobaltifère; filon de nickel-cobalt	nickel-cobalt vein
veine productive; filon productif	quick vein; productive vein
veine puissante; filon bien ouvert; filon puissant	thick vein
veine quartzeuse; filon de quartz; veine de quartz; filon quartzeux	quartz vein; quartz lode
veines en échelons; veines en tuiles de toit; filons se relayant en échelons; filons en échelons	en-echelon veins
veines en escalier; filons en échelle; filons en gradins	ladder veins; ladder lodes; ladder reefs
veines en tuiles de toit; filons se relayant en échelons; filons en échelons; veines en échelons	en-echelon veins
veine transversale; filon transverse	cross-cutting vein; crossvein
veinule; filonnet	veinlet
veinule de quartz; veinule quartzeuse; filonnet de quartz	quartz veinlet
venue; occurrence	occurrence
venue aurifère	gold occurrence
venue hydrothermale	hydrothermal occurrence
venue minérale; venue minéralisée; occurrence minéralisée; occurrence minérale	mineral occurrence
venue naturelle; occurrence naturelle	natural occurrence

véritable minerai; minerai proprement dit; minéral valorisable; minéral de minerai	ore mineral
village minier; camp minier; campement; baraquements; coron	camp; mining town; mining camp
voie d'accès; chenal d'accès; voie de cheminement; voie de passage	feeder[1]; feeding channel; channelway; channel
volcanite basique; vulcanite basique; roche volcanique basique	basic volcanic rock
voussure synclinale; auge synclinale; arête synclinale; fond synclinal	trough of a syncline
vulcanite basique; roche volcanique basique; volcanite basique	basic volcanic rock

wolframifère; tungsténifère	tungsten-bearing; wolfram-bearing

zéolitisation	zeolitization
zincifère	zinciferous; zinc-bearing
zonage; zonation; structure zonée; structure zonaire; structure encapuchonnée	zoning[1]; zonal structure
zonalité	zoning[2]; zonation

zonalité à l'échelle du district	district-wide zonation; district zoning; district-wide zoning
zonalité à l'échelle régionale; zonalité régionale	regional zoning
zonalité composite; zonation composite; zonation complexe; zonalité complexe	compositional zoning; compositional layering; phase layering
zonalité d'altération; zonalité de l'altération; zonalité des processus de l'altération	alteration zoning
zonalité des minerais	ore zoning
zonalité des processus de l'altération; zonalité d'altération; zonalité de l'altération	alteration zoning
zonalité géochimique	geochemical zoning
zonalité horizontale	horizontal zoning
zonalité hydrothermale	hydrothermal zoning
zonalité latérale	lateral zoning
zonalité métallique	metal zoning
zonalité métallogénique	metallogenic zoning; metallogenic zonation
zonalité minéralogique; zonalité minérale	mineralogical zonation; mineralogical zoning; mineral zoning; mineral zonation
zonalité périplutonique	periplutonic zoning
zonalité régionale; zonalité à l'échelle régionale	regional zoning
zonalité sédimentaire	sedimentary zoning
zonalité verticale	vertical zoning

zonation; structure zonée; structure zonaire; structure encapuchonnée; zonage	zoning[1]; zonal structure
zonation complexe; zonalité complexe; zonalité composite; zonation composite	compositional zoning; compositional layering; phase layering
zonation des cristaux; zonation cristalline	crystal zoning
zonation du métamorphisme; zonéographie métamorphique	metamorphic zoning
zone	zone
zone affleurante minéralisée	ledge (n.)
zone apicale; apex; tête; partie apicale	apex
zone centrale; centre; noyau[1]	core zone
zone cisaillée; bande de cisaillement; zone de cisaillement	shear zone; shear belt
zone cupro-stannifère	copper-tin zone
zone d'altération	alteration zone; zone of alteration
zone d'altération météorique	weathering zone; zone of weathering
zone de cémentation	cementation zone; zone of cementation; belt of cementation
zone de cisaillement; zone cisaillée; bande de cisaillement	shear zone; shear belt
zone de failles; zone faillée	fault zone
zone de roches vertes; ceinture de roches vertes; région de roches vertes	greenstone belt

zone d'oxydation; zone oxydée	oxidized zone; oxidised zone [GBR]; oxidation zone; zone of oxidation
zone extérieure	wall zone
zone faillée; zone de failles	fault zone
zone intermédiaire	intermediate zone
zone lessivée	leached zone
zone métallogénique; ceinture métallogénique	metallogenic belt
zone minéralisée[1]	mineralized zone; mineralised zone [GBR]
zone minéralisée[2]	ore zone
zone minéralogique	mineralogical zone
zonéographie métamorphique; zonation du métamorphisme	metamorphic zoning
zone oxydée; zone d'oxydation	oxidized zone; oxidised zone [GBR]; oxidation zone; zone of oxidation
zone payante	pay zone
zone primaire	primary zone
zone sulfurée	sulphide zone; sulfide zone
zone sulfurée supergène	supergene sulfide zone; supergene sulphide zone

Bibliographie / Bibliography

ALLABY, Ailsa and Michael. *The Concise Oxford Dictionary of Earth Sciences*, Oxford University Press, 1991, 410 p.

AMERICAN GEOLOGICAL INSTITUTE, dir. *Dictionary of Geological Terms*, rev. ed., Garden City (N.Y.), Anchor Books, 1976, 472 p.

AMSTUTZ, G.C., *et al.* *Glossary of Mining Geology*, Amsterdam, Elsevier, 1971, 196 p.

ARMANET, Jean et SAURAT, Albert-Harold. «Gisement», *in: La Grande Encyclopédie*, Paris, Larousse, 1974, vol. 9, p. 5435-5441.

AUGER, Pierre et GRMEK, M.D. (dir. scient.). «Gîtes minéraux», *in: Encyclopédie internationale des sciences et des techniques*, Paris, Presses de la Cité, 1971, vol. 6, p. 374-379.

BARTON, Jr., Paul B. and ROEDDER, Edwin. "Ore and Mineral Deposits," *in: McGraw-Hill Encyclopedia of Science & Technology*, 5th Ed., New York (N.Y.), McGraw-Hill, 1982, vol. 9, p. 611-623.

BASTIEN-THIRY, Hubert et ROBAGLIA, Michèle. «Nodules polymétalliques», *in: Techniques de l'ingénieur*, Paris, les Techniques, vol. M8, fascicule n° 2389, 1978, 8 p.

BATES, Robert L. and JACKSON, Julia A., ed. *Glossary of Geology*, 3d ed., Alexandria (Va.), American Geological Institute, 1987, 788 p.

BROUSSE, Robert. *Précis de géologie*. Tome 1 : *Pétrologie*, 2e éd., Paris, Bordas, 1975, 718 p.

CHAMAYOU, H. et LEGROS, J.-P. *Les bases physiques, chimiques et minéralogiques de la science du sol*, Paris, PUF, 1989, 593 p. (Techniques vivantes)

DERRY, Duncan R., *et al.* *World Atlas of Geology and Mineral Deposits*, London, Mining Journal Books, 1980, 110 p.

EVANS, Anthony M. *An Introduction to Ore Geology*, New York, Elsevier, 1980, 231 p. (Geoscience Texts, vol. 2)

FOUCAULT, Alain et RAOULT, Jean-François. *Dictionnaire de géologie*, 3e éd. rév. et augm., Paris, Masson, 1988, 352 p.

FOUET, Robert et POMEROL, Charles. *Minerais et terres rares*, Paris, PUF, 1972, 128 p. (Que sais-je?, nº 640)

FRYE, Keith, ed. *The Encyclopedia of Mineralogy*, Stroudsburg (Penn.), Hutchinson Ross, 1981, 794 p. (Encyclopedia of Earth Sciences, vol. IVB)

GOGUEL, Jean, dir. *Géologie*. Vol. 1 : *La composition de la terre*, Paris, Gallimard, 1972, 1198 p. (Encyclopédie de la Pléiade)

JACOBS, J.A., RUSSELL, R.D., *et al.* *Physics and Geology*, 2d ed., New York, McGraw-Hill, 1974, 622 p. (International Series in the Earth & Planetary Sciences)

JÄGER, Charlotte. «Les nodules polymétalliques», *in: La Banque des mots*, Paris, Conseil international de la langue française, 1990, nº 39, p. 83-117.

LASALLE, P. *L'or dans les sédiments meubles : formation des placers, extraction et occurrences dans le sud-est du Québec*, Canada, ministère de l'Énergie et des Ressources, Direction générale de la recherche géologique et minérale, Direction des levés géoscientifiques, 1980, 27 p.

LOCK, Alfred George. *Gold: Its Occurrence and Extraction. Embracing the Geographical and Geological Distribution and the Mineralogical Characters of Gold-Bearing Rocks; the Peculiar Features and Modes of Working, Shallow Placers, Rivers and Deep Leads; Hydraulicing; the Reduction and Separation of Auriferous Quartz; the Treatment of Complex Auriferous Ores Containing other Metals; A Bibliography of the Subject; and a Glossary of English and Foreign Technical Terms*, London, E. & F.N. Spon, 1982, 2 vol., 1229 p.

LOZET, Jean et MATHIEU, Clément. *Dictionnaire de science du sol (avec index anglais-français)*, Paris, Technique et Documentation — Lavoisier, 1986, 269 p.

MICHEL, J.P. et FAIRBRIDGE, R.W. *Dictionary of Earth Science, English-French, French-English / Dictionnaire des sciences de la Terre, Anglais-français, Français-anglais*, New York, Masson, 1980, 411 p.

Mining Explained, Toronto, Northern Miner Press, 1968, 264 p.

MITCHELL, Richard Scott. *Dictionary of Rocks*, New York, Van Nostrand Reinhold, 1985, 228 p.

NICOLINI, Pierre. *Gîtologie et exploration minière*, Paris, Technique et Documentation — Lavoisier, 1990, 589 p.

PARKER, Sybil P., ed. *McGraw-Hill Dictionary of Scientific and Technical Terms*, 4th ed., New York, McGraw-Hill, 1989, 2088 p.

PAVILLON, Marie-Josée. «Gisements métallifères», *in: Encyclopaedia Universalis*, Paris, Encyclopaedia Universalis, 1984, Corpus 8, p. 603-609.

POMEROL, Charles et FOUET, Robert. *Les roches sédimentaires*, Paris, PUF, 1982, 128 p. (Que sais-je?, n° 595)

POMEROL, Charles et FOUET, Robert. *Les roches métamorphiques*, Paris, PUF, 1976, 128 p. (Que sais-je?, n° 647)

POMEROL, Charles et FOUET, Robert. *Les roches éruptives*, Paris, PUF, 1975, 127 p. (Que sais-je?, n° 542)

POMEROL, Charles et RENARD, Maurice. *Élements de géologie*, 9e éd. entièrement refondue, Paris, Armand Colin, 1989, 616 p.

PUTNIS, A. and McCONNELL, J.D.C. *Principles of Mineral Behaviour*, Oxford (England), Blackwell Scientific Publications, 1980, 257 p. (Geoscience Texts, vol. 1)

ROUTHIER, Pierre. *Les gisements métallifères : géologie et principes de recherches*, Paris, Masson, 1963, 2 tomes, 1282 p.

SAKOWITSCH, Wladimir. «Géochimie (prospection)», *in: Encyclopaedia Universalis*, Paris, Encyclopaedia Universalis, 1984, Corpus 8, p. 426-429.

SANDIER, J. *Mise en valeur des gisements métallifères : estimation, exploitation, traitement des minerais*, Paris, Masson, 1962, 149 p.

SCANVIC, Jean-Yves. *Utilisation de la télédétection dans les sciences de la Terre*, Orléans, Bureau de recherches géologiques et minières, 1983, 159 p. (Manuels et méthodes, n° 7)

SCHUBNE, Henri-Jean, *et al. Larousse des minéraux*, Paris, Larousse, 1981, 364 p.

STRONG, D.F. "Metallogeny," *in: Encyclopedia of Physical Science and Technology*, San Diego (Calif.), Academic Press, 1987, vol. 8, p. 147-163.

THRUSH, Paul W., comp. and ed. *A Dictionary of Mining, Mineral, and Related Terms*, Washington (D.C.), U.S. Dept. of the Interior, Bureau of Mines, 1968, 1269 p.

WHITTEN, D.G.A. and BROOKS, J.R.V. *The Penguin Dictionary of Geology*, Harmondsworth, Middlesex (England), Penguin Books, 1972, 520 p.

WOOLLEY, Allan, consultant ed. *The Illustrated Encyclopedia of the Mineral Kingdom*, New York, Larousse, 1978, 241 p.

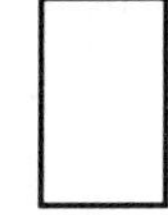

Autres publications du Bureau de la traduction

Bulletins de terminologie

- Additifs alimentaires
- Administration correctionnelle
- Administration municipale
- Administration publique et gestion
- Agriculture
- Bancaire
- Barrages
- Bourse et placement
- Budgétaire, comptable et financier
- Céramiques techniques
- CFAO mécanique
- Conditionnement d'air
- Constitutionnel (Lexique)
- Couche d'ozone
- Cuivre et ses alliages
- Électronique et télécommunications
- Emballage
- Enseignement assisté par ordinateur
- Financement et assurance à l'exportation (Financiamento y Seguro a la exportación)
- Fiscalité
- Génériques en usage dans les noms géographiques du Canada
- Génie cellulaire (structure cellulaire)
- Génie enzymatique
- Génie génétique
- Gestion des déchets nucléaires (Gestión de desechos nucleares)
- Guerre spatiale
- Hélicoptères
- Industries graphiques

Other Translation Bureau Publications

Terminology Bulletins

- Ada Language
- Advanced Ceramics
- Agriculture
- Air-Conditioning
- Artificial Intelligence
- Banking
- Budgetary, Accounting and Financial
- CAD/CAM Mechanical Engineering
- Cell Engineering (Cell Structure)
- Collection of Definitions in Federal Statutes
- Computer-Assisted Instruction
- Computer Security and Viruses
- Constitutional (Glossary)
- Copper and its Alloys
- Correctional Administration
- Dams
- Educational Technology and Training
- Electronics and Telecommunications
- Emergency Preparedness
- Enzyme Engineering
- Export Financing and Insurance (Financiamento y Seguro a la Exportación)
- Family Violence
- Federal Statutes (Legal Glossary)
- Food Additives
- Free Trade
- French Nomenclature of North American Birds
- Generic Terms in Canada's Geographical Names
- Genetic Engineering

- Informatique
- Intelligence artificielle
- Langage Ada
- Libre-échange
- Logement et sol urbain
- Lois fédérales (Lexique juridique)
- Lutte intégrée
- Matières dangereuses utilisées au travail
- Micrographie
- Nomenclature française des oiseaux d'Amérique du Nord
- Pensions
- Protection civile
- Quaternaire
- RADARSAT et télédétection hyperfréquence
- Réchauffement climatique (les agents à effet de serre)
- Recueil des définitions des lois fédérales
- Sécurité et virus informatiques
- Sémiologie de l'appareil locomoteur (signes cliniques)
- Sémiologie de l'appareil locomoteur (signes d'imagerie médicale)
- Sémiologie médicale
- Services de santé
- Station spatiale
- Statistique et enquêtes
- Technologie éducative et formation
- Titres de lois fédérales
- Transport des marchandises dangereuses
- Transports urbains
- Vérification publique
- Violence familiale

- Global Warming (Contributors to the Greenhouse Effect)
- Graphic Arts
- Hazardous Materials in the Workplace
- Health Services
- Helicopters
- Housing and Urban Land
- Informatics
- Integrated Pest Management
- Medical Signs and Symptoms
- Micrographics
- Municipal Administration
- Nuclear Waste Management (Gestión de desechos nucleares)
- Ozone Layer
- Packaging
- Pensions
- Public Administration and Management
- Public Sector Auditing
- Quaternary
- RADARSAT and Microwave Remote Sensing
- Signs and Symptoms of the Musculoskeletal System (Clinical Findings)
- Signs and Symptoms of the Musculoskeletal System (Medical Imaging Signs)
- Space Station
- Space War
- Statistics and Surveys
- Stock Market and Investment
- Taxation
- Titles of Federal Statutes
- Transportation of Dangerous Goods
- Urban Transportation

Collection Lexique

- Aménagement du terrain
- Caméscope
- Chauffage central
- Classification et rémunération
- Diplomatie
- Dotation en personnel
- Droits de la personne
- Économie
- Éditique
- Emballage

Glossary Series

- Acid Rain
- Camcorder
- Central Heating
- Classification and Pay
- Construction Projects
- Desktop Publishing
- Diplomacy
- Economics
- Explosives
- Financial Management

- Enseignement postsecondaire
- Explosifs
- Géotextiles
- Gestion des documents
- Gestion financière
- Immobilier
- Industries graphiques
- Matériel de sécurité
- Mécanique des sols et fondations
- Planification de gestion
- Pluies acides
- Procédure parlementaire
- Projets de construction
- Relations du travail
- Reprographie
- Réunions
- Services sociaux

- Geotextiles
- Graphic Arts
- Human Rights
- Labour Relations
- Management Planning
- Meetings
- Packaging
- Parliamentary Procedure
- Postsecondary Education
- Realty
- Records Management
- Reprography
- Security Equipment
- Site Development
- Social Services
- Soil Mechanics and Foundations
- Staffing

Collection Lexiques ministériels

- Assurance-chômage
- Immigration

Departmental Glossary Series

- Immigration
- Unemployment Insurance

Langue et traduction

Language and Translation

- Aide-mémoire d'autoperfectionnement à l'intention des traducteurs et des rédacteurs
- Le guide du rédacteur
- Lexique analogique
- Repères - T/R
- The Canadian Style: A Guide to Writing and Editing
- Vade-mecum linguistique

Autres publications

- Bibliographie sélective : Terminologie et disciplines connexes

Other Publications

- Selective Bibliography: Terminology and Related Fields

- Compendium de terminologie chimique (version française du *Compendium of Chemical Terminology*)

- Vocabulaire trilingue des véhicules de transport routier
  Trilingual Vocabulary of Road Transport Vehicles
  Vocabulario trilingüe de autotransporte de carga

L'Actualité terminologique

- Bulletin d'information portant sur la recherche terminologique et la linguistique en général. (Abonnement annuel, 4 numéros)

- Index cumulatif (1967-1992)

On peut se procurer toutes les publications en écrivant à l'adresse suivante :

Groupe Communication
Canada — Édition
Ottawa (Ontario)
K1A 0S9
tél. : (819) 956-4802

ou chez votre libraire local.

Terminology Update

- Information bulletin on terminological research and linguistics in general. (Annual subscription, 4 issues)

- Cumulative Index (1967-1992)

All publications may be obtained at the following address:

Canada Communication
Group — Publishing
Ottawa, Ontario
K1A 0S9
tel.: (819) 956-4802

or through your local bookseller.

Les termes contenus dans nos vocabulaires et nos lexiques terminologiques ET ENCORE BEAUCOUP PLUS se retrouvent sur

***TERMIUM®*, la banque de données linguistiques du gouvernement du Canada**

- **LE** grand dictionnaire électronique anglais-français, français-anglais!
- Une terminologie à jour dans tous les domaines!
- Plus de trois millions de termes et d'appellations au bout des doigts!
- Des données textuelles : définitions, contextes, exemples d'utilisation, observations.
- Un vaste répertoire d'appellations officielles d'organismes nationaux et internationaux, de titres de lois et de programmes, des abréviations, des sigles, des acronymes, des noms de lieux géographiques, etc.

TERMIUM® est l'outil par excellence pour

- améliorer la précision et l'efficacité de vos communications
- épargner du temps de recherche
- trouver une expression à l'aide de mots-clés

TERMIUM®, c'est aussi une interface conviviale sous Windows • DOS • Macintosh en versions monoposte et réseau.

- Importez des termes de TERMIUM® dans votre document grâce à la fonction couper/coller.

L'outil par excellence pour une rédaction claire et précise!

Obtenez votre disquette de démonstration gratuite!

Téléphone : (819) 997-9727
1-800-TERMIUM (Canada et États-Unis)
Télécopieur : (819) 997-1993

Courrier électronique : termium@piper.tpsgc.gc.ca